专利审查规则适用及案例新解

新领域、新业态相关发明专利申请最新审查规则解析

主 编／王京霞

副主编／邹 斌 韩 燕 董方源 李 晨

苏 丹 顾 静 许菲菲

全国百佳图书出版单位
—北京—

图书在版编目（CIP）数据

专利审查规则适用及案例新解：新领域、新业态相关发明专利申请最新审查规则解析/王京霞主编．—北京：知识产权出版社，2022.4

ISBN 978-7-5130-8099-6

Ⅰ.①专⋯　Ⅱ.①王⋯　Ⅲ.①专利申请-案例—中国　Ⅳ.①G306.3

中国版本图书馆 CIP 数据核字（2022）第 046868 号

责任编辑：张利萍　　　　　　　责任校对：王　岩
封面设计：杨杨工作室·张冀　　责任印制：刘译文

专利审查规则适用及案例新解
——新领域、新业态相关发明专利申请最新审查规则解析

主　编　王京霞

副主编　邹　斌　韩　燕　董方源　李　晨　苏　丹　顾　静　许菲菲

出版发行：知识产权出版社有限责任公司	**网　　址：**http://www.ipph.cn
社　　址：北京市海淀区气象路 50 号院	**邮　　编：**100081
责编电话：010-82000860 转 8387	**责编邮箱：**65109211@qq.com
发行电话：010-82000860 转 8101/8102	**发行传真：**010-82000893/82005070/82000270
印　　刷：三河市国英印务有限公司	**经　　销：**新华书店、各大网上书店及相关专业书店
开　　本：720mm×1000mm　1/16	**印　　张：**17.75
版　　次：2022 年 4 月第 1 版	**印　　次：**2022 年 4 月第 1 次印刷
字　　数：306 千字	**定　　价：**89.00 元

ISBN 978-7-5130-8099-6

序 言
PREFACE

　　为深入贯彻习近平总书记关于"提高知识产权审查质量和效率"的重要指示，全面贯彻落实国务院深化"放管服"改革的具体部署，国家知识产权局于2020年5月启动《专利审查指南》的全面修订工作，并于同年10月对外征求意见。随后，为落实习近平总书记在中央政治局第二十五次集体学习时发表的重要讲话精神，国家知识产权局在充分考虑对局内外征求意见情况的基础上，积极回应创新主体的保护需求，进一步完善了《专利审查指南》第二部分第九章修改草案的内容，并于2021年8月围绕修改内容再次对外征求意见。

　　国家知识产权局专利局电学发明审查部作为《专利审查指南》第二部分第九章修改工作的牵头部门，围绕如何加强大数据、人工智能等新领域、新业态创新成果的专利保护，通过对比国内外最新审查标准、梳理现有审查规则空白、调研创新主体实际需求、分析我国当前技术研发现状等，形成了一定的研究成果。

　　本书旨在围绕大数据、人工智能等前沿技术及其热点应用领域，借助大量典型案例，诠释《专利审查指南》最新修改规定，对于业界普遍关心的客体审查基准以及创造性评判方式给出详细解析，对于发明专利审查实践中尚存争议的问题予以澄清。本书案例来源广泛，不仅涵盖知识图谱、用户画像、深度学习、神经形态硬件等大数据、人工智能等前沿技术，还涉及数字货币、智慧医疗、智慧城市、智慧电力等热点应用，对于专利实务界具有较强指导意义。

　　全书共分三章。第一章"温故知新"，通过介绍历次《专利审查指南》修订中有关计算机相关发明专利申请审查规则的变化，让读者了解我国对计算机软件的知识产权保护从无到有、由弱到强的历史进程。第二章"以案说法"，从代理实务、审查实践的难点和热点，结合典型案例，对最新审查规则的适用进行全面深入的解析。第三章"服务创新"，以大数据、人工智能技术的热点应用领域为主，回应创新主体对于专利申请和保护方面的困惑。

本书主编王京霞系电学发明审查部副部长，副主编系电学发明审查部商业方法处、人工智能处、人机交互处、计算机应用处的处长/副处长，具有权威的业务指导水平。本书撰写分工如下：第一章撰写人员为邹斌，校对人员为王京霞、韩燕；第二章第一节撰写人员为许菲菲，校对人员为苏丹、顾静；第二章第二节撰写人员为韩燕，校对人员为邹斌、董方源；第二章第三节撰写人员为苏丹，校对人员为顾静、李晨；第二章第四节撰写人员为顾静，校对人员为许菲菲、邹斌；第二章第五、六节撰写人员为王京霞，校对人员为韩燕、董方源；第三章第一至三节撰写人员为李晨，校对人员为董方源、许菲菲；第三章第四至六节撰写人员为董方源，校对人员为李晨、苏丹。全书统稿人为王京霞。

惟愿通过此书，让社会各界了解大数据、人工智能等新领域、新业态相关发明专利申请的最新审查标准，在保障高质量审查的同时，激励创新主体高质量的创新活力，加强高价值专利的高质量保护。

由于编者水平有限，书中难免存在挂一漏万之处，敬请各界读者评判指正。

目 录
CONTENTS

马克思主义哲学告诉我们，一切事物都是在运动、变化、发展的。产业技术的革新是如此，专利保护的路径也同样如此。

20 世纪中期，计算机技术的发展推动了人类生产技术的革命。现如今，以大数据、人工智能、"互联网+"等为热点的新领域、新业态的出现，加速了信息技术的革命，改变了人类社会的面貌，推动了产业升级。相较于我国在技术创新道路上所经历的晚起步、速追赶、频超越的历史脚步，对计算机技术以及新领域、新业态创新成果的专利保护，也同样经历了从无到有、由弱到强的历程。

第一节　软件专利保护如何从无到有

众所周知，计算机硬件离开软件只是空壳一枚，软件脱离硬件的执行环境也无法发挥任何作用。从计算机技术的发展路径可以看出，硬件是软件发展的基础，而软件是计算机技术得以在产业上应用的催化剂。因此，软件的创新和发展更有活力、更具动力、更可持续。

图 1-1-1 示出了我国计算机硬件和软件发明专利申请量趋势。从图中可以看出，计算机技术早期的专利保护，涉及硬件的专利申请的申请量明显多于软件，在 2006 年前后，软件发明专利申请的年申请量首次超过了硬件，并在 2015 年以后，年均申请量以接近 20% 的幅度迅速爬升，而硬件发明专利申请却自 2013 年以来，增长缓慢。

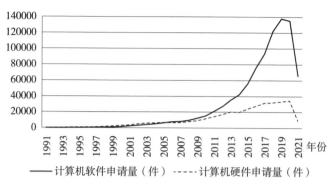

图 1-1-1　我国计算机硬件和软件发明专利申请量趋势

根据工信部历年软件和信息技术服务业统计年报，图 1-1-2 示出了我国计算机软件产业收入趋势。从图中可以看出，我国软件产业收入如专利申请量趋势一样逐年攀升。

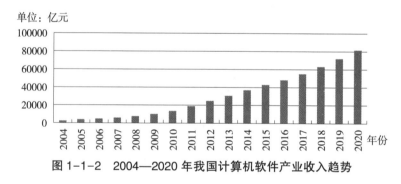

图 1-1-2　2004—2020 年我国计算机软件产业收入趋势

虽然目前看来，我国软件发明专利申请的申请量和产业发展均呈现持续增长的态势，而且对于操作系统、数据库等基础软件以及行业应用软件、大数据软件的需求更加广泛和迫切，但是，对于软件发明专利申请的专利保护却并非是一蹴而就的。

本节通过回顾《专利审查指南》（以下简称《指南》）有关计算机相关发明专利申请的专利保护相关规定，让读者了解我国对软件发明专利申请的专利保护如何从无到有。

一、1985 版《指南》

在专利制度实施初期，我国整体申请量少，缺乏审查实践经验积累，因此，对于涉及计算机的发明专利申请的审查规则，多有借鉴欧洲专利局的相关做法。

1985 年制定的《指南》第十二章"软件发明申请的判断标准"中规定："只有能使计算机结构或电子数据处理设备产生变化、能使机器硬件技术作出相应变革，引起机器设备在技术上有新的创造性的改进的计算机程序和能使计算机系统或机器设备，以全新的具有创造性方式运行的计算机程序才可给予专利保护。不引起硬件设备的任何变革，仅增加了一些功能的计算机程序仍属于智力活动的规则和方法，不能授予专利权。"

可见，在计算机的硬件处理性能尚处于需要改进和提升的时期，直接排除了计算机软件发明被授予专利权的可能。

二、1993 版《指南》

1993 年实施的《指南》中规定："如果把计算机程序输入给计算机，将其软件和硬件作为整体考虑，确实对现有技术做出改进，并具有技术效果，构成为完整的技术方案，则不论它是涉及自动化技术处理过程等实用性能上的改进，还是涉及计算机系统内部工作性能上的改进，都不应因为该发明专利申请含有计算机程序而不能授予专利权。"

上述规定虽然肯定了计算机软件改进在整个技术方案中所能发挥的作用，但是在文字规定上，仍然没有脱离以计算机硬件为基础的思想，而仅规定不能因发明专利申请包含计算机程序而排除其授予专利权的可能。虽然较之前的审查标准有了一定的进步，但计算机软件的存在及作用仍处于辅助、从属的地位，不能满足计算机软件行业发展的需求。

三、2001 版《指南》

2001 年实施的《指南》第二部分第九章中，首次区分了"计算机程序本身"和"涉及计算机程序的发明"两个概念。其中规定："计算机程序本身是指为了能够得到某种结果而可以由计算机等具有信息处理能力的装置执行的代码化指令序列，或者可被自动转换成代码化指令序列的符号化指令序列或者符号化语句序列。计算机程序本身包括源程序和目标程序。如果一项发明仅仅涉及智力活动的规则和方法，亦即智力活动的规则和方法本身，则不应当被授予专利权。例如计算机程序本身。如果发明专利申请只涉及计算机程序本身或者是仅仅记录在载体（例如磁带、磁盘、光盘、磁光盘、ROM、PROM、VCD、DVD 或者其他的计算机可读介质）上的计算机程序，就其程序本身而言，不论它以何种形式出现，都属于智力活动的规则和方法。"

"涉及计算机程序的发明是指：为解决发明提出的问题，全部或部分以计算机程序处理流程为基础的解决方案。"

2001 版《指南》通过明确上述这两个概念，把表达程序的代码与运行程序的方案，从著作权到专利权进行了明确的界定。对于表达程序的代码，由于其属于智力活动的规则和方法，被明确排除在专利保护的客体之外，而对于运行程序所形成的解决方案，进一步规定了这种利用自然语言将程序流程表达出来的解决方案，如果能够解决技术问题，采用了技术手段，能够获得技术效果，即可构成专利保护的客体。

为了进一步给出在计算机上运行何种程序可以构成技术方案，该版《指南》以示例的方式规定："如果将某计算机程序输入到公知的计算机，进而改进了计算机内部性能；或者通过在计算机上运行程序来控制某一工业过程、测量或者测试过程；或者通过计算机运行计算机程序对外部技术数据进行处理，这样的主题属于专利保护的客体。"

上述规定中，"将某计算机程序输入到公知的计算机"虽然暗示了"公知的计算机"在硬件方面不需要有任何改进，只要"某计算机程序"能够改进计算机内部性能、进行工业过程控制、对外部技术数据进行处理，那么，这样的主题就可以构成专利保护的客体。但是，文字规定中仍没有认可改进仅在于软件的解决方案可以直接成为被保护的主题。

四、2006 版《指南》

2006 年实施的《指南》第二部分第九章规定："本章所说的涉及计算机程序的发明是指为解决发明提出的问题，全部或部分以计算机程序处理流程为基础，通过计算机执行按上述流程编制的计算机程序，对计算机外部对象或者内部对象进行控制或处理的解决方案。所说的对外部对象的控制或处理包括对某种外部运行过程或外部运行装置进行控制，对外部数据进行处理或者交换等；所说的对内部对象的控制或处理包括对计算机系统内部性能的改进，对计算机系统内部资源的管理，对数据传输的改进等。涉及计算机程序的解决方案并不必须包含对计算机硬件的改变。"

该版规定明确提出了"涉及计算机程序的解决方案并不必须包含对计算机硬件的改变"，首次以文字规定认可了纯软件改进的发明可以构成专利保护的客体，实现了我国对纯软件进行专利保护的从无到有，并进一步开启了软件专利保护由弱到强之路。

回顾从 1985 年到 2006 年《指南》历次修订不难看出，我国从仅对硬件进行专利保护到对纯软件改进的发明进行专利保护，一共经历了 21 年。从图 1-1-1 所示的申请量趋势也可看出，随着对软件发明专利申请的保护力度的加强，我国软件发明专利的申请量也在 2006 年前后首次超过了硬件发明专利的申请量，并在后续十几年间，始终处于领跑地位。可见，专利审查政策的调整，对于促进专利申请量的提升，促进产业结构调整和产业发展有着极大的推动作用。

第二节　软件专利保护如何由弱到强

21 世纪，信息、通信、网络等新技术的发展给经济社会带来了深刻变革，以技术发展为导向的科技创新，逐步转向以创新、协调、绿色、开放、共享为核心的新发展理念。"互联网+"与各行业深度融合催生出的海量数据以及摩尔定律带来的算力提升，促使大数据技术应运而生，推动了深度学习技术在人工智能领域的普及和产业上更广泛的应用。

随着 2008 年国家知识产权战略实施，到 2015 年 12 月李克强总理签批、国务院印发《关于新形势下加快知识产权强国建设的若干意见》，再至 2020 年 11 月习近平总书记主持中央政治局第二十五次集体学习时发表"全面加强知识产权保护工作激发创新活力推动构建新发展格局"的重要讲话，党中央、国务院对我国知识产权保护工作的形势和任务提出了一系列更具体的要求，特别提到了要健全大数据、人工智能、基因技术等新领域、新业态知识产权保护制度。

为全面贯彻党中央、国务院的决策部署，回应创新主体对进一步明确新领域、新业态专利申请审查规则的需求，自 2010 年以来，《指南》开始进行动态修订。2010 版《指南》对第二部分第九章涉及计算机程序的发明专利申请审查的若干规定未做调整。2010 年以后，《指南》一共经历了六次修订，其中，针对第二部分第九章的修订共有三次。第一次修订内容于 2017 年 4 月实施，第二次修订内容于 2020 年 2 月实施，最新一次修改草案于 2021 年 8 月正式对外征求意见。

本节通过对已实施的两次修订内容的介绍，让读者了解我国对软件发明专利申请的专利保护政策如何由弱到强，在加强新领域、新业态创新成果的专利保护方面出台了哪些新举措。

一、2017 年《指南》修改公告

2017 年 4 月实施的《指南》针对第二部分第九章的修订内容主要包括以下四个方面。

（一）允许了计算机可读存储介质的主题

将该章第 2 节第一段中"仅仅记录在载体（例如磁带、磁盘、光盘、磁光盘、ROM、PROM、VCD、DVD 或者其他的计算机可读介质）上的计算机程序"以及第三段中"仅由所记录的程序限定的计算机可读存储介质"两处表述中的"程序"修改为"程序本身"。

上述修订进一步明确了"计算机程序本身"不同于"涉及计算机程序的发明"，缩小了"计算机程序本身"的外延。澄清了仅仅是"计算机程序本身"不属于专利保护的客体，"涉及计算机程序的发明"可以获得专利保护。进而也明确了由程序而非程序本身限定的计算机可读存储介质属于专利保护的客体，允许其作为保护的主题写入权利要求书中，丰富了软件改进方案的保护主题。

（二）删除了对现行审查实践无指导意义的示例

该章第 3 节"【例9】一种以自定学习内容的方式学习外语的系统"原本是一件不构成专利保护客体的示例，而按照现有的审查实践，其更适合用"创造性"进行审查。

（三）明确程序可以作为产品权利要求的组成部分

在该章第 5.2 节第一段规定中增加：涉及计算机程序的装置权利要求，不仅可以包括硬件，还可以包括程序。

计算机产品的特点在于软件和硬件是两个协同工作的组成部分，都可以进行改进和创新。上述修订明确了装置权利要求的组成部分可以包括程序流程特征，允许申请人直接描述其对软件的改进，而不将此程序流程特征理解为限定硬件装置的方法或功能。通过上述修订，涉及计算机程序的发明专利申请的权利要求可以写成一种方法权利要求，也可以写成一种产品权利要求，其中"实现该方法的装置"是较为常见的一种方式。

（四）将"功能模块"修改为"程序模块"

将该章第 5.2 节第二段中"则这种装置权利要求中的各组成部分应当理解为实现该程序流程各步骤或该方法各步骤所必须建立的功能模块，由这样一组功能模块限定的装置权利要求应当理解为主要通过说明书记载的计算机程序实现该解决方案的功能模块构架"表述中的"功能模块"全部修改为"程序模块"。

上述修订能够更好地反映技术本质，避免将功能模块构架类装置权利要求的撰写方式与"功能性限定"的概念相混淆。

本次修订对于改进仅在于软件的发明专利申请，在同一申请文件中，允许撰写方法权利要求、系统权利要求以及计算机可读存储介质的权利要求，丰富了软件改进发明的保护主题。

例如，一件涉及车辆通信接口改进的方案可以撰写为：

1. 一种与车辆通信的方法，所述方法包括：

第一驱动步骤，用于……；

第二驱动步骤，用于……；以及

通信步骤，用于……。

2. 一种与车辆通信的设备，包括存储器和处理器，存储器上存储有程序，所述处理器执行该程序以实现如权利要求 1 所述的方法。

3. 一种计算机可读存储介质，其上存储有计算机程序，该程序被处理器执行时实现权利要求 1 所述的方法。

但是，对于"程序"和"程序产品"的主题，由于对其可以理解为程序本身、记录程序的介质、运行此程序的电子设备等，故而认为上述主题会导致权利要求保护范围不清楚，没有进一步放开"程序"或"程序产品"的主题。

此外，本次修订明确了软件和硬件在方案中各自发挥的作用，允许程序作为产品权利要求的组成部分，进而使解决方案从撰写上即可直接表达出发明人的贡献。例如，允许撰写为：

1. 一种车辆通信接口设备，包括：

存储器，用于存储程序；处理器，用于执行所述程序，所述程序进一步包括：

软件应用程序，其被配置为……；

第一驱动程序，其被配置为……；

第二驱动程序，其被配置为……；以及

标准化接口，其被配置为……。

对于不同的保护主题，应当撰写在同一份申请文件中。对于将不同主题拆分成不同申请提交的，由于这些主题所限定的解决方案是同源的，因此，根据《专利法》第9条的规定，属于同样的发明创造，是不允许的。

二、2020 年《指南》修改公告

相较于一般的涉及计算机程序的发明专利申请，新领域、新业态相关发明专利申请呈现出诸多的新情况。

首先，由于技术创新和模式创新并存，因此，新领域、新业态相关发明专利申请的解决方案中，涉及通信设备、传感器等实现数据处理和交互作用的技术特征，与涉及各种商业应用场景下的商业规则和方法特征常常交织在一起。

其次，随着大数据、人工智能时代的到来，涉及算法改进的发明专利申请与日俱增，这些申请的解决方案中大量记载有公式、模型、参数、函数等算法特征，而这些算法特征因涉及抽象的数学方法、模型构建、统计方法等，因此并非通常认为的技术特征。

对于新领域、新业态相关发明专利申请，由于方案中涉及的算法特征或商业规则和方法特征本身并不能直接构成技术特征，不能直接具备"技术性"，因而，包含算法特征或商业规则和方法特征的解决方案时常被拒之于专利大门外。

随着党中央、国务院对于加强新领域、新业态创新成果的专利保护的要求越来越明确，创新主体对于进一步放开新领域、新业态相关发明专利申请的客体保护的呼声也越来越高，为此，2020 年 2 月实施的《指南》，在第二部分第九章增设专节 6，针对涉及人工智能、"互联网+"、大数据以及区块链等的新领域、新业态相关发明专利申请，明确了包含算法或商业规则和方法等智力活动规则和方法特征的发明专利申请的审查规则。

（一）客体审查基准

第 6.1 节涉及的审查基准中规定：

"在审查中，不应当简单割裂技术特征与算法特征或商业规则和方法特征等，而应将权利要求记载的所有内容作为一个整体，对其中涉及的技术手段、解决的技术问题和获得的技术效果进行分析。"

"如果权利要求涉及抽象的算法或者单纯的商业规则和方法，且不包含任何技术特征，则这项权利要求属于专利法第二十五条第一款第（二）项规定的智力活动的规则和方法，不应当被授予专利权。"

"如果要求保护的权利要求作为一个整体不属于专利法第二十五条第一款第（二）项排除获得专利权的情形，则需要就其是否属于专利法第二条第二款所述的技术方案进行审查。对一项包含算法特征或商业规则和方法特征的权利要求是否属于技术方案进行审查时，需要整体考虑权利要求中记载的全部特征。如果该项权利要求记载了对要解决的技术问题采用了利用自然规律的技术手段，并且由此获得符合自然规律的技术效果，则该权利要求限定的解决方案属于专利法第二条第二款所述的技术方案。例如，如果权利要求中涉及算法的各个步骤体现出与所要解决的技术问题密切相关，如算法处理的数据是技术领域中具有确切技术含义的数据，算法的执行能直接体现出利用自然规律解决某一技术问题的过程，并且获得了技术效果，则通常该权利要求限定的解决方案属于专利法第二条第二款所述的技术方案。"

1. 规则解析

（1）关于《专利法》第25条第1款第（二）项和《专利法》第2条第2款的适用

对于包含算法特征或商业规则和方法特征的解决方案，上述修订内容明确了针对这类申请的客体相关法律条款的审查顺序。具体而言，对于抽象的算法特征或商业规则和方法特征构成的解决方案，属于《专利法》第25条第1款第（二）项规定的智力活动的规则和方法。如果解决方案中记载了技术特征，则需要进一步判断是否满足《专利法》第2条第2款的要求。当满足《专利法》第2条第2款规定的技术三要素（即，技术问题、技术手段、技术效果）时，即便方案中包含算法特征或商业规则和方法特征，那么该解决方案也可以构成技术方案。也就是说，此次修订表明了算法特征或商业规则和方法特征也有可能构成技术手段。

（2）明确了改进在算法的相关申请的客体审查基准

对于改进在于算法的相关申请，如果要构成专利保护客体，首先需要结合技术领域，例如，"权利要求中涉及算法的各个步骤体现出与所要解决的技术问题密切相关",或者该解决方案"处理的数据是技术领域中具有确切技术含义的数据",算法的执行能直接体现出利用自然规律解决某一技术问题的过程,并且获得了技术效果。

如果不能直接判断出该算法结合的领域是否为技术领域,那么需要判断该算法是否有具体的应用领域,并进一步判断在将该算法应用于该领域时是否能够解决技术问题。算法特征与应用领域的这种"结合"应该认为是一种"紧耦合"的呈现方式,即,权利要求记载的方案中应体现出算法各步骤与要解决该应用领域的技术问题有何关联,而不能仅在申请文件中笼统提及本申请可以应用于例如人脸识别、故障检测等领域,也不能仅在权利要求的主题名称中体现出应用场景。

2. 留待解决的问题

(1) 没有应用领域的算法改进方案能否构成专利保护的客体

此次修订尽管明确了包含算法特征的发明专利申请也可能构成专利保护的客体,但是,审查基准中仍要求算法特征需结合技术领域,能够解决具体应用领域中的技术问题,对于没有结合具体应用领域的解决方案仍未降低客体准入门槛。

此外,此次修订的客体审查基准中,仅规定"处理的数据是技术领域中具有确切技术含义的数据"的解决方案才有可能构成专利保护的客体。但是,大数据来源纷繁复杂,应用领域广泛,针对来自各行各业的大数据,为了提升分析和预测的准确性等,由此形成的解决方案如何能够获得专利保护也缺乏相应的出口。

随着人工智能、大数据技术的迅速发展,在产业落地过程中,为更好地服务于不同应用场景,需对通用算法进行优化,以适应现有硬件资源和应用环境,因此,创新主体对算法改进发明的保护需求越来越强烈。

(2) 算法与应用领域要"紧耦合"到什么程度才能构成保护客体

涉及算法改进的发明专利申请,如何才能体现出与具体应用领域的"结合",如何才能达到"紧耦合"的结合程度,这对于申请文件撰写和审查实践判断都是难点。

对此,本书第二章第一节将围绕这一难点,依托典型案例进行更加详细的阐释。

（二）新颖性、创造性的审查

1. 规则解析

第 6.1.3 节涉及新颖性、创造性的审查中规定：

"对既包含技术特征又包含算法特征或商业规则和方法特征的发明专利申请进行创造性审查时，应将与技术特征功能上彼此相互支持、存在相互作用关系的算法特征或商业规则和方法特征与所述技术特征作为一个整体考虑。'功能上彼此相互支持、存在相互作用关系'是指算法特征或商业规则和方法特征与技术特征紧密结合、共同构成了解决某一技术问题的技术手段，并且能够获得相应的技术效果。

例如，如果权利要求中的算法应用于具体的技术领域，可以解决具体技术问题，那么可以认为该算法特征与技术特征功能上彼此相互支持、存在相互作用关系，该算法特征成为所采取的技术手段的组成部分，在进行创造性审查时，应当考虑所述的算法特征对技术方案作出的贡献。

再如，如果权利要求中的商业规则和方法特征的实施需要技术手段的调整或改进，那么可以认为该商业规则和方法特征与技术特征功能上彼此相互支持、存在相互作用关系，在进行创造性审查时，应当考虑所述的商业规则和方法特征对技术方案作出的贡献。"

上述规定强调了，对于权利要求中记载的算法特征或商业规则和方法特征要与技术特征一起整体考虑。这种整体判断的方式，有效避免了因忽略算法特征或商业规则和方法特征，或者将这些特征与技术特征机械割裂，导致无法客观评价发明的实质贡献，不利于保护真正的发明创造。

此外，上述修订明确了算法特征或商业规则和方法特征如果能够使方案整体上解决技术问题，或者与技术特征一起对发明要解决的技术问题产生影响，那么也可能构成技术手段。同时，还进一步明确了整体考虑的具体方式，即，判断算法特征或商业规则和方法特征与技术特征是否"功能上彼此相互支持、存在相互作用关系"。

2. 留待解决的问题

（1）如何判断"功能上彼此相互支持、存在相互作用关系"

虽然该版《指南》在第 6.2 节的审查示例中，通过例 9 "一种物流配送方法"和例 10 "一种动态观点演变的可视化方法"，从正反两方面给出了分析示例。但是，受篇幅限制，《指南》中对审查示例的分析及结论只能给出要点提示。故而,实务界、企业界仍对如何判断、如何分析存疑。

特别是,当权利要求的解决方案中不涉及技术特征时,算法特征能否构成技术手段?在判断某解决方案要解决的问题是否为技术问题时,是以申请人在申请文件中声称的问题为准进行判断,还是以权利要求记载的方案所能实际解决的问题为准进行判断?

对于上述困惑,本书第二章第五节将以更多示例进行阐释,消除读者疑虑。

(2)用户体验提升是否可以纳入技术效果考量

新兴领域技术发展较快,尤其是人工智能、大数据等领域,很多发明专利申请从传统的工业制造领域迅速扩展到与人类社会生活密切相关的领域。这些发明专利申请要解决的问题和实现的效果都涉及提升用户体验,如加强与用户的情感交互、提升用户的满意度、增强用户黏性等。近三次《指南》修订过程中,均能收到创新主体要求将提升用户体验纳入技术效果考量的需求和呼声。

本次修订,仅在第6.2节审查示例的例9"一种物流配送方法"的创造性评述过程中,在明确了区别技术特征、分析了发明实际解决的技术问题是如何提高订单到达通知效率进而提高货物配送效率之后,提及"从用户角度看,用户可以更快地获知订货到达情况的信息,也提高了用户体验"。而在审查基准中,没有对"提升用户体验"是否以及如何能够构成技术效果进行明确。

第三节 软件专利最新审查标准解读

为深入贯彻习近平总书记关于"提高知识产权审查质量和效率"的重要指示,全面贯彻落实国务院深化"放管服"改革的具体部署,国家知识产权局于2020年5月启动《指南》的全面修订工作,并于同年10月对外征求意见。随后,为落实习近平总书记在中央政治局第二十五次集体学习时发表的重要讲话精神,国家知识产权局在充分考虑对局内外征求意见情况的基础上,积极回应创新主体的保护需求,进一步完善了《指南》第二部分第九章修改草案的内容,并于2021年8月围绕修改内容再次对外征求意见。

此次修改草案对之前遗留的问题进行了补充,例如,明确了对计算机程序产品的保护,完善了人工智能和大数据相关发明专利申请的客体审查基准,细化了创造性特别是涉及用户体验提升时的审查方式，并提供了相应的审查示例。

一、客体标准变化

（一）最新规定及规则解析

最新修改草案在第6.1.2节增加了两段涉及客体审查基准的表述：

"如果权利要求的解决方案涉及深度学习、分类聚类等人工智能、大数据领域的算法的改进，该算法与计算机系统的内部结构存在特定技术关联，能够解决提升硬件运算效率或执行效果的技术问题，包括减少数据存储量、减少数据传输量、提高硬件处理速度等，从而获得符合自然规律的计算机系统内部性能改进的技术效果，则该权利要求限定的解决方案属于专利法第二条第二款所述的技术方案。

如果权利要求的解决方案处理的是具体领域的大数据，利用分类、聚类、回归分析、神经网络等挖掘数据中符合自然规律的内在关联关系，据此解决具体领域大数据分析可靠性或精确性的技术问题，并获得相应的技术效果，则该权利要求限定的解决方案属于专利法第二条第二款所述的技术方案。"

最新修改草案从方案是否能够改进计算机系统内部性能的角度，给予大数据、人工智能算法改进方案以专利保护的客体出口。具体而言，对于涉及算法改进的方案，即便没有结合具体的应用领域，但只要方案中的算法特征与计算机系统的内部结构存在特定技术关联，能够解决提升硬件运算效率或执行效果的技术问题，例如减少数据存储量、减少数据传输量、提高硬件处理速度等，从而改进计算机系统内部性能，那么就可以构成专利保护的客体。

最新修改草案对于大数据分析预测的相关申请，不再强调数据对象是技术领域中有确切技术含义的数据，而是明确了任何领域的大数据都可以作为分析的数据来源，同时，也明确了对大数据采用的聚类、分类、回归分析、模型训练等手段本身，并不直接构成技术手段，只有当通过上述手段挖掘出数据之间符合自然规律的内在关联关系，据此解决具体领域大数据分析可靠性或精确性的技术问题，上述手段才有可能构成技术手段，那么该解决方案才可能构成技术方案。

（二）留待解决的困惑

1. 基准中未提及的热点算法、热点领域如何进行客体判断

除了基准中提及的聚类、分类、回归分析、神经网络训练等算法，现阶段，涉及知识图谱、用户画像、社区划分、协同过滤、差分隐私、压缩感知等热点算法改进的方案也大量涌现。这些算法改进方案并非基础性算法，而是为了更好地进行大数据分析、预测，促使人工智能基础技术更好地服务于产业应用而产生的。对于这些热点算法，能否直接构成技术手段，是否需要与具体应用领域"紧耦合"，这些都是业界普遍关心的问题。

另外，随着"智能+"成为政府工作报告中的科技网红，人工智能在各行业的应用越来越广泛，涉及智慧医疗、智慧城市、智慧交通、智能电网等的发明专利申请也随之增多，传统领域被"智能"化后，是否会给客体判断和创造性评判带来影响？

本书第三章将全面围绕上述热点算法和热点领域的典型案例为读者答惑解困。

2. 如何判断算法特征与"计算机系统的内部结构存在特定技术关联"

最新修改草案对于改进在算法的解决方案的客体出口是"改进计算机系统的内部性能"，其中要求算法特征与计算机系统的内部结构存在特定技术关联，同时给出了可以认为存在关联或者构成技术问题的示例，如"能够解决提升硬件运算效率或执行效果的技术问题，包括减少数据存储量、减少数据传输量、提高硬件处理速度等"。在撰写申请文件和理解发明时，如何区分"运算效率"和"执行效果"，方案中是否必须记载硬件，是否有硬件参与的解决方案就一定构成技术方案？在审查实践中，又是如何区分方案中的硬件和算法特征是"两张皮"还是"真关联"？

相信读者会在本书第二章第三节中找到答案。

3. 如何判断数据之间符合"自然规律"的内在关联关系

是否遵循自然规律是客体判断中的重点和难点。然而，何谓专利意义上的自然规律？能否给自然规律一个定义？社会学规律和经济学规律为何不属于自然规律？这一系列问题在现行审查规则中都没有明确的答案，这给人工智能、大数据领域发明专利申请的客体判断带来很大困难，同时也给审查标准执行不一致带来隐患。

本书第二章第四节将以案说法，全面解析如何准确判断是否符合自然规律。

二、创造性标准变化

（一）最新规定及规则解析

1. 关于改进计算机系统内部性能

最新修改草案在第6.1.3节增加了有关创造性审查基准的表述：

"如果权利要求中的算法实现了对计算机系统内部性能的改进，提升了硬件的运算效率或执行效果，包括减少数据存储量、减少数据传输量、提高硬件处理速度等，那么可以认为该算法特征与技术特征功能上彼此相互支持、存在相互作用关系，在进行创造性审查时，应当考虑所述的算法特征对技术方案作出的贡献。"

上述修改明确了对于通过算法优化来实现计算机系统内部性能改进的发明专利申请，当通过客体审查后，如何进行创造性评判。通过增加的审查示例，进一步解释了对此类申请进行创造性评判的过程中，如何考量算法特征与技术特征在功能上彼此相互支持、存在相互作用关系，例如，若方案包含硬件或将硬件属性作为算法执行所依据的参数等，则可认为二者在功能上彼此相互支持、存在相互作用关系。

2. 关于提升用户体验

最新修改草案在第6.1.3节增加了有关创造性审查基准的表述：

"如果发明专利申请的解决方案能够带来用户体验的提升，并且该用户体验的提升是由技术特征带来或者产生的，或者是由技术特征以及与其功能上彼此相互支持、存在相互作用关系的算法特征或商业规则和方法特征共同带来或者产生的，在创造性审查时应当予以考虑。"

相较于2017年《指南》，上述修改在创造性审查基准中明确了如何考虑用户体验提升的效果。由于提升用户体验的效果是发明专利申请中自称的效果，且用户体验是一种主观感受，因人而异。因此，直接将用户体验提升纳入技术效果考虑缺乏客观度量。

本次修改强调了用户体验的提升是在技术特征的基础上带来的，与技术特征之间存在直接、明确和内在的因果关系，从用户的角度而言，客观上提升了用户体验。因此，创造性评判时，只对由技术特征带来或者产生的，或者是由技术特征以及与其功能上彼此相互支持、存在相互作用关系的算法特征或商业规则和方法特征共同带来或者产生的用户体验效果予以考量。

（二）留待解决的困惑

在对外征求意见的过程中，收到了部分关于如何在创造性评判过程中，考虑"提升用户体验"效果的疑惑。受篇幅限制，此次修改草案中未能引入更多审查示例来对此项修改专题进行解释，仅在原有示例的基础上进行了改写。

为此，本书第二章第六节将辅以相关案例，进一步为读者解析此项规定的初衷。

三、撰写方式变化

随着互联网技术的发展，越来越多的计算机软件已不再依托于传统光盘、磁盘等有形存储介质，而是通过互联网以信号的形式进行传输、分发和下载。为满足创新主体强化软件保护的诉求，最新修改草案在第 5.2 节"权利要求书的撰写"部分明确：涉及计算机程序的发明专利申请的权利要求可以撰写成计算机可读存储介质或计算机程序产品，同时，将计算机程序产品解释为主要通过计算机程序实现其解决方案的软件产品。

上述修改能够为软件改进的发明专利申请提供更加多元化的保护形式，在其他国家已经针对"程序"或"程序产品"的主题予以保护的形势下，允许"程序产品"的主题有利于与国际接轨，有利于为我国创新成果"走出去"保驾护航。

同时，为更好地呈现可以在同一申请文件中撰写的不同主题，此次修改草案还增加了计算机程序产品以及程序作为组成部分的装置、计算机可读存储介质权利要求的撰写示例：

1. 一种去除图像噪声的方法，其特征在于，包括以下步骤：

获取输入计算机的待处理图像的各个像素数据；

使用该图像所有像素的灰度值，计算出该图像的灰度均值及其灰度方差值；

读取图像所有像素的灰度值，逐个判断各个像素的灰度值是否落在均值上下 3 倍方差内，如果是，则不修改该像素的灰度值，否则该像素为噪声，通过修改该像素的灰度值去除噪声。

2. 一种计算机装置/设备/系统，包括存储器、处理器及存储在存储器上的计算机程序，其特征在于，所述处理器执行所述计算机程序以实现权利要求 1 所述方法的步骤。

3. 一种计算机可读存储介质，其上存储有计算机程序/指令，其特征在于，该计算机程序/指令被处理器执行时实现权利要求 1 所述方法的步骤。

4. 一种计算机程序产品，包括计算机程序/指令，其特征在于，该计算机程序/指令被处理器执行时实现权利要求 1 所述方法的步骤。

第一节　如何把握算法与应用领域的松紧耦合

一、现有规定及困惑

《指南》第二部分第九章第6.1.2节规定"如果权利要求中涉及算法的各个步骤体现出与所要解决的技术问题密切相关，如算法处理的数据是技术领域中具有确切技术含义的数据，算法的执行能直接体现出利用自然规律解决某一技术问题的过程，并且获得了技术效果，则通常该权利要求限定的解决方案属于专利法第二条第二款所述的技术方案"。

由于方案要解决的问题、所采用的手段、能获得的效果是相互关联的，因此，根据上述规定，只有当权利要求中涉及算法的各个步骤可以体现出与所要解决的技术问题密切相关时，即算法特征与应用领域构成"紧耦合"时，其请求保护的方案才有可能构成技术方案。

但是，在申请文件中，算法特征与应用领域并非都是以"紧耦合"形式呈现，即算法特征的每一步骤都与该具体应用领域紧密联系，体现要解决该领域何种技术问题。有的申请在说明书的背景技术中记载了某算法可以应用于何种具体的应用领域，但是具体实施方式和权利要求记载的方案中再未提及如何应用；有的申请仅在说明书背景技术中笼统记载某算法可以应用于何种场景；还有的申请仅在权利要求的主题名称中体现某算法的应用领域，但是权利要求的特征部分对于算法如何应用再无记载。由此，导致算法与应用领域呈现出"松耦合"之态。

对于没有结合具体应用领域的抽象算法，客体判断方面少有疑惑。但是，对于算法特征与具体应用领域之间耦合的松紧程度如何进行客观、准确的衡量，成为该类申请客体判断的难点。这主要集中在：

（1）说明书声称要解决的问题是算法本身的问题，但说明书中提到了算法处理的数据可以是某些技术领域的数据或者在说明书的具体实施方式中提到以某种技术数据的形式实现（例如，本申请在语音识别、图像分类、人脸识别、自然语言处理、广告投放等应用领域已被广泛应用），从而导致难以判断算法特征与应用领域结合是否紧密。

（2）说明书背景技术部分声称要解决的问题是某应用领域中的具体问题（例如，风功率预测、地下水模型采样），但在具体实施方式部分记载的解决方案中或者在权利要求限定的解决方案中并未对如何应用进行限定，或者仅对算法处理的对象限定了表明应用场景的数据来源，从而导致难以判断算法特征与应用领域结合是否紧密。

二、整体判断思路

对于涉及算法改进的解决方案，在判断算法特征是否与具体的应用领域密切相关时，即判断算法特征与应用领域之间是否为"紧耦合"关系时，应综合申请文件进行整体判断。

当权利要求记载的解决方案无法体现出算法的应用领域时，无论说明书中是否声称该解决方案可以适用于某一具体应用领域或多个应用领域，均属于未体现应用领域的情形，无法使权利要求请求保护的解决方案构成"紧耦合"的解决方案。

当权利要求记载的解决方案体现了应用领域，且当该应用领域涉及具有确切技术含义的数据时，需进一步结合说明书的记载来判断权利要求中的算法特征与技术数据之间是否为"紧耦合"。

具体而言，当说明书中声称要解决的问题仅笼统提及了算法可适用的某一应用领域或多个应用场景，例如，"本申请在语音识别、图像分类、自然语言处理等领域已被广泛应用"，由于这种记载仅能表明算法可以适用的多个应用领域，无法体现出申请要解决该应用领域中何种具体的技术问题，实质上要解决的仍然是算法本身的问题，那么，即便将权利要求中算法的处理对象明确为语音、图像、文本，该解决方案也难以构成技术方案。只有当说明书中声称要解决的问题与这些具有确切技术含义的数据直接相关，且为解决上述问题，权利要求中记载的手段与这些具有确切技术含义的数据存在特定技术关联，这样的解决方案才有可能构成技术方案。

当权利要求记载的解决方案体现了应用领域，但这种应用领域的体现仅是在权利要求记载的方案中表明算法处理的数据对象的具体来源，算法特征的具体实现过程与该数据来源没有任何技术上的关联，那么，即便说明书中记载本申请要解决的问题与上述数据来源有关，这样的解决方案都无法达到算法特征与应用领域密切相关的程度，不能构成技术方案。

当权利要求记载的解决方案体现了应用领域，方案中的算法特征能够使方案整体上解决该应用领域的技术问题，且算法的各步骤能直接体现出算法应用到该领域时的执行过程，或者能够体现出将该算法应用到该具体领域时所作出的适应性修改，则这种情形属于算法特征与应用领域紧耦合的情况，此时，该解决方案构成技术方案。

三、典型案例

（一）未体现应用领域

◉ 案例 2-1-1　建立数学模型的方法和装置

【背景技术】

分类任务是指基于一个或多个参数的数值对某目标参数的数值进行估计，其中，所基于的参数可称作特征，参数的数值可称作特征值，目标参数可称作标签，目标参数的数值可称作标签值，分类任务是指基于已知的特征值对标签值进行估计，此过程可称作标签估计。例如，已知风速、温度、湿度等特征的特征值，对标签 PM2.5 的标签值进行估计。

在对标签值进行估计的过程中，除了需要已知的特征值，还需要用于标签估计的数学模型，将已知的特征值输入数学模型，以得到标签值。用于根据特征值估计标签值的数学模型，即分类任务所使用的数学模型，一般采用分类模型，如条件随机场模型、最大熵模型、隐马尔可夫模型等。该分类模型可以基于大量的训练样本对初始分类模型进行训练得到，每个训练样本可以包括一组特征值和对应的标签值，例如，一个训练样本为 8 点钟时的风速、温度、湿度的数值和对应的 PM2.5 的数值，另一组训练样本为 9 点钟时的风速、温度、湿度的数值和对应的 PM2.5 的数值。

【问题及效果】

现有的训练方式，如果训练样本数量不是很充足，则可能导致过拟合问题，即建立的数学模型在基于训练样本中的特征值进行估计时，得到的估计结果准确度较高，即估计得到的标签值相对于训练样本中的标签值误差较小，而该数学模型基于训练样本之外的测试样本进行估计时，得到的估计结果准确度较低，这样会导致建模的准确性较差。

为了解决上述问题，本申请基于第一分类任务和与其相关的其他分类任务的训练样本，共同训练，得到第一分类任务的数学模型，这样可以有效提高训练样本的数量，从而提高建模的准确性。

【具体实施方式】

本申请具体实施方式提供一种建立数学模型的方法，主要步骤包括：

步骤 101：根据第一分类任务的训练样本中的特征值和至少一个第二分类任务的训练样本中的特征值，对初始特征提取模型进行训练，得到目标特征提取模型。其中，第一分类任务是需要建立数学模型的分类任务，第一分类任务可以是任意一个分类任务。第二分类任务可以是与第一分类任务相关的其他分类任务，第二分类任务与第一分类任务是不同的分类任务。第二分类任务是与第一分类任务具有一定相关度的任务，两个分类任务之间的相关度是指两个分类任务之间特征与特征、特征与标签的相关程度。

步骤 102：根据目标特征提取模型，分别对第一分类任务的每个训练样本中的特征值进行处理，得到每个训练样本对应的提取特征值。其中，提取特征是特征提取模型的输出特征。在本实施方式中，可以分别将第一分类任务的每个训练样本中的特征值输入目标特征提取模型，每输入一个训练样本包含的特征值，便可以计算得出一组提取特征值。

步骤 103：将上述每个训练样本对应的提取特征值和标签值组成提取训练样本，对初始分类模型进行训练，得到目标分类模型。其中，分类模型是用于根据特征值估计标签值的数学模型。初始分类模型可以是在进行分类模型的训练时初步建立的未经训练优化的分类模型。目标分类模型可以是在进行分类模型的训练时最终得到的经过训练优化的分类模型。

步骤 104：将目标分类模型和目标特征提取模型组成第一分类任务的数学模型。其中，第一分类任务的数学模型是用于第一分类任务的标签估计的数学模型。

当有输入特征值输入第一分类任务的数学模型时，例如，输入一组风速、温度、湿度的数值，可以先将输入特征值输入目标特征提取模型，得到对应的提取特征值，再将提取特征值输入目标分类模型，得到相应的标签值，该标签值即为该数学模型最终的输出值。

【权利要求】

一种建立数学模型的方法，其特征在于，所述方法包括：

（1）根据第一分类任务的训练样本中的特征值和至少一个第二分类任务的训练样本中的特征值，对初始特征提取模型进行训练，得到目标特征提取模型；其中，所述第二分类任务是与所述第一分类任务相关的其他分类任务；

（2）根据所述目标特征提取模型，分别对所述第一分类任务的每个训练样本中的特征值进行处理，得到所述每个训练样本对应的提取特征值；

（3）将所述每个训练样本对应的提取特征值和标签值组成提取训练样本，对初始分类模型进行训练，得到目标分类模型；

（4）将所述目标分类模型和所述目标特征提取模型组成所述第一分类任务的数学模型。

【案例分析】

权利要求的方案请求保护一种数学模型的建模方法。从该权利要求的方法步骤当前记载来看，该方法将第一分类任务和与其相关的其他分类任务的训练样本都作为训练样本，以此来增加训练样本数量，从而提高建模的准确性。可见，该方案不涉及任何应用领域，其中处理的训练样本的特征值、提取特征值、标签值、提取训练样本都是抽象的数据，利用训练样本对数学模型进行训练等处理过程也未体现出与何应用领域相关，最后得到的结果也是抽象的分类数学模型。该建模方法的处理对象、过程和结果都不涉及与具体应用领域的结合，仅是抽象的模型建立方法，属于对抽象的数学模型本身的优化，因此，该方案属于《专利法》第 25 条第 1 款第（二）项规定的智力活动的规则和方法，不属于专利保护的客体。

此外，根据具体实施方式的记载，本申请训练样本例如为 8 点钟时的风速、温度、湿度的数值和对应的 PM2.5 的数值，或者是 9 点钟时的风速、温度、湿度的数值和对应的 PM2.5 的数值，据此表明本申请可能的数据来源，但是，即使申请人将上述样本的具体数据补入权利要求的方案中，那么，仅通过对数据来源的明确，仍无法反映出本申请可以应用于何种领域，解决何种技术问题。

◉ 案例 2-1-2 计算并联系统可靠度的方法

【背景技术】

由若干元件组成的系统的可靠度取决于各元件的可靠度，例如一个桁架结构系统的可靠度就取决于组成桁架系统的各个杆件的可靠度。按照系统失效和元件失效之间的关系，可分为串联系统和并联系统两种基本类型。串联系统是指组成系统的任一元件失效则系统失效的系统；而并联系统是指组成系统的所有元件都失效时系统才失效的系统。

因为只有所有元件都失效时并联系统才失效，所以并联系统的失效概率比单个元件的失效概率低，反之并联系统的可靠度比单个元件的可靠度高。并联系统的可靠度不仅取决于单个元件的可靠度，还受元件之间相关性的影响，故并联系统的可靠度计算是一个复杂的非线性问题。特别是当元件的失效概率较低时，并联系统的失效概率很低，在此情况下准确计算并联系统的失效概率（或可靠度）更为困难。目前尚无准确高效计算复杂并联系统的可靠度的方法。

【问题及效果】

一般通过并联系统的失效概率 P_{fs} 转换得到并联系统的可靠度 β_s。计算并联系统的失效概率 P_{fs} 的常用方法有以下几种：（1）降维法的精度较好，但由于在每一步降维过程中都要迭代求解设计验算点，当元件数量较多，元件功能函数的非线性程度较高时，迭代计算可能不收敛；（2）界限估计法计算简单，但得出的界限范围比较宽，无法确定并联系统失效概率的准确值；（3）直接抽样法计算简便，当抽样数 N 足够大时，可以准确确定并联系统的失效概率，但缺点是当并联系统的失效概率很小时，需要非常大的抽样数 N 才能保证足够的计算精度，将显著增加计算耗时。

为解决上述问题，本申请提供了一种计算并联系统可靠度的重要抽样法，该方法既可保证较高的计算精度，又极大提高了计算效率。本申请操作方便（相对于降维法），可保证较高的计算精度（相对于界限估计法），且计算效率较高（相对于直接抽样法），对实际问题分析的适用性更强。

【具体实施方式】

采用本申请所述方法计算上述并联系统的可靠度包括以下步骤：

（1）确定各元件的可靠指标和设计验算点。

1）各元件的可靠指标的初值 $\beta_i^{(0)} = 1$ 设计验算点的初值 $x_{ij}^* = 0$，$i = 1, 2,$

3,4，$j=1,2,3,4$，i 为元件的序号，j 为随机变量的序号。

2）计算各元件的功能函数在设计验算点处对随机变量的偏导数。

3）计算灵敏度系数。

4）确定第 k（$k \geq 0$）次迭代后的设计验算点，即 $x_{ij}^* = \mu_j - \beta^{(k)} \alpha_{ij} \sigma_j$。

5）如果 $|g_i^{(k)}(x_{i1}^*, x_{i2}^*, \cdots, x_{in}^*)| \leq 0.001$ 且 $|\beta_i^{(k)} - \beta_i^{(k-1)}| \leq 0.001$，停止迭代。否则，转向步骤 2）继续迭代。

（2）根据步骤（1）的计算结果，选取可靠指标最大的元件的设计验算点为抽样中心，抽取正态分布随机向量 $\bar{X} = (X_1, X_2, X_3, X_4)$ 的样本值 $\bar{x} = (x_1, x_2, x_3, x_4)$。

（3）计算并联系统的失效概率：

$$P_{fs} = \frac{1}{N} \sum_{i=k}^{N} \frac{I([g_1(\bar{x}), g_2(\bar{x}), \cdots, g_m(\bar{x})]_k) f_{\bar{x}}(\bar{x})}{p_{\bar{x}}(\bar{x})}$$

（4）计算并联系统的可靠指标。

并联系统的可靠指标 β_s 按下式计算：$\beta_s = -\Phi^{-1}(P_{fs})$，其中 $\Phi^{-1}(\cdot)$ 是标准正态分布函数的反函数。

【权利要求】

一种计算并联系统可靠度的方法，其特征在于，包括以下步骤：

步骤一：确定各元件的可靠指标和设计验算点。

步骤二：根据步骤一的计算结果，选取可靠指标最大的元件的设计验算点为抽样中心，抽取正态分布随机向量 $\bar{X} = (X_1, X_2, X_3, X_4)$ 的样本值 $\bar{x} = (x_1, x_2, x_3, x_4)$。

步骤三：计算并联系统的失效概率 P_{fs}

$$P_{fs} = \frac{1}{N} \sum_{i=k}^{N} \frac{I([g_1(\bar{x}), g_2(\bar{x}), \cdots, g_m(\bar{x})]_k) f_{\bar{x}}(\bar{x})}{p_{\bar{x}}(\bar{x})}$$

式中，N 为抽样数；$[g_1(\bar{x}), g_2(\bar{x}), \cdots, g_m(\bar{x})]_k$ 为第 k 次抽样得到的 m 个元件的功能函数值；$I(\cdot)$ 为取值为 0 和 1 的示性函数；$f_{\bar{x}}(\bar{x})$ 为正态分布随机向量 $\bar{X} = (X_1, X_2, X_3, X_4)$ 的联合概率密度函数；$p_{\bar{x}}(\bar{x})$ 为生成的随机数的联合概率密度函数。

步骤四：根据计算的失效概率来计算并联系统的可靠指标 β_s

$$\beta_s = -\Phi^{-1}(P_{fs})$$

式中，Φ^{-1}（·）为标准正态分布函数的反函数。

【案例分析】

本申请中"元件""系统""串联系统""并联系统"并未明确含义，应当如何理解？这些术语是否体现了应用领域？

从并联系统本身来分析，本申请涉及的并联系统、元件都是通用的术语，并非针对某个应用领域。例如，并联系统有可能是电子电路的并联电路系统、并联电路、并联的设备装置，也可能是虚拟的由软件实现的并行运算的单元，甚至可能是社会、经济、管理等框架中的组织架构形式，而该方案既可以应用到电子器件排布、计算机设备元件、智能电网配置等的硬件电路中，也可以应用于软件并行网络实现的某个领域的智能控制中，甚至是某个具体行业的组织管理中，其概括了宽泛的概念，仅记载"并联系统"并不能看作一种具体的应用。

根据具体实施方式的记载，目前一般通过对并联系统的失效概率进行转换得到并联系统的可靠度，针对并联系统失效概率的计算方法包括降维法、界限估计法、直接抽样法等，这些计算方法都存在各种缺陷，本申请的目的是提供计算并联系统可靠度的重要抽样法，该方法既可保证较高的计算精度，又极大提高了计算效率，由此可以看出，本申请针对的是算法本身的改进，解决的是提高并联系统可靠度的计算精度及效率的问题，并非技术问题。

采用的手段是将并联系统元件的相关指标等用作输入变量，采用数学方法计算，选取符合一定概率要求的样本进行可靠度值的计算，并非技术手段。所获得的效果是通过算法自身改进带来的提高指标的计算精度及效率，并非技术效果。因此，该方案不属于《专利法》第2条第2款规定的技术方案，不属于专利保护的客体。

● 案例 2-1-3 深度神经网络训练方法、装置及计算机设备

【背景技术】

深度学习是在人工智能神经网络基础上发展而来的一种机器学习方法，深度神经网络作为深度学习的主要模型，通过模仿人脑的机制来解释数据，是一种通过建立和模拟人脑进行分析学习的智能模型，其在语音识别、图像分类、人脸识别、自然语言处理、广告投放等应用领域已被广泛应用。

【问题及效果】

目前，大多数深度学习只针对单个任务，例如，对目标的属性进行检测、

对目标的状态进行估计等。针对复杂的场景，往往需要实现多个任务，通常使用的方法是，利用多个神经网络分别针对各任务进行运算，然后再将运算结果进行合并，这个过程非常消耗时间，并且由于每一个神经网络中存在高度的冗余性，导致深度学习的运算效率较低。

本申请通过对网络层中各节点的任务属性的共性部分进行提取，可以对指定任务对应的神经网络进行复用，通过一层一层的树状网络拓扑结构的运算，即可以利用一个完整的深度神经网络实现多个指定任务，并且基于任务属性对节点进行聚类，构建属于同一类别的节点的父节点，该父节点可以实现子节点的共性任务，因此可以有效减少神经网络间的冗余，进而提高深度学习的运算效率。

【具体实施方式】

本申请具体实施方式提出一种深度神经网络训练方法，包括如下步骤：

S101：针对树状网络拓扑结构中的当前网络层，获取当前网络层中各节点的任务属性。

针对多个指定任务，可以基于用于执行不同指定任务的神经网络，设计一个完整的深度神经网络，实现各指定任务。该深度神经网络可以为树状网络拓扑结构，其中每个节点可以为对应于不同任务的神经网络。该树状网络拓扑结构中一共存在三种类型的节点：叶节点、根节点及中间节点。由于最终目的是实现各指定任务，因此叶节点为针对指定任务已完成训练的神经网络，可以将叶节点视为编码器。

S102：基于当前网络层中各节点的任务属性，对该当前网络层中各节点进行聚类分析，提取同一类别中多个节点的任务属性的共性部分，作为多个节点的父节点的任务属性。

由于树状网络拓扑结构中的一个网络层中，各节点所对应的任务之间具有一定的相似性，例如，在识别目标的性别和年龄时，由于这两个指定任务都需要首先检测出人体或者人脸区域，以此为基础进行性别分类与年龄估计，则可以将这两个指定任务对应的两个节点划分为同一类别，并且提取这两个指定任务的共性部分，即对人体或者人脸区域的检测，则可以将对人体或者人脸区域的检测作为上述两个节点的父节点的任务属性。这样，在通过深度神经网络进行运算时，可以先执行对人体或者人脸区域进行检测的任务，在检测出人体或者人脸区域后，再进行目标的性别识别和目标的年龄估计的任务。

对网络层中各节点进行聚类得到父节点的方式可以包括如下步骤：

第一步，根据当前网络层中各节点的任务属性，通过预设算法，生成对应于各节点的任务属性的相似性度量矩阵。

第二步，根据相似性度量矩阵，将相似性大于预设阈值的多个节点确定为同一类别。

第三步，提取同一类别中多个节点的任务属性的共性部分，作为多个节点的父节点的任务属性。

S103：基于各父节点的任务属性，训练各父节点的网络参数。

网络参数的训练过程可以是通过将各父节点的子节点的输出特征作为该父节点的输入，然后通过对网络参数进行不断调整使得各子节点的输出特征满足指定任务。针对树状网络拓扑结构的叶节点，由于神经网络的倒数第一层往往为瞬时函数，而倒数第二层为特征层，即倒数第二层的输出为编码的特征，因此将倒数第二层的输出作为上一层级的节点的输入。

S104：在对各网络层中各节点完成训练后，确定树状网络拓扑结构对应的深度神经网络训练结束。

基于上述过程可以得到树状网络拓扑结构中一个网络层的各节点，通过对各网络层中各节点进行训练，训练结束后即可确定树状网络拓扑结构对应的深度神经网络。

【权利要求】

一种深度神经网络训练方法，其特征在于，所述方法包括：

针对树状网络拓扑结构中的当前网络层，获取所述当前网络层中各节点的任务属性，其中，所述树状网络拓扑结构中的各节点为对应于不同任务的神经网络，所述树状网络拓扑结构中的叶节点为针对指定任务已完成训练的神经网络，其中，所述树状网络拓扑结构中包括针对性别识别任务的叶节点和针对年龄识别任务的叶节点；

基于所述当前网络层中各节点的任务属性，对所述当前网络层中各节点进行聚类分析，提取同一类别中多个节点的任务属性的共性部分，作为所述多个节点的父节点的任务属性，其中，所述针对性别识别任务的叶节点和针对年龄识别任务的叶节点拥有公共的父节点；

基于各父节点的任务属性，训练各父节点的网络参数；

在对各网络层中各节点完成训练后，确定所述树状网络拓扑结构对应的深度神经网络训练结束。

【案例分析】

本申请在背景技术中提到"在语音识别、图像分类、人脸识别、自然语言处理、广告投放等应用领域已被广泛应用",权利要求中进一步限定了叶节点分别针对"性别识别任务"和"年龄识别任务",是否限定到比语音识别、图像分类、人脸识别、自然语言处理、广告投放更下位的性别识别任务和年龄识别任务就已经可以体现出了应用领域?

根据本申请具体实施方式的记载可知,其所要解决的问题是多任务深度神经网络的高冗余度的问题,即深度神经网络算法的通用问题,关于算法的应用领域也仅在背景技术中以举例的方式笼统提及"其在语音识别、图像分类、人脸识别、自然语言处理、广告投放等应用领域已被广泛应用"。权利要求中限定的"性别识别任务"和"年龄识别任务",虽然其可以是语音识别、图像分类、人脸识别、自然语言处理、广告投放等应用领域中的具体任务,但"性别识别任务"和"年龄识别任务"属于可能的多任务类型,因此仅记载"性别识别任务"和"年龄识别任务"仍无法反映出本申请的具体应用领域。

因此,本申请说明书中声称要解决的问题与性别识别和年龄识别无关,仍然是算法本身的问题,即深度神经网络本身的多网络运算结果合并带来的运算效率低的问题,并非技术问题;所采用的手段是通过构建树状网络拓扑结构来训练一个实现多任务的完整的深度神经网络,属于神经网络结构本身的优化,并非技术手段;取得的效果是减少神经网络间冗余以提高学习的运算效率的效果,可见所取得的效果也是改进神经网络算法本身所取得的,并非技术效果。因此,上述权利要求所请求保护的方案未采用技术手段解决技术问题,同时也未获得技术效果,不属于《专利法》第 2 条第 2 款规定的技术方案,不属于专利保护的客体。

(二)体现应用领域但并非密切相关

◉ 案例 2-1-4 时间序列拐点检测方法

【背景技术】

时间序列是指将某种现象的某一个统计指标在不同时间上的各个数值,按时间先后顺序排列而形成的序列。在运维管理上,对于单一指标的时间序列,拐点可以是系统发生异常的时间点;对于多指标的时间序列,拐点可以分析数据之间相关性的临界值。因此，准确地检测出时间序列中的拐点，对于寻找系统异常点以及系统资源改变的关键时间点具有非常重要的意义。

【问题及效果】

目前对于时间序列拐点的检测，可以利用模糊聚类的方法对时间序列进行聚类分析，将聚类的边界点作为时间序列发生改变的时间点，即时间序列的拐点，然而该方法适合模糊聚类效果良好的时间序列，对于方差变化较小的时间序列，该方法效果并不明显，进而无法对方差变化较小的时间序列拐点进行有效检测。

本申请根据时间序列中时间点数据的拟合结果，获取时间序列对应的方差，当检测出方差发生改变时，可以计算得到每一个时间点作为时间序列中的假设拐点时分别对应的损失，将时间序列的损失最小时间点作为该时间序列的拐点，对于方差变化较小的时间序列，也可以有效检测出该时间序列中存在的拐点。

【具体实施方式】

本申请具体实施方式提供了一种时间序列拐点检测方法，可以有效检测出方差变化较小的时间序列中的拐点。所述方法包括：

101：获取时间序列中的时间点数据并进行数据拟合。

在获取得到时间序列中的时间点数据之后，可以利用目前现有的数据拟合方法，对时间点数据进行数据拟合。

102：根据数据拟合结果，获取时间序列对应的方差。

例如，根据数据拟合结果，确定时间序列拟合图像中存在两段不同趋势的数据拟合曲线，分别计算这两段曲线各自对应的方差。

103：当检测出方差发生改变时，计算时间序列中每一个时间点作为时间序列中的假设拐点时分别对应的损失。

例如，时间序列拟合图像中存在两段不同趋势的数据拟合曲线，在分别计算这两段曲线各自对应的方差之后，将这两个方差进行比较，当检测出这两个方差不一致时，说明时间序列对应的方差发生改变。

当检测出方差发生变化时，可以根据预定噪声分布函数，计算时间序列中每一个时间点作为该时间序列中的假设拐点时分别对应的损失，具体可以依据该预定噪声分布函数，改变分析模型的阈值函数并预先配置相应的计算公式，通过计算公式计算得到每一个时间点作为时间序列中的假设拐点时分别对应的时间序列阈值，即时间序列中每一个时间点作为该时间序列中假设拐点时的时间序列的损失。

104：将最小损失对应的假设拐点，确定为时间序列中的拐点。

依据每一个时间点作为时间序列中的假设拐点时分别对应的损失，可以找到时间序列损失最小的时间点，将该时间点确定为时间序列中的拐点。

【权利要求】

一种时间序列拐点检测方法，应用于运维管理系统，其特征在于，包括：

获取时间序列中的时间点数据并进行数据拟合；

根据数据拟合结果，获取所述时间序列对应的方差；

当检测出所述方差发生改变时，计算所述时间序列中每一个时间点作为所述时间序列中的假设拐点时分别对应的损失；

将最小损失对应的假设拐点，确定为所述时间序列中的拐点，所述拐点能够用于确定所述运维管理系统异常点和所述运维管理系统资源改变的关键时间点；

所述方法还包括：

通过动态规划技术，检测时间序列中存在的多个拐点，所述多个拐点能够满足不同的业务需求。

【案例分析】

权利要求的主题名称中限定了"应用于运维管理系统"是否能够使方案体现出具体的应用领域？对运维系统里的拐点检测能否看成将算法应用于具体技术领域？

时间序列是将不同时间上的各个数值按时间先后顺序排列而形成的序列，时间序列拐点计算的处理对象只是一种带有时序属性的数据，用数学的方法进行时间序列拐点计算仍然属于抽象的算法。

本申请声称要解决的问题是无法对方差变化较小的时间序列拐点进行有效检测，权利要求中限定了"应用于运维管理系统"，以及"拐点能够用于确定所述运维管理系统异常点和所述运维管理系统资源改变的关键时间点"，但是，权利要求记载的方案并未体现出将时间序列拐点如何应用到运维管理系统的具体处理过程，也没有对时间序列所代表的是运维管理系统中哪些具体物理数据进行限定，未体现出该算法特征与运维管理系统的具体物理参数之间存在何种技术上的关联，由此，本申请所能解决的问题仍然是时间序列拐点有效计算的问题，不能将其看成算法应用于具体技术领域。

权利要求的方案要解决的问题是对于方差变化较小的时间序列如何有效

计算时间序列拐点的问题，是数学问题，并非技术问题；为了解决该问题所采用的是将时间序列数据进行数据拟合、计算方差、计算损失、根据最小损失确定拐点的手段，并非遵循自然规律的技术手段；所达到的效果仅仅是得到数学运算结果，而非技术效果。因此，本申请不属于《专利法》第2条第2款规定的技术方案，不属于专利保护的客体。

◉ 案例 2-1-5　基于 BP 和 PSO 的数据预测方法

【背景技术】

负荷预测是电力系统经济调度中的一项重要内容，是能量管理系统（EMS）的一个重要模块。电力系统负荷预测是指在充分考虑系统运行特性、增容决策、自然条件与社会影响等条件下，研究并利用一套系统处理过去与未来负荷的数学方法，在满足一定精度要求的基础上，预测未来特定时刻的负荷数值。提高负荷预测技术水平，有利于计划用电管理，有利于合理安排电网运行方式和机组检修计划，有利于节煤、节油和降低发电成本，有利于制定合理的电网建设规划，有利于提高电力系统的经济效益和社会效益。为了实现能源供需信息的实时匹配和智能化响应，形成"人工智能+电力系统"的新模式，由此群体智能与人工神经网络的优化混合预测模型得到广泛应用。

【问题及效果】

现有技术中，存在基于粒子群优化算法（PSO）和 BP 神经网络的短期电力负荷预测方法。此种方法虽然可以得到较好的网络结构和一般化的种群，但是种群规模还是避免不了 PSO 和 BP 本身的缺陷，依然会产生振荡和发散现象，也就是说，依然是在非最佳种群中寻找最佳效果。同时，当发生振荡和发散或者遇到特殊值时，依然采用平均值的方式来计算，舍弃了参数的特殊性，实际预测效果不好。

为解决上述问题，本申请提供一种基于 BP 和 PSO 的数据预测方法，其采用混合改变惯性因子的双策略，充分考虑到 PSO 和 BP 不可避免的振荡和发散特性，随之不断改变数据预测过程中惯性因子的数值，使其处于动态更新状态，可以极大地提高预测精度和收敛速度。

【具体实施方式】

本申请具体实施方式提供一种基于 BP 和 PSO 的数据预测方法，包括以下步骤：

S101：执行 PSO 参数初始化操作，并利用训练样本集确定 BP 的网络结构；其中，PSO 参数包括 PSO 粒子群的速度和位置。

本步骤旨在执行 PSO 参数初始化操作，并利用训练样本集确定 BP 的网络结构。该 PSO 参数包含很多，包括种群 N，优化变量个数 D，学习因子 C_1、C_2，PSO 迭代次数 T 等原始参数，惯性因子初始值 W_0，惯性因子初始最大值 W_{max}，惯性因子初始最小值 W_{min}，BP 迭代次数 e_{poch}，精度 g_{oal}，学习速率 l_r，其中在每次实际迭代过程中，需要改变的最关键的参数是 PSO 粒子群中每个粒子的速度和位置，即每次迭代需要更新上一次迭代后得到的速度和位置参数。

S102：将得到的 PSO 参数代入网络结构，计算得到 PSO 粒子群的全局最优值。

进一步地，该全局最优值可用于计算每次迭代过程得到的最优值误差，并在后续步骤中用于衡量是否还需要再次进行迭代。

S103：判断是否达到最大迭代次数或最优值误差是否小于预定误差；其中，最优值误差由全局最优值计算得到。

S104：判断当前迭代次数是否为首次。

本步骤旨在判断当前是否为首次进行迭代，以选择不同的后续处理方式实现对惯性因子的调整，以在不断的迭代过程中得到更高的精度。

S105：利用预设的惯性因子周期改变公式对初始惯性因子进行修正，得到消除振荡后惯性因子，并利用消除振荡后惯性因子更新 PSO 粒子群的速度和位置，得到更新后的 PSO 参数。

S106：利用预设的惯性因子动态改变公式对消除振荡后惯性因子进行修改，得到消除发散后惯性因子，并利用消除发散后惯性因子更新 PSO 粒子群的速度和位置，得到更新后的 PSO 参数。

S107：输出网络结构下的最终权值和最终阈值，以利用最终权值和最终阈值完成数据预测。

【权利要求】

一种基于 BP 和 PSO 的数据预测方法，应用于电力系统负荷预测领域，其特征在于，包括：

S1：执行 PSO 参数初始化操作，并利用训练样本集确定 BP 的网络结构；其中，所述 PSO 参数包括 PSO 粒子群的速度和位置。

S2：将得到的 PSO 参数代入所述网络结构，计算得到所述 PSO 粒子群的全局最优值。

S3：判断是否达到最大迭代次数或最优值误差是否小于预定误差；其中，所述最优值误差由所述全局最优值计算得到。

S4：若未达到所述最大迭代次数或所述最优值误差不小于所述预定误差，判断当前迭代次数是否为首次。

S5：若所述当前迭代次数为首次，则利用预设的惯性因子周期改变公式对初始惯性因子进行修正，得到消除振荡后惯性因子，并利用所述消除振荡后惯性因子更新所述 PSO 粒子群的速度和位置，且在更新完成后跳转至 S2。

S6：若所述当前迭代次数为非首次，则利用预设的惯性因子动态改变公式对所述消除振荡后惯性因子进行修改，得到消除发散后惯性因子，并利用所述消除发散后惯性因子更新所述 PSO 粒子群的速度和位置，且在更新完成后跳转至 S2。

S7：若达到所述最大迭代次数或所述最优值误差小于所述预定误差，则输出所述网络结构下的最终权值和最终阈值，以利用所述最终权值和所述最终阈值完成对电力系统未来负荷数据的预测。

【案例分析】

背景技术部分记载了本申请要解决的是电力负荷预测的问题，权利要求请求保护一种基于 BP 和 PSO 的数据预测方法，虽然方案中限定了"应用于电力系统负荷预测领域"和"以利用所述最终权值和所述最终阈值完成对电力系统未来负荷数据的预测"，体现了本申请的应用领域，但是，步骤 S1～S7 的具体处理过程与电力系统负荷预测没有任何技术上的关联。当前权利要求的限定程度仅能反映出基于 BP 和 PSO 的数据预测方法可应用于电力系统负荷预测，但是无法得知如何用 BP 和 PSO 来具体进行电力系统负荷预测的，也就是说，当前的解决方案既没有电力系统负荷的具体参数，也无法体现出如何利用 BP 和 PSO 来实现电力系统负荷预测的具体过程，因此，当前的方案虽然表明了应用领域，但是算法特征与应用领域之间未达到紧耦合的程度。

因此，本申请实质上仅能够解决振荡和发散现象带来预测效果不佳的问题，仍然属于数据预测算法本身的问题，并非技术问题；所采用的手段是混合改变惯性因子的双策略，充分考虑到 PSO 和 BP 不可避免的振荡和发散特性，随之不断改变数据预测过程，属于数据预测算法本身的优化，并非技术手段；据此取得的提高预测精度和收敛速度的效果是改进数据预测算法本身所获得的，并非技术效果。因此，权利要求请求保护的解决方案不属于《专利法》第 2 条第 2 款规定的技术方案，不属于专利保护的客体。

● **案例 2-1-6　基于云遗传算法的风功率预测方法**

【背景技术】

随着生态环境的日益恶化，风电等绿色能源受到了越来越多的关注。近年来，我国风电装机容量增长迅速，与此同时风电功率的随机性、波动性带来的并网问题愈发凸显，需要对区域电网内的风电场进行高精度的风电功率预测，以便将风电纳入电网调度计划中，提高电网对风电的消纳能力。随着当前分布式风电发电机组安装容量的不断增大，虽然各个风电场建设前都有风资源评估，但是随着社会的不断发展和进步，人们对电力系统的稳定性要求越来越高，另外，在当前资源紧缺的情况下，尽可能最大力度地充分利用风力发电而减少常规能源发电，减少资源消耗和环境污染。

由于风资源的随机性和不确定性，根据风电场历史数据进行功率预测时存在一定的困难，尤其是在数学模型建立的过程中。数学模型一般采用一定的统计方法，通过大量风电场历史数据对模型进行训练，建立输入数据与风电功率的映射关系，从而对风功率进行预测。风功率预测的数学模型建立方法主要有：时间序列法、神经网络、模糊逻辑等方法。

【问题及效果】

目前 BP 神经网络在国内外一些风功率预测软件中已得到实际应用。然而，BP 神经网络在实际应用中存在一些缺陷与不足：①BP 神经网络算法进行权值修正时，误差函数通常采用梯度下降方式，为单向搜索，全局寻优能力欠佳；②BP 神经网络参数初始化随机，导致学习中出现重复的可能性较大，网络收敛速度过慢，甚至训练陷入瘫痪状态。

另外，通过统计预测模型和物理预测模型构成组合预测模型，根据历史风功率数据和气象数据的对应关系，分别用统计预测模型和物理预测模型预测风功率，综合了单一模型的优点，提高了预测的精度。虽然该方法有助于提升预测精度，但是所用数据量大，涉及模型较多，容易引入偶然误差，影响预测精度。

本申请提出了一种基于云遗传算法的风功率预测方法，所提方法将云遗传算法运用于 BP 神经网络建立预测模型，利用云遗传算法来优化 BP 网络参数的权值和阈值，加快 BP 神经网络的优化学习速度，从而加快风功率预测处理的效率。

【具体实施方式】

本申请具体实施方式提出一种基于云遗传算法的短期风功率预测方法，

包括步骤如下：

步骤1：确定BP神经网络结构，选择所用样本数据建立BP神经网络结构。BP神经网络的输入与输出之间是一种高度非线性映射关系，如果输入节点数是N，输出节点数是M，则网络是从N维欧氏空间到M维欧氏空间的映射。

步骤2：初始化网络权值，初始化BP网络参数的权值和阈值，随机生成若干个输入层和隐含层之间的权值w_{ij}，隐含层和输出层之间的权值w_{jk}。

步骤3：初始化种群，即遗传算法中的编码步骤。随机产生N个初始串结构数据，每个串结构数据称为一个个体。N个个体构成一个群体。遗传算法以这N个初始串结构数据作为初始点开始迭代。

步骤4：确定目标函数，以BP神经网络的误差函数的倒数作为最优的搜索适应度函数。

步骤5：以初始化的种群的个体作为输入量，代入适应度函数中计算每个种群中每个个体的适应度。

步骤6：若适应度满足系统所设定的适应度值要求或者迭代次数要求，则系统跳转至步骤10，否则进行下一步。

步骤7：保存种群中适应度最高的个体，用于进行遗传算法中的交叉、变异等操作。

步骤8：利用云理论中的Y条件发生器生成子代种群，实现交叉操作。

步骤9：利用基本正态云云发生器实现基因突变，即遗传算法中的变异操作。

步骤10：获取最优权值w_{ij}、w_{jk}，将其代入BP神经网络进行正向传播计算，计算各层样本训练输出值与期望值之间的误差平方。

步骤11：输出权值。

以广东湛江塘蓬风电场全年的数据为训练样本，进行基于云遗传算法的BP神经网络风功率预测。实验证明该优化算法运用在风电场风功率预测中有助于提高预测精度，加快网络收敛速度，该方法将云遗传算法运用于BP神经网络建立预测模型，利用云遗传算法来优化BP网络参数的权值和阈值，加快BP神经网络的优化学习速度，从而加快风功率预测处理的效率。

【权利要求】

一种基于云遗传算法的短期风功率预测方法，其特征在于：

将云遗传算法运用于BP神经网络算法中，利用云遗传算法优化BP网络参数的权值和阈值，加快 BP 神经网络的优化学习速度，从而加快功率预测处理效率；

以广东湛江塘蓬风电场全年的数据为训练样本，进行基于云遗传算法的 BP 神经网络风功率预测；

该方法将云遗传算法运用于 BP 神经网络建立预测模型，利用云遗传算法来优化 BP 网络参数的权值和阈值，加快 BP 神经网络的优化学习速度，从而加快风功率预测处理的效率，具体步骤如下：

步骤 1：确定 BP 神经网络结构，选择所用样本数据建立 BP 神经网络结构；BP 神经网络的输入与输出之间是一种高度非线性映射关系，如果输入节点数是 N，输出节点数是 M，则网络是从 N 维欧氏空间到 M 维欧氏空间的映射。

步骤 2：初始化网络权值，初始化 BP 网络参数的权值和阈值，随机生成若干个输入层和隐含层之间的权值 w_{ij}，隐含层和输出层之间的权值 w_{jk}。

步骤 3：初始化种群，即遗传算法中的编码步骤。随机产生 N 个初始串结构数据，每个串结构数据称为一个个体；N 个个体构成一个群体。遗传算法以这 N 个初始串结构数据作为初始点开始迭代。

步骤 4：确定目标函数，以 BP 神经网络的误差函数的倒数作为最优的搜索适应度函数。

步骤 5：以初始化的种群的个体作为输入量，代入适应度函数中计算每个种群中每个个体的适应度。

步骤 6：若适应度满足系统所设定的适应度值要求或者迭代次数要求，则系统跳转至步骤 10，否则进行下一步。

步骤 7：保存种群中适应度最高的个体，用于进行遗传算法中的交叉、变异等操作。

步骤 8：利用云理论中的 Y 条件发生器生成子代种群，实现交叉操作。

正态云模型是一个遵循正态分布规律、具有稳定倾向的随机数集，用期望值 E_x、熵 E_n、超熵 H_e 三个数值来表征；期望值 E_x：在数域空间最能够代表这个定性概念的点，反映了云的重心位置。

步骤 9：利用基本正态云云发生器实现基因突变，即遗传算法中的变异操作。

步骤 10：获取最优权值 w_{ij}、w_{jk}，将其代入 BP 神经网络进行正向传播计算，计算各层样本训练输出值与期望值之间的误差平方。

步骤 11：输出权值。

【案例分析】

本申请背景技术中记载了要解决的是风功率预测的问题，权利要求请求保护一种基于云遗传算法的短期风功率预测方法，除主题名称中限定该预测方法是进行"风功率预测"之外，还限定了"以广东湛江塘蓬风电场全年的数据为训练样本"。其中"以广东湛江塘蓬风电场全年的数据为训练样本"仅能反映出该预测方法处理的数据对象是什么，算法各步骤并没有记载如何利用云遗传算法来实现短期风功率预测的具体过程。也就是说，当前权利要求的限定程度仅体现了利用云遗传算法的预测方法可应用于短期风功率预测，然而该方案中云遗传算法特征与风功率预测没有体现出任何技术上的关联，该权利要求属于仅在算法处理的数据对象上体现了应用领域，但无法达到紧耦合程度。

因此，本申请实质上能解决的是全局寻优能力和预测精度的问题，仍然属于数据预测算法本身的问题，并非技术问题；所采用的手段是将云遗传算法运用于 BP 神经网络建立预测模型，利用云遗传算法来优化 BP 网络参数的权值和阈值，属于数据预测算法本身的优化，并非技术手段；据此取得的加快 BP 神经网络的学习速度从而提升预测处理效率的效果是改进数据预测算法本身所获得的，并非技术效果。因此，权利要求请求保护的解决方案不属于《专利法》第 2 条第 2 款规定的技术方案，不属于专利保护客体。

(三) 与应用领域密切相关

● 案例 2-1-7　基于 AM 嵌套抽样算法的地下水模型评价方法

【背景技术】

近年来，数值模拟技术已成为地下水研究领域中一种不可或缺的方法，对于水资源评价、开发、管理与保护、地下水污染防治等问题具有重要意义。地下水模型的使用不仅可为决策者提供参考依据，也可对未来进行预测和估计。建模方法和工具有很多，基于不同的原理或假设条件，可以建立多个不同的地下水模型。然而，选择不同的模型对预测结果的准确性有较大的影响，因此，如何评价和选择地下水模型是当前需要解决的问题。

目前，嵌套抽样方法已经在多个领域得到推广应用，如将基于 Metropolis-Hasting 的嵌套抽样算法（NSE-MH）应用于地下水流模型的评价与不确定性分析，验证了嵌套抽样算法的有效性；对 NSE-MH 中 Metropolis-Hasting 算法进行改进，分别应用于线性、非线性函数的边缘似然值计算，并与算术平均、调和平均及热力学积分（TIE）方法的计算结果对比，验证了改进后的嵌套抽样算法的计算精度与效率。

嵌套抽样算法将复杂的高维积分问题转化为一维积分问题。嵌套抽样算法可以分为嵌套抽样主算法和局部限制抽样子算法两部分，主算法通过有效集迭代更新的方式实现嵌套抽样，局部限制抽样负责生成每次迭代过程所需的似然值~先验分布累积（L~X）样本。局部限制抽样通常基于概率抽样方法，如 Metropolis-Hasting（MH）算法等。

【问题及效果】

对于常规的基于 Metropolis-Hasting 算法的嵌套抽样算法（NSE-MH），该算法原理简单，容易操作，但在应用过程中存在以下问题：①NSE-MH 算法的计算效率低，所需的计算量大；②NSE-MH 的收敛速度慢，在抽样后期 MH 算法需要多次迭代才能生成满足约束条件（$L_{i+1} > L_i$）的样本；③NSE-MH 算法在参数后验分布空间内随机抽样，计算稳定性较差。因此，上述问题的存在限制了嵌套抽样算法在模型评价中的应用和推广。

本申请将嵌套抽样算法中的局部限制抽样算法改进为 AM 算法，将模型的边缘似然值及后验概率作为评价地下水模型表现的指标，根据贝叶斯分析理论及嵌套抽样法，将复杂且不易直接求解的高维积分边缘似然值转化为易于计算的一维积分，在计算地下水模型边缘似然值的案例分析中，通过 AM 的自适应更新，保证了抽样的质量与精度，与原有的 NSE-MH 相比，在计算结果的计算效率和收敛速度方面有所提高，同时也提高了计算结果的准确性和稳定性。

【具体实施方式】

本申请的具体实施方式以三维稳定流地下水流模型为例，研究区为一矩形含水层，东西方向长为5000m，南北方向宽为3000m。含水层的总厚度为60m，从上至下依次为潜水含水层、弱透水层和承压含水层，厚度依次为35m、5m 和20m。渗透系数 K 具有非均质性，渗透系数随机场用各向同性的指数方差模型描述，相关长度为200m，渗透系数 K 的对数的方差为1.0。各层渗透系数的平均值依次为 1.0m/d、0.1m/d 和5.0m/d。此外，含水层水平方向的渗透系数是垂向渗透系数的10倍。

本申请采用四个结构不同的概念模型（M_1、M_2、M_3 和 M_4）作为对未知地下水系统的近似。模型 M_1 假设只有一层潜水含水层；模型 M_2 假设存在潜水含水层和承压含水层，厚度分别为 35m 和 25m；模型 M_3、M_4 的结构与真实情况相同，M_3 中含水层的厚度分别为 35m、3m 和 22m；M_4 含水层的厚度分别为 35m、7m 和 18m。

本申请中的五个水文地质参数，分别为第一层的入渗补给系数、定水头边界水头、河床水力传导系数、第一层的渗透系数随机场的方差和相关长度。其他模型边界条件与真实模型相同。

【权利要求】

一种基于 AM 嵌套抽样算法的地下水模型选择方法，其特征在于：包括以下步骤：

（1）根据研究区的水文地质条件，建立一组不同结构的概念模型 M_k（$k = 1, 2, \cdots, K$）来表示实际地下水系统。

（2）根据研究问题选择一组水文地质参数作为参数向量 $\boldsymbol{\theta}$ 并确定其先验概率分布 $p(\boldsymbol{\theta}|M_k)$，所述水文地质参数包括入渗补给系数、定水头边界水头、河床水力传导系数、渗透系数随机场的方差和相关长度。

（3）从先验分布 $p(\boldsymbol{\theta}|M_k)$ 中随机生成参数向量 $\boldsymbol{\theta}$ 的集合 $S = \{\theta_1, \theta_2, \cdots, \theta_N\}$ 作为有效集，并计算有效集中每个参数向量的联合似然函数 $L(\boldsymbol{\theta}|D, M_k)$。

（4）确定嵌套抽样主算法的迭代次数 R，在每次迭代过程中选出有效集 S 中最差的参数向量作为样本，并根据梯形公式计算边缘似然值的增量 ΔZ。

（5）在每次迭代过程中，通过基于 AM 算法的局部限制抽样从先验分布 p 中生成新的参数向量 $\boldsymbol{\theta}_{new}$ 作为候选样本，以替代有效集中最差的样本。

（6）完成迭代后，根据有效集 S 和边缘似然值的增量 ΔZ，计算各个概念模型的边缘似然值 Z。

（7）根据计算的各个概念模型的边缘似然值，从小到大排序，选择边缘似然值最大的作为选择的地下水模型。

其中，步骤（4）对于第 i（$i = 1, 2, \cdots, R$）次迭代，计算有效集 S 中最小的参数向量 $\boldsymbol{\theta}_{worst}$ 及其对应的似然函数 L_{worst}，令 $L_i = L_{worst}$，计算先验分布累积 X_i、每一次迭代中的边缘似然值 Z_i 以及边缘似然值的增量 ΔZ，其中 $Z_0 = 0$，$L_0 = 0$。

步骤（5）通过局部限制抽样从参数先验分布中生成新参数向量 $\boldsymbol{\theta}_{new}$，若 $L(\boldsymbol{\theta}_{new}|D, M) > L_{worst}$，则用 $\boldsymbol{\theta}_{new}$ 取代原有 $\boldsymbol{\theta}_{worst}$；否则，继续从局部限制抽样算法中生成 $\boldsymbol{\theta}_{new}$，直至满足 $L(\boldsymbol{\theta}_{new}|D, M) > L_{worst}$ 或达到人为定义的抽样次数上限为止。

步骤（5）基于 AM 算法的局部限制抽样包括以下步骤：

①从有效集 S 中随机选择某一参数向量 $\boldsymbol{\theta}$ 作为初始参数向量 $\boldsymbol{\varphi}_0$；

②确定 AM 算法的循环次数 H，对于第 $j(j=1,2,\cdots,H)$ 次循环，从正态分布 $N(\varphi_{j-1}, C_j)$ 中生成新样本 ξ，计算对应的联合似然函数值 L_ξ，其中 C_j 为协方差矩阵；

③若 $L_\xi>L_{\text{worst}}$，则计算接受概率 $\alpha=\min\left\{1,\dfrac{L_\xi}{L_{\varphi_{j-1}}}\right\}$，否则 $\alpha=0$；

④从均匀分布 $U(0,1)$ 中生成随机数 u，比较 u 与 α 的大小；若 $u\leqslant\alpha$ 则接受 $\varphi_j=\xi$，否则 $\varphi_j=\varphi_{j-1}$；

⑤重复步骤②~④，直至生成长度为 H 的马尔可夫链为止；令 $\theta_{\text{new}}=\varphi_H$。

步骤（6）分别计算当前有效集 S 中的 N 个参数向量 $\theta_1,\theta_2,\cdots,\theta_N$ 对应的似然函数 $L_1,L_2,\cdots,L_N$，计算得到边缘似然值 Z。

【案例分析】

根据背景技术可知，该方案要解决的问题是嵌套抽样算法在应用过程中计算效率低、计算量大、收敛速度慢、计算稳定性较差，进而限制了嵌套抽样算法在模型评价中的应用和推广。权利要求要求保护一种地下水模型选择方法，该方法将嵌套抽样算法中的局部限制抽样算法改进为 AM 算法，将模型的边缘似然值及后验概率作为评价地下水模型表现的指标，通过 AM 的自适应更新，保证抽样的质量与精度，提升计算效率和收敛速度，同时也提高了计算结果的准确性和稳定性。

本申请的权利要求中限定了参数向量 $\boldsymbol{\theta}$ 具体为入渗补给系数、定水头边界水头、河床水力传导系数、渗透系数随机场的方差和相关长度，通过贝叶斯分析及嵌套抽样算法，将复杂且不易直接求解的高维积分边缘似然值转化为易于计算的一维积分，具体而言，首先确定参数向量 $\boldsymbol{\theta}$ 的先验概率分布 $p(\boldsymbol{\theta}|M_k)$，从先验分布 $p(\boldsymbol{\theta}|M_k)$ 中随机生成参数向量 $\boldsymbol{\theta}$ 的集合 S，以集合 S 中最差的参数向量为样本并根据梯形公式计算边缘似然值的增量 ΔZ；基于 AM 算法的局部限制抽样从先验分布 p 中生成新的参数向量 $\boldsymbol{\theta}_{\text{new}}$ 作为候选样本以替代有效集中最差的样本；根据有效集 S 和边缘似然值的增量 ΔZ，计算各个概念模型的边缘似然值 Z；选择边缘似然值最大的作为选择的地下水模型。可见，为了解决背景技术中提及的上述问题，权利要求中记载的上述手段不仅限定了将 AM 嵌套抽样算法应用到地下水模型边缘似然值计算过程所需要的具体参数，而且方案中算法的各步骤与上述参数向量紧密相关，存在特定的技术关联，

即体现出了将该算法应用到该具体领域时所作出的适应性修改。因此，本申请权利要求记载的解决方案不仅体现了应用领域，而且方案中的抽样算法特征与地下水模型领域构成紧耦合的情况。

综上，该方案要解决的上述问题属于技术问题；所采用的手段是利用 AM 嵌套抽样算法通过水文地质参数进行地下水模型的构建，属于遵循自然规律的技术手段；据此获得的保证地下水模型抽样质量与精度，提升计算效率和收敛速度，同时提高计算结果准确性和稳定性的效果属于技术效果。因此，上述权利要求请求保护的方案构成《专利法》第 2 条第 2 款规定的技术方案，属于专利保护的客体。

● 案例 2-1-8　能源数据预测模型的训练方法

【背景技术】

随着信息化的发展，各行各业为满足业务处理的需求，对数据处理的能力提出越来越高的要求，且通常情况下，提高数据处理能力成为提高业务质量的重要手段。比如在能源行业，针对能源数据预测业务而言，其预测结果的精准度往往直接影响业务能力或业务质量。具体比如对于用电量的精准度，将直接影响用户的日常生活；又如，发电量预测的精准度，也直接影响供电服务的能力等。

【问题及效果】

目前对于数据预测的方式，通常是将历史数据结果，以及与历史数据结果对应的历史多维度数据输入到数据预测模型中，使该模型进行学习，从而得到多维度数据与数据结果之间的联系，以便再利用多维度数据进行预测。但这种方式直接学习多维度数据与数据结果之间的联系，而忽略了多维度数据之间的联系，作为一种较为粗犷的模型训练方法，其训练的结果会影响数据预测的准确性。

本申请利用自编码器具有对数据的隐含特征表达能力强以及极限学习机具有训练时间快、学习能力强、精度高的特点，使两者结合后的能源数据预测模型能够利用多维度物理数据中各维度之间的隐含特征，较为准确地对能源数据进行预测，从而使数据预测结果更精准。

【具体实施方式】

本申请的具体实施方式提供一种能源数据预测模型的训练方法，包括：

步骤 102：利用第一能源样本集中的第一多维度物理数据，对自编码器进行训练。

在实际的应用中，能源数据结果可能是多个维度物理数据共同作用的结果。比如对于用电量结果，可能是温度、湿度、气候、时间等各种维度物理数据共同作用的结果；又如对于太阳能光伏发电量的结果，可能是太阳辐射强度、风速、风向、湿度、温度等多维度物理数据共同作用的结果。

多维度物理数据可以是能源数据结果的基础，而本步骤可以先通过特定的方式挖掘出多维度物理数据中的隐含特征，从而可以准确地利用隐含特征进行能源数据预测。比如，可以将太阳辐射强度、风速、风向、湿度、温度这五个维度的物理数据作为输入，对自编码器进行训练，从而使自编码器可以提取出这五个维度中各维度之间的隐含特征。

步骤104：利用训练后的自编码器，对第二能源样本集中的第二多维度物理数据进行隐含特征提取，得到第二隐含特征。

在前述步骤中已经对自编码器进行训练，使其具有根据多维度物理数据输出隐含特征的能力，也即输出多维度物理数据中各维度之间的隐含特征的能力，就可以利用训练好的自编码器，对多维度物理数据进行特征提取，从而得到隐含特征。所以在本步骤中，可以从已有的能源样本集中的部分或全部选取出第二能源样本集，将该第二能源样本集中的第二多维度物理数据（或称第二样本多维度物理数据）输入训练后的自编码器中，从而可以得到针对该第二多维度物理数据对应的第二隐含特征，而该第二隐含特征，就可以表征第二多维度物理数据中各维度之间的隐含特征。

步骤106：利用第二隐含特征以及第二能源数据结果，对极限学习机进行训练，使训练后的极限学习机具有根据隐含特征输出能源数据预测结果的能力。

极限学习机具有较快的学习速度，且具有较好的泛化性能。在步骤104中得到了第二多维度物理数据对应的第二隐含特征，则在本步骤中就可以将多组第二隐含特征，以及每组第二隐含特征对应的第二能源数据结果作为输入，对极限学习机进行训练，以使训练后的极限学习机具有根据隐含特征输出能源数据预测结果的能力。

【权利要求】

一种能源数据预测模型的训练方法，应用于对太阳能光伏发电量进行预测，其特征在于，包括：

利用能源样本集中的部分或全部选取出的第一样本集，对自编码器进行训练，使训练后的自编码器具有输出多维度物理数据中各维度之间的隐含特征的能力；其中，所述能源样本集包括多组历史多维度物理数据，以及分别与每组历史多维度物理数据对应的历史能源数据结果，所述多维度物理数据为实现太阳能光伏发电的物理条件，所述能源数据结果包括太阳能光伏发电量结果；

利用所述训练后的自编码器，对所述能源样本集中的部分或全部选取出的第二样本集进行隐含特征提取，得到第二隐含特征；

利用所述第二隐含特征以及第二能源数据结果，对极限学习机进行训练，使训练后的极限学习机具有根据隐含特征输出能源数据预测结果的能力。

【案例分析】

根据背景技术可知，本申请所要解决的问题是能源数据预测的问题，具体是，由于直接学习忽略了多维度数据之间的联系，从而导致数据预测不准确的问题。权利要求要求保护一种能源数据预测模型的训练方法，利用能源样本集对自编码器进行训练，提取能源样本的多维度物理数据中各维度之间的隐含特征，再利用隐含特征和能源数据结果对极限学习机进行训练，其中每个步骤都是针对能源数据进行处理，体现了将自编码和极限学习机算法应用到能源数据预测的具体步骤中。同时，权利要求限定了"所述能源样本集包括多组历史多维度物理数据，以及分别与每组历史多维度物理数据对应的历史能源数据结果，所述多维度物理数据为实现太阳能光伏发电的物理条件，所述能源数据结果包括太阳能光伏发电量结果"，明确了能源样本数据的具体参数。因此，本申请权利要求记载的解决方案体现了算法特征在能源预测领域的应用，且方案中的算法特征能够使方案整体上解决该能源预测应用领域的技术问题，算法的各步骤直接体现出算法应用到能源领域预测时的执行过程，属于算法特征与能源预测紧耦合的情况。

该方案要解决的是能源预测准确度不足的问题，属于技术问题；所采用的手段是利用能源样本中的多维度物理数据对自编码器进行特征提取，得到表达多维度物理数据中各维度之间的隐含特征，再利用极限学习机进行能源预测，属于遵循自然规律的技术手段；据此获得的提高能源预测精度的效果属于技术效果。因此，权利要求请求保护的解决方案构成《专利法》第 2 条第 2 款规定的技术方案，属于专利保护的客体。

第二节　何为具有确切技术含义的数据

一、现有规定及困惑

现行《指南》第二部分第九章第2节"涉及计算机程序的发明专利申请的审查基准"中规定："如果涉及计算机程序的发明专利申请的解决方案执行计算机程序的目的是为了处理一种外部技术数据，通过计算机执行一种技术数据处理程序，按照自然规律完成对该技术数据实施的一系列技术处理，从而获得符合自然规律的技术数据处理效果，则这种解决方案属于专利法第二条第二款所说的技术方案，属于专利保护的客体。"上述规定明确，如果涉及软件改进的发明是对一种外部技术数据进行处理，那么有可能构成专利保护的客体。

此外，该部分第6.1.2节对于包含算法特征的权利要求是否属于技术方案的相关规定指出："如果权利要求中涉及算法的各个步骤体现出与所要解决的技术问题密切相关，如算法处理的数据是技术领域中具有确切技术含义的数据，算法的执行能直接体现出利用自然规律解决某一技术问题的过程，并且获得了技术效果，则通常该权利要求限定的解决方案属于专利法第二条第二款所述的技术方案。"上述规定明确，如果算法处理的数据是技术领域中具有确切技术含义的数据，那么这样的解决方案有可能构成专利保护的客体。

无论是涉及软件改进的发明，还是包含算法特征的发明，均将数据处理对象是否属于"外部技术数据"或"具有确切技术含义的数据"作为客体准入的标准。但是，何谓"外部技术数据"以及"具有确切技术含义的数据"在《指南》中却无定义，仅借助"一种去除图像噪声的方法"和"一种卷积神经网络模型的训练方法"两个审查示例，反映出对图像数据的处理属于技术数据的处理。

通过长期的审查实践，对于"外部技术数据"的范畴逐渐形成了一种共识，即，来源于传统技术领域的数据，一般会认为属于"技术数据"，如，图像处理领域中的像素、噪点等，自然语言处理领域中的文本、语音等，通信领域中的编码等，机械领域中的测量数据等。但是，随着新领域、新业态的出现，相较于传统技术领域，"技术"的范畴在不断外延。因此，面对新领域、新业态出现的新情况，应如何理解"具有确切技术含义的数据"才能适应新形势下的知识产权保护需要，这是实务界、企业界普通关心的问题之一。

在《指南》最新修改草案中，第6.2节审查示例中增加了例7"一种知识图谱推理方法"，该案例的分析及结论部分记载了："该解决方案是一种基于关系注意力的知识图谱推理方法，该方法各步骤中处理的数据是自然语言中的文本数据或者语义信息等技术数据，通过对问答系统、语义搜索中相关联的知识进行实体识别和关系抽取构建知识图谱，从而进行知识图谱推理。该解决方案所解决的是文本嵌入及语义搜索过程中如何丰富语义信息、提高推理准确性的技术问题，利用的是遵循自然规律的技术手段，获得了相应的技术效果。因此，该发明专利申请的解决方案属于专利法第二条第二款规定的技术方案，属于专利保护的客体。"

上述审查示例7的分析及结论部分，首次在《指南》中明确了文本数据、语义信息等属于技术数据。但是，除了文本数据、语义信息之外，还有哪些数据属于"具有确切技术含义的数据"？"具有确切技术含义的数据"和"外部技术数据"的含义是否相同？两者的内涵和外延如何理解？这些都成为影响新领域、新业态相关发明专利申请的客体判断及申请文件撰写的难点。

通过将算法的处理对象均绑定上"图像"，或者加入"数据来源为图像、音频、文本等"限定，以期通过表明方案处理的对象是"技术数据"而使算法改进的方案构成专利保护的客体的撰写和修改方式，能否使一项原本不属于技术方案的算法改进方案因数据对象的明确而构成专利保护的客体呢？

为解决上述问题，帮助读者更加准确地理解和把握《指南》的上述规定，本节以文本、图像、计算机图形学、语音等数据为例，从正反两个角度，阐述涉及数据处理对象是具有技术含义的数据的权利要求是否属于技术方案的典型情形。

二、整体判断思路

在判断一项解决方案是否属于专利保护的客体时，并非仅将方案的处理对象限定为具有确切技术含义的数据，如文本、图像或语音等，就能使方案一定构成技术方案，还要考量解决的问题和采用的手段整体上是否与这些技术数据对象相关联。

对于涉及算法改进的解决方案，如果整个申请文件未提及该解决方案处理的数据对象是技术领域中具有确切技术含义的数据，或声称要解决的问题与技术数据没有直接关联，且该解决方案也未体现出与具体的应用领域的结合，那么该解决方案无法构成专利保护的客体。

此外，对于涉及算法改进的解决方案，如果方案处理的数据对象是具有确切技术含义的数据，但是算法各步骤和处理结果与上述技术数据缺少相互作用或不存在技术上的关联，那么，该解决方案从整体上仍不能构成技术方案。

如果涉及算法改进的解决方案，其处理对象为技术领域中具有确切技术含义的数据，并且该方案针对上述技术领域中存在的技术问题，采用了符合自然规律的技术手段并且获得了相应的技术效果，则属于专利法意义上的技术方案，属于专利保护的客体。

三、典型案例

（一）处理对象涉及文本

◉ **案例 2-2-1　一种用于训练神经网络的方法**

【背景技术】

本申请涉及训练神经网络。神经网络是采用模型的一个或多个层来针对接收到的输入预测输出的机器学习模型。一些神经网络除包括输出层之外还包括一个或多个隐藏层。每个隐藏层的输出被用作网络中的下一层（即下一个隐藏层或输出层）的输入。网络的每个层依照相应的参数集合的当前值从接收到的输入生成输出。

一些神经网络是递归神经网络。递归神经网络是接收输入序列并且从该输入序列生成输出序列的神经网络。特别地，递归神经网络能够在以当前时间步长计算输出时使用来自网络前一个时间步长的内部状态中的一些或全部。递归神经网络的示例包括一个或多个长短期记忆神经网络（LSTM）。每个 LSTM 记忆块包括一个或多个单元，所述一个或多个单元各自包括输入门、遗忘门以及允许单元存储该单元的先前状态（例如，以用于在生成当前激活时使用或者要提供给 LSTM 神经网络的其他组件）的输出门。

【问题及效果】

为了解决现有技术中神经网络训练性能不高的问题，通过从最容易的分区开始并且以最难的分区结束，顺次在已按难度级别分区的训练数据上训练神经网络，能够改进所述神经网络在被训练时的性能。特别地，针对给定分区，通过在包括从所述分区中的训练项中选择的训练项以及从所述全部分区中的训练项中选择的训练项的训练项序列上训练所述神经网络，相对于在仅包括来自所述分区的训练项或仅包括从所述全部分区中选择的训练项的序列上训练所述神经网络，能够改进所述神经网络在被训练时的性能。

【具体实施方式】

本申请具体实施方式提供一种神经网络训练系统和方法，神经网络可以是前馈深度神经网络（如卷积神经网络）或递归神经网络（如长短期神经网络）。

神经网络能够被配置成接收任何类型的数字数据输入并且基于该输入生成任何类型的分数或分类输出。作为一示例，如果神经网络的输入是图像或已从图像中提取的特征，则由神经网络针对给定图像所生成的输出可以是对象类别集合中的每一个的分数，其中每个分数表示图像包含属于该类别的对象的图像的估计可能性。作为另一示例，如果神经网络的输入是互联网资源、文档或文档的部分或者从互联网资源、文档或文档的部分中提取的特征，则由神经网络针对给定互联网资源、文档或文档的一部分所生成的输出可以是话题集合中的每一个的分数，其中每个分数表示互联网资源、文档或文档部分是关于该话题的估计的可能性。作为另一示例，如果神经网络的输入是特定广告的印象上下文的特征，则由神经网络所生成的输出可以是表示该特定广告将被点击的估计的可能性的分数。作为另一示例，如果神经网络的输入是针对用户的个性化推荐的特征（例如，表征推荐的上下文的特征，表征由用户采取的先前动作的特征），则由神经网络所生成的输出可以是内容项集合中的每一个的分数，其中每个分数表示用户将赞成地对被推荐内容项做出响应的估计可能性。作为另一示例，如果对神经网络的输入是一种语言的文本序列，则由神经网络所生成的输出可以是针对另一种语言的文本片段集合中的每一个的分数，其中每个分数表示该另一种语言的文本片段是输入文本变成另一种语言的适当翻译的估计可能性。作为另一示例，如果神经网络的输入是表示口头语句的序列，则由神经网络所生成的输出可以是针对文本的片段集合中的每一个的分数，每个分数表示该文本片段是语句的正确转录产物的估计可能性。

如果神经网络是前馈神经网络，则系统能够与反向传播训练技术一起使用常规的随机梯度下降来在给定训练项上训练神经网络。也就是说，系统能够使用神经网络来处理训练项以针对该训练项确定神经网络输出，确定该神经网络输出与针对该训练项的已知输出之间的误差，且随后使用该误差来与反向传播训练技术一起使用常规的随机梯度下降来调整神经网络的参数的值。

作为另一示例，如果神经网络是递归神经网络，则系统能够通过时间训练技术使用常规的反向传播来在给定训练项上训练神经网络。

当在序列中的训练项上训练神经网络时，系统确定神经网络的性能已停止改进，并且作为响应，制止进一步在该分区上训练神经网络，即，即使尚未在该序列中的全部训练项上训练神经网络。

当针对分区序列中的训练项的已知输出与由神经网络针对该训练项所生成的神经网络输出之间的误差度量的改变（例如，减小）变得比阈值低时，系统确定神经网络的性能已停止改进。系统能够使用各种常规的神经网络训练误差度量中的任一个来测量此误差。

如果分区不是所述分区序列中的最后分区，则在确定神经网络的性能已停止改进之后，系统开始在所述分区序列中的下一个分区上训练神经网络。如果分区是序列中的最后分区，则系统可以终止神经网络的训练。如果在分区上训练神经网络时，神经网络的性能从未停止改进，则系统在该分区序列中的全部训练项上训练神经网络。

【原权利要求】

一种用于训练神经网络的方法，所述方法包括：

获得所述神经网络的分区训练数据，其中，所述分区训练数据包括多个训练项，所述多个训练项中的每一个被指派给多个分区中的相应一个分区，其中，每个分区与相应的难度级别相关联；以及

按照从与最容易的难度级别相关联的分区到与最难的难度级别相关联的分区的顺序，在所述分区中的每一个分区上训练所述神经网络，其中，针对所述分区中的每一个分区，训练所述神经网络包括：

在训练项的序列上训练所述神经网络，所述训练项的序列包括从下述分区中的所述训练项中选择的训练项：该分区中散布有从全部所述分区中的所述训练项中选择的训练项。

【修改的权利要求】

一种用于训练神经网络的方法，所述方法包括：

获得所述神经网络的分区训练数据，<u>所述神经网络的所述分区训练数据是从包括互联网资源数据、文档数据、个性化用户推荐数据、文本数据和口头语句数据的组中选择的数据输入</u>，其中，所述分区训练数据包括多个训练

项，所述多个训练项中的每一个被指派给多个分区中的相应一个分区，其中，每个分区与相应的难度级别相关联；以及

按照从与最容易的难度级别相关联的分区到与最难的难度级别相关联的分区的顺序，在所述分区中的每一个分区上训练所述神经网络，其中，针对所述分区中的每一个分区，训练所述神经网络包括：

在训练项的序列上训练所述神经网络，所述训练项的序列包括从下述分区中的所述训练项中选择的训练项：该分区中散布有从全部所述分区中的所述训练项中选择的训练项。

【案例分析】

原权利要求的方案是一种用于训练神经网络的方法，该方案不涉及任何具体的应用领域，所述分区训练数据不具有任何技术含义，属于抽象的数据。该方案通过从最容易的分区开始并且以最难的分区结束，顺次在已按难度级别分区的训练数据上训练神经网络，从而改进神经网络训练时的性能，上述处理过程是一系列抽象的算法步骤，最后得到的结果也是抽象的神经网络模型。整体而言，该方案的处理对象、过程和结果都不涉及与具体应用领域的结合，属于对抽象算法本身的优化，该解决方案属于《专利法》第 25 条第 1 款第（二）项规定的智力活动的规则和方法，不属于专利保护的客体。

修改后的权利要求中，对分区训练数据做了进一步限定，即"所述神经网络的所述分区训练数据是从包括互联网资源数据、文档数据、个性化用户推荐数据、文本数据和口头语句数据的组中选择的数据输入"。修改后的解决方案尽管指明了分区训练数据涉及的是具有技术含义的数据，但是仅体现出了数据的类型，并没有记载算法各个步骤如何对不同类型的数据进行相应的处理，也就是说，该方案要解决的仍然是神经网络训练性能的问题，不是技术问题；处理过程中仍是一系列抽象的算法步骤，最后得到的结果也是抽象的神经网络模型，而没有反映出如何利用不同类型的数据有针对性地训练神经网络，无法体现算法针对不同类型数据的处理过程和根据不同类型数据的固有特性进行的改进，即处理过程属于抽象的算法，不属于技术手段，该方案由此获得的效果仅仅是改进神经网络训练性能，不属于技术效果。因此，修改后的解决方案不属于《专利法》第 2 条第 2 款规定的技术方案。

可见，修改后的解决方案虽然明确了数据来源，但是算法各步骤没有体现出对明确来源后的各类数据的具体处理过程，而仍然是一系列抽象的算法

步骤，最后得到的处理结果仍是抽象的神经网络模型本身。对于本案，此类修改方式无法使该解决方案构成技术方案。

● 案例 2-2-2 一种基于调查数据的决策方法

【背景技术】

本申请涉及计算机技术领域，尤其涉及一种基于调查数据的决策方法。

传统的金融风控控制模型为 Google 公司提出的 Wide&Deep 模型。Wide&Deep 模型是由 Wide 模型和 Deep 模型拼接而成的。对于生物的大脑来说，学习是一个不断记忆和归纳或泛化的过程。而 Wide&Deep 模型则是利用 Wide 模型的记忆能力以及 Deep 模型的归纳能力，融合两者的优势构建而成的模型。其中，Wide 模型主要是学习输入数据的特征之间所具有的共性，是一个线性模型：$y = W^T X + by$。Deep 模型主要是为了弥补 Wide 模型泛化性能较差的缺陷。在 Wide&Deep 模型中，模型能够利用数据中的连续值特征、类别特征以及交叉特征以及对以上特征泛化后的特征进行决策。但是上述特征的提取均基于具有固定含义的数据，Wide&Deep 模型无法利用非固定含义的数据进行模型分析。

【问题及效果】

本申请从调查数据中分别获取连续值特征、类别特征以及文本信息。然后，从所述文本信息中提取语义表示特征、对连续值特征和类别特征进行组合处理以获得宽度模型输入特征、对预处理后的连续值特征以及类别特征进行泛化处理以获得深度模型输出特征。最后，将上述语义表示特征、宽度模型输入特征和深度模型输出特征输入决策模型中计算，获得所述调查数据的决策结果。从而，不仅能够利用调查数据中的连续值特征、类别特征以及两者组合而成的组合特征来进行预测，还能够结合调查数据中的文本的语义特征进行有机地融合，用于模型的决策，有利于提高决策的准确度。

【具体实施方式】

本申请实施方式提供了一种基于调查数据的决策方法。该方法包括的步骤具体如下：

S100，获取调查数据；调查数据包括描述调查过程的连续值特征、类别特征以及文本信息。在本实施方式中，调查数据可以包括研究某一领域或某一应用功能的调查问卷的内容。调查问卷中可以包括但不限于 1 个或多个选择题、1 个或多个问答题。连续值特征可以包括用户在选择题中选择的项所表示的数值或数值范围。

S200，从文本信息中提取语义表示特征，包括：

S210，对文本信息进行切词，获得有效词数组。

S220，通过词嵌入层对有效词数组进行处理，获得文本矩阵。

S230，通过神经网络对文本矩阵进行卷积处理，获得语义表示特征。

S300，对连续值特征和类别特征进行组合处理，获得宽度模型输入特征。在本实施方式中，可以先对调查数据中的连续值特征和类别特征进行预处理，例如，对每一个特征均以一个对应的数值或向量表示。

S400，对预处理后的连续值特征以及类别特征进行泛化处理，获得深度模型输出特征。在本实施方式中，深度模型包括多个隐藏层。将转化后的数值或向量输入深度模型的第一层隐藏层中，以及下一层隐藏层对上一层隐藏层输出的特征进行泛化处理，最后一层隐藏层输出的特征为深度模型输出特征。

S500，将语义表示特征、宽度模型输入特征和深度模型输出特征输入决策模型，获得调查数据的决策结果。

本实施方式从调查数据中分别获取连续值特征、类别特征以及文本信息。然后，从所述文本信息中提取语义表示特征、对连续值特征和类别特征进行组合处理以获得宽度模型输入特征、对预处理后的连续值特征以及类别特征进行泛化处理以获得深度模型输出特征。最后，将上述语义表示特征、宽度模型输入特征和深度模型输出特征输入决策模型中计算，获得所述调查数据的决策结果。

【权利要求】

一种基于调查数据的决策方法，其特征在于，包括：

获取调查数据；所述调查数据包括描述调查过程的连续值特征、类别特征以及文本信息；

从所述文本信息中提取语义表示特征；

对所述连续值特征和所述类别特征进行组合处理，获得宽度模型输入特征；

对预处理后的连续值特征以及类别特征进行泛化处理，获得深度模型输出特征；以及

将所述语义表示特征、所述宽度模型输入特征和所述深度模型输出特征输入决策模型，获得所述调查数据的决策结果；

所述从所述文本信息中提取语义表示特征，包括：

对所述文本信息进行切词，获得有效词数组；

通过词嵌入层对所述有效词数组进行处理，获得文本矩阵；其中，所述有效词数组中包括一个或多个词向量，每个词向量表示一个词，所述文本矩阵的行向量或列向量包括所述词向量；以及

通过神经网络对所述文本矩阵进行卷积处理，获得语义表示特征。

【案例分析】

权利要求的解决方案是一种基于调查数据的决策方法。

分析该权利要求记载的方案可知，该解决方案记载调查数据包括描述调查过程的连续值特征、类别特征和文本信息，并在特征部分记载了如何处理调查数据的具体步骤，例如，"从文本信息中提取语义表示特征"的步骤、"对文本信息进行切词，获得有效词数组、通过词嵌入层对有效词数组进行处理，获得文本矩阵、有效词数组中包括一个或多个词向量，每个词向量表示一个词，文本矩阵的行向量或列向量包括所述词向量以及通过神经网络对所述文本矩阵进行卷积处理，获得语义表示特征"的步骤，以及"将语义表示特征、宽度模型输入特征和深度模型输出特征输入决策模型，获得调查数据的决策结果"的步骤，上述步骤对文本数据进行分割、对有效词数组进行处理以获得文本矩阵，通过神经网络进行卷积处理从而提取出语义特征并据此获得决策结果，该过程处理的是文本数据，各步骤体现的是对用户输入的非固定文本信息使用神经网络进行处理从而进行判断决策的过程，并使用决策模型处理调查数据中文本的语义特征影响决策结果，利用的是遵循自然规律的技术手段。该解决方案中，使用神经网络模型从调查数据的文本信息中提取语义特征，将该语义特征用于决策模型，使得能够根据用户输入的文本数据判断用户的真实想法，从而解决了提高判断决策准确度的技术问题，据此获得了提高决策效率的技术效果。

因此，该权利要求的解决方案属于《专利法》第 2 条第 2 款规定的技术方案，属于专利保护的客体。

● 案例 2-2-3 一种字符串匹配方法

【背景技术】

本申请涉及字符串匹配算法、深度数据包检测、应用流量识别和网络安全领域，并特别涉及一种基于排名的字符串匹配方法。

字符串匹配算法广泛应用于基于深度包检测的网络设备，如入侵检测系统、流量监控等。该算法通过将数据包内容与一个特征字符串规则集进行匹配，查找出所有匹配的特征字符串规则。随着特征字符串规则日益增多，字符串匹配算法已成为网络设备的性能瓶颈，难以满足深度包检测的性能和可伸缩性需求。

Aho-Corasick 算法（AC 算法）是目前应用最广泛的一种多字符串匹配算法，采用一个确定有限自动机（Deterministic Finite Automaton，DFA）表示一组特征字符串，利用 DFA 的状态迁移来检测输入字符串是否匹配。

现有的字符串匹配算法还包括基于默认迁移边的 DFA 压缩算法 D2FA 和基于相邻状态迁移边合并的 DFA 压缩算法 ΔFA。

【问题及效果】

AC 算法空间复杂度为 $O(M \times N)$，其中 M 表示 DFA 状态总数，N 表示字母表中唯一字符个数。当字符串规则数目增加时，DFA 状态总数（M）爆炸性增长，导致 DFA 存储空间开销迅猛增长，超过网络设备的现有快速存储器容量。已有字符串匹配压缩算法 D2FA 和 ΔFA 虽然减小 DFA 空间开销，但是存在以下问题：D2FA 计算默认迁移边的时间复杂度，难以处理大规模字符串集的 DFA，在匹配过程中，每个状态读入一个字符可能需要查找多次默认迁移边，导致匹配吞吐量低；ΔFA 每一次状态迁移需要更新一次下一状态的迁移表，导致字符串匹配吞吐量低。因此，现有字符串匹配算法无法同时满足字符串匹配存储空间小、构建时间短和匹配吞吐量高的要求。

本申请目的是解决已有字符串匹配算法的空间开销大、构建时间长和匹配吞吐量低等问题，提出了一种基于排名的字符串匹配方法，统称字符串匹配算法 RDFA，不仅减小 DFA 存储空间开销，而且提升 DFA 压缩算法的构建时间和匹配吞吐量。

【具体实施方式】

基于排名的字符串匹配算法 RDFA 的核心思想是：首先，构建一个全局迁移表，存储同一输入字符的相同目的状态的迁移边；其次，构建每个状态的本地迁移表，针对每个输入字符，存储与全局迁移表中不同目的状态的迁移边，并采用比特位图进一步压缩本地迁移边表。全局迁移表的构建时间复杂度为 $O(M \times N)$，M 表示 DFA 状态总数，N 表示字母表中唯一字符个数，比已有算法的构建时间少；同时，全局迁移表减少了大量冗余迁移边，从而显著压缩 DFA 存储空间；匹配时，针对每个读入字符，RDFA 仅需要查找目的状态的本地迁移表和全局迁移表，从而提高字符串匹配吞吐量。

RDFA 算法包括 RDFA 构建过程、RDFA 匹配过程以及 RDFA 扩展算法。

RDFA 算法的构建过程：

步骤 1：根据 AC 算法，构建特征字符串集对应的 DFA 状态迁移表。其中特征字符串集从已有的入侵检测系统 snort 中获取，也可用其他的检测系统如 suricata、modsecurity。

步骤 2：针对每一个输入字符，遍历所有源状态，查找出目的状态相同数目最多的迁移边，将此迁移边存储在全局迁移表中。

步骤 3：为每一状态构建本地迁移表，该本地迁移表存储与全局迁移表中目的状态不同的迁移边；同时，为每一状态构建一个比特位图，其中每一比特用于记录本地迁移表的迁移边目的状态与全局迁移表的是否相同，如果目的状态相同，该比特位置为 0，如果不相同，该比特位置为 1。

RDFA 算法的匹配过程：

步骤 1：查询当前状态的比特位图，判断输入字符在比特位图中对应的比特位是否为 1。

步骤 2：若该比特位为 1，目的状态记录在当前状态的本地迁移表中，转至步骤 3；若该比特位为 0，目的状态记录在全局迁移表中，转至步骤 5。

步骤 3：计算比特位图中输入字符对应比特位以前 1 的个数，由此得到目的状态在当前状态本地迁移表中的位置。

步骤 4：查询当前状态的本地迁移表，得到目的状态，转至步骤 6，其中一条迁移边是一条首尾有两个端点的线段，第一个端点是当前状态，第二个端点是目的状态。

步骤 5：查询全局迁移表，得到目的状态。

步骤 6：目的状态更新为当前状态，读入下一输入字符，转至步骤 1。

【权利要求】

一种字符串匹配方法，其特征在于，包括：

步骤 1：根据预设的特征字符串集构建对应的 DFA 状态迁移表，针对该状态迁移表中每一个输入字符，通过遍历其所有源状态，查找出目的状态相同数目最多的迁移边，将该迁移边存储在全局迁移表中。

步骤 2：为该状态迁移表中每一个状态构建本地迁移表，该本地迁移表存储与全局迁移表中目的状态不同的迁移边，并为每一个状态构建比特位图，该比特位图中每一比特用于记录该本地迁移表的迁移边目的状态与全局迁表的目的状态是否相同，若相同，将比特位置"0"，否则置"1"。

步骤3：获取待匹配字符串，将该待匹配字符串中字符依次作为待匹配字符，通过查询当前状态的比特位图，判断该待匹配字符在比特位图中对应的比特位是否为1，若是，则统计该对应的比特位以前"1"的个数，作为目的状态在本地迁移表中的位置，根据该位置查询该本地迁移表，得到目的状态，否则直接查询该全局迁移表，得到目的状态。

步骤4：输出与所有目的状态对应的匹配字符串作为该待匹配字符串的匹配结果。

【案例分析】

本申请提出的是一种用于字符串匹配的方法，背景技术部分提到其领域为网络安全领域，然而具体实施方式中仅给出了诸如入侵检测系统 snort、suricata、modsecurity 作为示例，由于字符串匹配可以应用于多个不同的领域，根据本申请权利要求及具体实施方式记载的内容无法确定其具体的应用场景，无特定的应用领域。本申请采用了自动机、状态迁移表来对字符串数据进行处理，本申请中"RDFA 算法"只是申请人的一种命名方式，不能单纯地认为其属于一种纯算法。

另有观点认为：字符串的本质是一种具体的数据对象，本申请采用特定的方法对其进行处理，可以等同于一种数据的处理方法，因此本申请的字符串匹配应当属于技术领域。因而，本申请结合了具体的技术领域。

下面，让我们聚焦本申请的解决方案：

本申请的解决方案提出了一种字符串匹配方法，其利用比特位图判断目的状态的存放位置，根据判断结果在相应的迁移表中查找目的状态并输出目的状态对应的匹配字符串。由此可知，该方案中数据对象是字符串。虽然申请文件中记载了"字符串匹配算法 RDFA"的表述，但是从本权利要求记载的方案可以看出，该申请不属于算法本身的改进。该方案要解决的是字符串匹配时空间开销大、匹配吞吐量低的问题，该问题是技术问题，通过构建全局迁移表、本地迁移表、比特位图，实现对数据的索引、查询以及比较判断，利用了遵循自然规律的技术手段，且实现了降低存储空间、提高匹配吞吐量的技术效果，因此该方案属于《专利法》第 2 条第 2 款规定的技术方案，属于专利保护的客体。

（二）处理对象涉及图像

● 案例 2-2-4　一种聚类实现方法

【背景技术】

本申请涉及数据处理技术，尤其涉及一种聚类实现方法。

所谓聚类，是指将物理或抽象对象的集合分成由类似的对象组成的多个类的过程。由聚类所生成的簇是一组数据对象的集合，这些对象与同一个簇中的对象彼此相似，与其他簇中的对象相异。聚类分析又称群分析，它是研究（样品或指标）分类问题的一种统计分析方法，同时也是数据挖掘的一个重要算法。

其中，K-means（也称为 K 均值）是一类经典的基于划分的聚类分析方法，其算法简单、收敛速度快且易于实现，应用领域广泛。K-means 算法的基本思想是：以空间中 k 个点为中心进行聚类，对最靠近它们的对象归类。通过迭代的方法，逐次更新各聚类中心的值，直至得到最好的聚类结果。

【问题及效果】

在超大规模图片（典型的，百亿级）聚类中一般需要使用 K-means 算法，但是在对图片的聚类过程中，对算法的时间消耗和空间消耗都非常大。因此，如何降低 K-means 算法的计算复杂度，以及减少空间消耗，是当前人们广泛研究的重点问题。

有鉴于此，本申请具体实施方式提供一种聚类实现方法，以优化现有的 K-means 聚类算法，降低 K-means 聚类算法的计算复杂度。

【具体实施方式】

本实施方式提供了一种聚类实现方法，该方法具体包括：

步骤 100：对待聚类数据集的聚类中心进行初始化。其中，初始化聚类中心的数量与预设的聚类数目相匹配。所述聚类数目具体是指最终需要聚类出的聚类类别的数量值。在本实施方式中，所述待聚类数据集中包括多个需要进行聚类的数据点，可以结合所述数据点以及所述聚类数目，对所述待聚类数据集的聚类中心进行初始化。

步骤 110：根据所述聚类中心，计算与所述待聚类数据集中的各数据点分别对应的最近聚类中心。通过对现有的 K-means 聚类算法的实现流程分析可知：K-means 聚类算法中主要的计算量集中在算法迭代过程，主要为：①计算待聚类数据集中各数据点与各聚类中心的欧氏距离；②利用上一步得出的欧氏距离计算待聚类数据集中每个数据点的标签（即，与所有聚类中心最小欧氏距离对应的聚类中心）；③利用新的数据点标签更新聚类中心。在上述迭代过程中，主要计算量集中在计算欧氏距离，此处将其展开：

$$d_{i,j} = (x_i - c_j)^2 = x_i^2 - 2 * x_i * c_j + c_j^2$$

其中，如前所述，待聚类数据集 $x(n*m)$，包含 n 个数据点，其中，每个数据点是一个 m 维向量；另外，给定聚类的数目为 k。

由上式可知，在常规的 K-means 计算中，对于待聚类数据集中的每一个数据点 x_i，都需计算 k 次 x_i^2 对于聚类中心中的每一个中心点 c_j 都需计算 n 次 c_j^2，由于最终计算的是 x_i 与每一个 c_j 的欧氏距离的最小值，对所有的 c_j，x_i^2 是等价的，故计算 x_i^2 可以省略，也即，在本实施方式中，在计算所述最近聚类中心过程中消除了数据点自身平方计算带来的冗余。相应地，在计算 $d_{i,j}$ 时，不再计算 x_i^2，仅通过计算 $-2 * x_i * c_j + c_j^2$ 可以大大化简计算量。

步骤 120：根据所述待聚类数据集中的各数据点的所述最近聚类中心的计算结果，更新所述聚类中心。在本实施方式中，在确定与各数据点分别对应的最近聚类中心后，可以将各数据点分别归集于对应的最近聚类中心所属的类别中，以实现对各个数据点进行一次聚类。在一次聚类完成后，可以进而选取各个类别中包括的各数据点的均值作为该类别的新的聚类中心，以实现对所述聚类中心的更新。

步骤 130：判断是否满足聚类迭代结束条件：若是，结束流程；否则，返回执行步骤 120。在本实施方式中，所述聚类迭代结束条件可以根据实际情况进行预设，例如，聚类中心的一次更新值小于设定阈值，或者迭代次数超过设定迭代门限值等。

本实施方式提供的聚类实现方法，在使用 K-means 聚类算法的过程中，通过分析确定 K-means 聚类算法自身算法的执行步骤中存在的冗余，使用巧妙的变换消除了在计算各个数据点的最小聚类中心时，数据点自身平方计算带来的冗余，优化了现有的 K-means 聚类算法，降低了 K-means 聚类算法的计算复杂度。

【权利要求】

一种聚类实现方法，其特征在于，包括：

对待聚类数据集的聚类中心进行初始化，其中，初始化聚类中心的数量与预设的聚类数目相匹配；

根据所述聚类中心，计算与所述待聚类数据集中的各数据点分别对应的最近聚类中心，其中，在计算所述最近聚类中心过程中消除了数据点自身平方计算带来的冗余；

根据所述待聚类数据集中的各数据点的所述最近聚类中心的计算结果，更新所述聚类中心；

返回执行根据所述聚类中心，计算与所述待聚类数据集中的各数据点分别对应的最近聚类中心的操作，直至满足聚类迭代结束条件。

【案例分析】

该权利要求请求保护一种聚类实现方法。本申请要解决的问题是如何降低 K-means 算法的计算复杂度。

为解决上述问题，该权利要求记载的方案通过对聚类数据初始化，然后根据聚类中心计算各数据点对应的聚类中心，改进计算过程，直至满足聚类迭代结束条件。显然，上述手段是对现有 K-means 算法本身的改进，属于抽象算法本身的改进，不涉及任何具体的应用领域，所要解决的降低 K-means 算法的计算复杂度的问题，是为了克服现有算法自身的不足，而非解决某应用领域中的技术问题，同时，该权利要求记载的各步骤中，聚类对象并非技术领域中具有确切技术含义的数据，上述聚类过程反映的是省略数据点的平方操作，是对抽象算法本身的改进，获得的结果也是抽象算法本身。整体而言，该解决方案的处理对象、过程和结果都不涉及与具体应用领域的结合，属于对抽象算法的优化，因此，该解决方案属于《专利法》第 25 条第 1 款第（二）项规定的智力活动的规则和方法，不属于专利保护的客体。

● 案例 2-2-5　一种多标记分类方法

【背景技术】

本申请涉及机器学习技术领域，尤其涉及多标记分类方法。

多标记问题在机器学习中广泛存在。例如在图像标注问题中，若给定"小船""水""山峰""桥""行人""落日""云"等标记，一幅描述江边景色的图片可以被标注上这些标记中的一个或多个。再例如，在基因功能分类中，一个基因可与"能量""新陈代谢"等用于表示功能类别的标记相关。传统的单标记问题研究成果较多，方法比较成熟。但多标记并不能简单地看作多个单标记问题的组合，原因在于，这种方法忽略了不同标记之间的关系。而标记之间的关系是标记预测可利用重要信息。例如，对于含有"沙漠""骆驼"这两个标记的图片库来说，某张图片具有"沙漠"的标记，那么很可能具有"骆驼"这个标记。因为"沙漠"和"骆驼"经常共同出现，具有正相关性。因此，如何利用多个标记之间存在相关关系来提高多标记分类效果是学术界和产业界十分关心的一个问题。

【问题及效果】

本申请提供一种多标记分类方法，用以解决现有技术中存在的将多标记问题简单地看作多个单标记问题的组合来进行多标记分类，导致分类结果不准确等的问题。本申请的方案实现了用特定属性来表示标记之间的相关关系，丰富了各标记的数据和语义，使多标记分类更加准确。

【具体实施方式】

本申请实施方式提供一种多标记分类方法，得到各标记的原始正例集和原始负例集后，通过类对齐，确定特定属性和插入相关标记的特定属性的操作，实现了用特定属性来表示标记之间的相关关系，以便于丰富各标记的数据和语义。故此，多标记分类相对于现有技术单纯采用单标记的方法将更加准确。例如，"沙漠"和"骆驼"具有相关关系，将以骆驼为主含有少量沙漠的图片能够分类到沙漠图片中；再例如，一张图片包含的傍晚的湖水，若湖水中具有夕阳的倒影，现有技术只会将该图片分类到湖水中，但湖水中太阳的倒影又与夕阳相关，则采用本申请的方案，还可以将该图片分类到傍晚景色的分类中。

可以根据以下方法确定聚类中心个数，包括步骤：确定类对齐后的正例集的样本数与类对齐后的负例集的样本数的最小值；计算预设控制变量和确定的该最小值的乘积，并对乘积进行取整操作后得到聚类中心的个数，其中，预设控制变量为大于 0 并小于 1 的常数。

综上所述，通过类对齐实现了将正例样本和负例样本中各种的样本数保持相同，为以后确定特定属性时提供统一数量的基础数据。通过确定特定属性，来实现将具有相关关系的标记建立关联关系，并丰富标记的特定属性的数据和语义，从而使得基于丰富了数据和语义的样本的训练结果更加准确。

【权利要求】

一种多标记分类方法，其特征在于，所述方法用于图像分类，所述方法包括：

针对标记集合中的每个标记，确定该标记的原始正例集和原始负例集；其中，针对每个图像样本，若该样本具有该标记，则该样本属于该标记的原始正例集，否则，该样本属于该标记的原始负例集；

对各标记的原始正例集和原始负例集分别进行类对齐，得到各标记的类对齐后的正例集和类对齐后的负例集；其中，各标记的类对齐后的正例集中样本数量相等且各标记的类对齐后的负例集中样本数量相等；

根据预先确定的聚类中心个数，基于聚类分析方法确定每个类对齐后的正例集的聚类中心，以及每个类对齐后的负例集的聚类中心；

针对每个标记，计算该标记的原始正例集和原始负例集中每个样本相对于该标记的各聚类中心的距离，将得到的距离按序排列后作为该标记的与相应样本对应的特定属性，并以该标记的每个样本的特定属性为元素构成该标记的特定属性集合；

针对每个标记，将与该标记具有相关关系的其他标记的特定属性插入该标记的特定属性集合中；

基于各标记的特定属性集合，进行分类训练。

【案例分析】

申请人收到本申请不属于专利保护的客体的审查意见后，在权利要求中增加画线部分，具体而言，将多标记分类方法限定为"用于图像分类"，将方案中的样本明确为"图像样本"，借此，克服本申请不构成技术方案的缺陷。那么，上述修改方式能否让方案体现出处理的数据对象是"技术领域中具有确切技术含义的数据"，进而构成专利保护的客体呢？

该权利要求请求保护的方案涉及多标记分类，虽然通过修改，明确了该多标记分类方法用于图像分类，并且样本为"图像样本"，但是，这种对数据来源的简单记载，无法使方案整体体现出"多标记分类"与图像样本存在何种技术上的关联。具体而言，本申请要解决的问题是多标记分类结果不准确，为解决上述问题，本申请所采用的手段是通过类对齐，确定特定属性和插入相关标记的特定属性的操作，实现了用特定属性来表示标记之间的相关关系，上述手段仅涉及正反例的确定、特征属性构建，属性集划分等，上述手段并未体现出如何确定如背景技术中所涉及的"骆驼"与"沙漠"、"湖水"与"傍晚景色"等在语义上的相关关系，并利用这种语义上的相关关系来进行特定属性的确定以改进多标记分类，进而获得"丰富了各标记的数据和语义"的效果，而仅仅涉及分类算法本身的改进，并非遵循自然规律的技术手段，所要解决的上述问题并非技术问题，所获得的效果也仅仅是优化分类效果，并非技术效果。

虽然申请人将分类对象明确为图像，但是，本申请实际所能解决的问题与图像处理并无任何技术关联，方法中涉及的各个处理步骤也与图像数据的处理过程没有任何关系，方案中记载的"特定属性"和"相关关系"亦无法体现出对图像、语义等技术数据的处理，因此，该权利要求请求保护的解决方案经修改后仍不属于《专利法》第2条第2款规定的技术方案。

● 案例 2-2-6 一种人脸图像的处理方法

【背景技术】

本申请涉及计算机图像处理领域，尤其涉及一种人脸图像的处理方法。

随着数码相机、智能手机、摄像头等可拍摄终端的普及，用户对拍摄终端拍摄到的照片的需求不再局限于记录照片，还在于编辑照片，例如，对于人脸图像，用户可进行美白、磨皮等编辑操作，进而美化人脸图像。人脸识别技术的不断发展，使得人脸图像的编辑更加灵活，可将人脸图像与设定的人脸模型进行匹配，例如明星脸等。

现有技术中，用户对人脸图像的美貌度进行评价，可通过人脸识别技术得到人脸图像中例如眼睛、鼻子、嘴唇等元素的中心位置点，以此中心位置点计算各元素之间的距离比例，例如眼睛到鼻子的距离与鼻子到嘴唇的距离的比值等，再分别计算与人脸美学标准值的偏差，进而进行人脸图像美貌度的评价。

【问题及效果】

现有技术中，对人脸图像中各元素的位置定位为一个点，计算精度低，计算各点之间的距离的比值，再分别计算与人脸美学标准值的偏差，计算维度较为粗略，降低了对人脸图像的美貌度评价的精准度以及灵活性。

为解决上述问题，本申请提供一种人脸图像的处理方法。可根据预设人脸元素的多个特征点计算预设人脸元素的特征值，计算预设人脸元素的特征值与正/负样本特征值的偏差值，根据预设的加权策略进行加权得到人脸图像处理结果，并在显示屏幕显示人脸图像处理结果，提高了人像处理的精度和对人脸图像的美貌度评价的灵活性。

【具体实施方式】

本实施方式提供的一种人脸图像的处理方法，包括以下步骤：

S101：获取人脸图像中预设人脸元素的多个特征点，并根据获取到的预设人脸元素的多个特征点计算预设人脸元素的特征值。其中，预设人脸元素包括但不局限于：左眼睛、右眼睛、左眉毛、右眉毛、鼻子、嘴巴和人脸边缘。预设人脸元素的多个特征点可以为通过预设的人脸匹配模板对人脸图像中的预设人脸元素进行处理得到多个特征点，其中，预设的人脸匹配模板通过现有技术中的主动形状模型实现。

人脸图像中预设人脸元素的特征点的个数可以为预设的数量，例如总共88个、99个、155个等，具体特征点的数量与预设的人脸匹配模板中采取的训练图像样本相关，特征点的数量越多图像处理越精确。

以人脸图像包括88个特征点为例。人脸边缘包括特征点68~88共21个特征点，左眉毛包括特征点1~8共8个特征点，右眉毛包括特征点9~16共8个特征点，左眼睛包括特征点17~24共8个特征点，右眼睛包括特征点25~32共8个特征点，鼻子包括特征点33~45共13个特征点，嘴巴包括特征点46~67共22个特征点。

步骤S101中，根据获取到的预设人脸元素的多个特征点计算预设人脸元素的特征值，具体地，根据预设人脸元素的多个特征点可以计算对应的面积、灰度值等，例如，左眉毛包括特征点1~8共8个特征点，以特征点8为顶点，分别与特征点1~7中的两特征点构成三角形，计算各个三角形的面积，再求和，得到左眉毛区域的面积值；左眼睛包括特征点17~24共8个特征点，计算特征点17与特征点21之间的直线区域内的灰度值。

S102：获取与预设人脸元素对应的正/负样本图像的正/负样本特征值，并计算预设人脸元素的特征值与正/负样本特征值的偏差值，得到目标特征值。具体地，正/负样本图像为对预设的图像库中的样本图像进行特征提取，并根据预设人脸元素进行分类，得到预设人脸元素对应的正/负样本图像。正/负样本图像例如，大眼睛的正样本图像，小眼睛的负样本图像，大鼻子的正样本图像，小鼻子的负样本图像等。具体地，正/负样本特征值为通过预设的人脸匹配模板对预设人脸元素对应的正/负样本图像进行处理得到多个特征点，再根据特征点计算得到的特征值，例如大眼睛的正样本图像的特征值（眼睛）、小眼睛的负样本图像的特征值（眼睛）、大鼻子的正样本图像的特征值（鼻子）、小鼻子的负样本图像的特征值（鼻子）等。

作为一种可选的实施方式，步骤S102中，计算预设人脸元素的特征值与正/负样本特征值的偏差值，得到目标特征值。目标特征值的计算式子可以为：（预设人脸元素的特征值−负样本特征值）/（正样本特征值−负样本特征值）。

S103：根据预设的加权策略对目标特征值进行加权，确定人脸图像处理结果，并在显示屏幕显示人脸图像处理结果。具体地，预设的加权策略可以根据人脸图像的性别确定和/或根据预设的加权分值来确定，得到的人脸图像处理结果在显示屏幕显示。

【权利要求】

一种人脸图像的目标特征值的计算方法，其特征在于，所述方法包括：

对预设的图像库中的样本图像进行特征提取，并根据预设人脸元素进行分类，得到所述预设人脸元素对应的正/负样本图像；

获取人像图像中预设人脸元素的多个特征点，并根据所述获取到的预设人脸元素的多个特征点计算所述预设人脸元素的特征值；

获取与所述预设人脸元素对应的正/负样本图像的正/负样本特征值，并计算所述预设人脸元素的特征值与所述正/负样本特征值的偏差值，得到目标特征值；

所述目标特征值的计算式子为：（所述预设人脸元素的特征值-所述负样本特征值）/（所述正样本特征值-所述负样本特征值）；

根据预设的加权策略对所述目标特征值进行加权，确定人脸图像处理结果，并在显示屏幕显示所述人脸图像处理结果。

【案例分析】

该权利要求请求保护一种人脸图像的目标特征值的计算方法，根据背景技术的相关内容，本申请所要解决的问题是现有技术中对人脸图像的美貌度评价的精准度较低。

有观点认为，权利要求1的方案尽管是对图像特征进行处理，但是解决的问题是如何对人脸图像进行美貌度评价，不是技术问题，通过计算人脸各部位的特征值，并计算与对应的正负样本（如大眼睛、小眼睛、粗眉毛、细眉毛、大鼻子、小鼻子等）偏差，进行加权得到人脸的评价结果，属于人为设定的主观的外貌评价标准，而不同地区的外貌审美不尽相同，通过上述手段进行美貌度评价不是符合自然规律的技术手段，获得的美貌度评价结果也不是技术效果，因此认为不属于技术方案。

然而，对权利要求记载的解决方案进行整体分析可知，尽管本申请所要解决的是现有技术中对人脸图像的美貌度评价的精准度较低的问题，但是其客观上是为了解决人脸图像中预设人脸元素的特征值提取以及人脸图像与预设人脸美学标准值偏差计算粗略的问题，因此，该权利要求解决的问题属于技术问题。为了解决上述技术问题，该解决方案通过预设的人脸匹配模板对人脸图像中的预设人脸元素进行处理得到多个特征点以提高人脸元素定位精度，利用预设人脸元素的特征值与正/负样本特征值的偏差值，根据预设的加权策略进行加权得到人脸图像处理结果，来提高偏差计算精度。上述手段的数据处理对象是人脸图像相关的元素，手段中人脸图像特征提取、特征值计算、人脸图像处理结果显示等各步骤均与图像技术数据紧密关联，利用了遵循自然规律的技术手段。通过上述解决方案，能够提高人脸元素定位精度和偏差计算精度，这属于技术效果。综上所述，该权利要求所请求保护的方案采用技术手段解决了技术问题，并获得了技术效果，其构成了技术方案，符合《专利法》第 2 条第 2 款的规定。

（三）处理对象涉及计算机图形学

● 案例 2-2-7　一种网格细分方法

【背景技术】

本申请涉及图像处理技术领域，特别是涉及一种网格细分方法。计算机图形学是一种使用数学算法将二维或三维图形转化为计算机显示器的栅格形式的科学。计算机图形学的主要研究内容是研究如何在计算机中表示图形以及利用计算机进行图形的计算、处理和显示的相关原理与算法。

目前，在计算机图形学中，随着计算机硬件的不断发展，图形处理能力越来越强，为了实现高真实感，许多计算机图形应用都使用复杂的、具有高精度细节信息的模型。因此，常用模型的构造常常需要高精度的。

通常人们是先构造出一个基本符合要求的低精细度的网格模型，然后再使用工具在保持指定特点的同时，提高网格模型的精细度。

【问题及效果】

现有网格细分技术通常将三角网格的中心点与边缘点连接，以将原三角面细分为三个三角面，但形成的是平面，过渡较明显，网格模型的精细度不高。

为解决上述问题，本申请的网格细分方法在三角网格模型的三角面满足细分条件时，在三角面的边或内部新增顶点，以将三角面细分为至少两个细分三角面，然后对新增顶点进行拉普拉斯平滑处理，调整新增顶点的位置，使得细分后的三角网格过渡平滑。

【具体实施方式】

本申请实施方式的网格细分方法包括如下步骤：

S11：获取三角网格模型。其中，该三角网格模型是一个三维模型，其包括点、面、纹理、法线等信息。

S12：判断该三角网格模型的三角面是否满足细分条件。其中，该细分条件是预先设置的需要进行细分的三角面满足的条件，例如，三角面的面积大于预设面积，或者三角面的任一边长大于预设边长等。若判断结果为是，则执行如下步骤 S13；若判断结果为否，则执行如下步骤 S16。

S13：在三角面的边或内部新增顶点，以将三角面细分为至少两个细分三角面。

S14：对新增顶点进行拉普拉斯平滑处理。具体地，当通过步骤 S12 判断指针变量 m_mesh 当前所指示的三角面需要进行细分时，可以在该三角面的某条边（如最长边）或者三角面内部（如中心或重心）处新增一个顶点，将该顶点与三角面的原始顶点进行连接，则可以将三角面细分为至少两个三角面。为了使得增加顶点后的该三角网格模型过渡平滑，可以对该新增顶点进行拉普拉斯平滑处理，例如将该新增顶点向其相邻顶点的平均坐标位置移动。

S15：将细分三角面作为新的三角面加入三角网格模型中，删除原三角面。具体地，可以利用当前指针变量 m_mesh 将新的三角面加入三角网格模型中，即加入 OpenMesh 库中，并从 OpenMesh 库中删除当前指针变量 m_mesh 所指示的原三角面，并将指针变量 m_mesh 当前获取的原三角面的点面数据释放。之后，可以返回继续执行步骤 S12，直到三角网格模型的所有三角面均不满足细分条件时，细分结束。若步骤 S12 的判断结果为否，即当前三角面不满足细分条件时，执行如下步骤 S16。

S16：判断是否遍历完成所有三角面。若步骤 S16 的判断结果为是，则表示三角网格模型的所有三角面均不满足细分条件，细分结束。若步骤 S16 的判断结果为否，则获取下一个三角面，并返回继续执行步骤 S12。

【权利要求】

一种网格细分方法，其特征在于，包括：

获取三角网格模型；

判断所述三角网格模型的三角面是否满足细分条件；

若判断结果为是，则在所述三角面的边或内部新增顶点，以将所述三角面细分为至少两个细分三角面；

对所述新增顶点进行拉普拉斯平滑处理。

【案例分析】

该权利要求请求保护一种网格细分方法，尽管背景技术中记载了本申请涉及图像处理技术领域，特别是涉及对计算机图形学中的网格结构进行改进，但是根据其请求保护的解决方案来看，三角网格、三角面都是抽象的数学概念，并不涉及任何确切的技术含义，也没有体现出与具体应用领域的结合。本申请的处理过程是对三角网格中三角面的数学运算和几何变形处理，最后得到的结果是提高模型构造的精度的数学效果。整体而言，该解决方案的处理对象、过程和结果都不涉及与具体应用领域的结合，属于对抽象数学方法的优化，因此，该方案属于《专利法》第 25 条第 1 款第（二）项规定的智力活动的规则和方法，不属于专利保护的客体。

计算机图形学是一种使用数学算法将二维或三维图形转化为计算机显示器的栅格形式的科学。计算机图形学的主要研究内容是研究如何在计算机中表示图形以及利用计算机进行图形的计算、处理和显示的相关原理与算法。涉及计算机图形学的发明专利申请，在进行客体判断时，需要重点判断该解决方案整体上是否与计算机显示的硬件或内部性能有技术上的关联，如果对于方案的改进仅在于网格构建，那么属于抽象的图形变换算法的改进，难以构成专利保护的客体。因此，图形变换不同于图像处理，计算机图形学本身也不构成技术领域，不能将计算机图形直接视为具有确切技术含义的数据。

◉ 案例 2-2-8　一种三维网格线条拉直方法

【背景技术】

本申请涉及三维网格墙线拉直系统及三维网格线条拉直方法，尤其是涉及适用于如墙角、房檐、窗户等的规则建筑的局部修饰的三维网格线条拉直方法。

随着摄影测量技术的发展，现在可以很方便地通过航拍数据对于大范围的地形地物进行自动化三维建模。然而，由于精度、遮挡等原因，得到的三维模型在细节上或多或少有些缺陷，例如路面不平整、建筑细节特征错乱等。因此，对于这些三维模型，往往需要进行后期网格修饰，以纠正、优化模型。

【问题及效果】

对于需要局部修饰的情况，直接将需要修饰的部分的网格点的坐标拟合到某一三角面（如地面），然后在此基础上针对修饰部分使用建模软件进行人工重新建模，接着将建好的模型置于三角面之上进行替换。但是，这种方法是通过视觉的遮挡来修饰缺陷，并未删除原始网格数据，随着修饰的进行，数据会变得越来越大。同时，大块区域的三角面拟合会产生重叠面，在显示时可能具有闪烁的问题；而且一些小细节的优化不太方便，会导致整个建筑的修改，耗时费力。

本申请提供一种三维网格线条拉直系统及三维网格线条拉直方法，采用直接修改原始网格局部数据的方式生成公共边直线，适用于规则建筑的局部修饰。

【具体实施方式】

本实施方式的三维网格墙线拉直方法包括：首先，在切割面构建步骤，选定需要拉直的线条的起点所在的假定起始三角面和终点所在的终止三角面，利用所述假定起始三角面及所述终止三角面的平均法向、所述起点和所述终点构建切割面。其次，在目标起始三角面及目标终止三角面确定步骤，判断所述假定起始三角面与所述终止三角面是否在一个平面上，若在一个平面上，则确定所述假定起始三角面及所述终止三角面分别为目标起始三角面及目标终止三角面，并将所述起点、所述终点以及所述目标起始三角面及所述目标终止三角面的三个顶点进行栅格化。最后，在拉直操作步骤，将所述切割面与所述目标起始三角面的交点即切割点吸附到经过所述起点和所述终点的直线上。

在所述目标起始三角面及目标终止三角面确定步骤，若判断为所述假定起始三角面与假定所述终止三角面不在一个平面上，则计算所述假定起始三角面与所述切割面在所述起点和所述终点之间的第一交点，并判断所述第一交点是否在破洞上，若判断为不在破洞上，则通过邻接关系获得与所述起始三角面共有该交点所在边的邻接面，将所述第一交点设为新的起点，所述邻接面设为新的假定起始三角面，再次判断所述假定起始三角面与所述终止三角面是否在一个平面上，直到所述假定起始三角面和所述终止三角面成为同一个平面。进一步，在所述目标起始三角面及目标终止三角面确定步骤，若判断为所述第一交点在破洞上，则计算所述破洞与所述切割面在所述第一交点和终点之间的第二交点，将所述第二交点更新为新的起点，将所述第二交点所在的三角面设为新的假定起始三角面，再次判断所述假定起始三角面与所述终止三角面是否在一个平面上，直到所述假定起始三角面和所述终止三角面成为同一个平面。

【权利要求】

一种三维网格线条拉直方法，适用于规则建筑的局部修饰，其特征在于，包括：

切割面构建步骤，选定需要拉直的线条的起点所在的假定起始三角面和终点所在的终止三角面，利用所述假定起始三角面及所述终止三角面的平均法向、所述起点和所述终点构建切割面；

目标起始三角面及目标终止三角面确定步骤，判断所述假定起始三角面与所述终止三角面是否在一个平面上，若在一个平面上，则确定所述假定起始三角面及所述终止三角面分别为目标起始三角面及目标终止三角面，并将所述起点、所述终点以及所述目标起始三角面及所述目标终止三角面的三个顶点进行栅格化；

拉直操作步骤，将所述切割面与所述目标起始三角面的交点即切割点吸附到经过所述起点和所述终点的直线上。

【案例分析】

本申请请求保护一种三维网格线条拉直方法，从方案的整体来看，其仅仅体现了利用起点和终点所在三角面构建切割面，判断起点和终点所在三角面是否在同一平面上，并进行栅格化操作和点吸附操作以实现三维网格线条的拉直操作。该方案仅是利用计算机图形学理论对可以应用于建筑等地形地物的三维网格线条进行操作，但是没有体现算法在具体应用领域的适用过程和根据建筑等地形地物的固有特性进行的改进，无法体现算法与特定技术领域的紧密结合。该方案解决的仍然是对计算机图形学算法本身的优化问题，不属于技术问题；所采用的手段是一系列抽象的数学方法步骤，并非技术手段；获得的效果是算法本身的优化，并非技术效果。因此，该解决方案不构成技术方案，不符合《专利法》第2条第2款的规定。

● 案例 2-2-9　一种三维模型局部半透明显示操作实现方法

【背景技术】

本申请涉及图像处理技术领域，尤其涉及一种三维模型局部半透明显示操作实现方法。

医学三维（3D）模型能够提供直观的人体解剖学知识，在解剖学数字化教学或外科手术虚拟仿真等中都发挥重要作用。在虚拟手术或者解剖教学过程中，用户希望看到局部组织的各层结构或更深部位的解剖结构，能够对 3D 模型进行局部解剖、局部手术或局部观摩等操作。

【问题及效果】

现有技术中，通常只能对 3D 模型进行整体半透明显示，不能满足用户对局部区域组织半透明显示的需求，无法完美呈现实际手术过程的模拟效果。为解决上述问题，本申请主要针对三维模型的行为操作所选取的局部区域，实现局部半透明、局部隐藏等功能，更形象地模拟实际的解剖手术操作过程，例如腔镜手术等，既能清晰显示深部需重点突出的解剖结构，又能让浅部的解剖结构不丢失大量解剖信息，并且可以将处理对象定位为三维模型本身，三维模型之外的背景屏幕部分不参与计算，更加具体真实。

【具体实施方式】

本申请实施方式的三维模型局部半透明显示操作实现方法包括：

步骤100：响应于针对屏幕上显示的三维模型的行为操作，获取行为操作依次拾取获得的屏幕坐标集合，其中，屏幕坐标集合中包括多个屏幕坐标，屏幕坐标表示在屏幕二维坐标系下的二维坐标，行为操作表征对三维模型的局部数据块分离操作。

通过鼠标等对三维模型进行行为操作时，会首先获取到依次拾取的各屏幕坐标，组成屏幕坐标集合，其中，行为操作为对三维模型的局部分离操作，即实现对局部区域单独操作，例如，通过鼠标，在三维模型上划定闭合曲线，闭合曲线内的区域即是用户需要单独操作的局部区域，本具体实施方式可以实现该局部区域的半透明显示。

步骤110：根据屏幕坐标集合，确定行为操作在三维模型上对应的闭合曲线。

步骤120：标记闭合曲线内对应的三维模型上的三角面片。具体包括：根据闭合曲线，确定闭合曲线内构成的区域的闭合曲面；将闭合曲面内的所有屏幕坐标进行反投影变换，获得闭合曲面内的所有屏幕坐标在三维模型上对应的三角面片，并进行标记。这样，闭合曲线包围的内部区域可以构成一个闭合曲面，通过反投影变换，可以确定闭合曲面内的所有屏幕坐标反投影的三角面片，对这些三角面片进行标记，可知，这些标记的三角面片即构成了行为操作在三维模型上对应操作的局部区域。

步骤130：将标记的三角面片以预设的透明度进行显示的方式，在屏幕上重新显示三维模型。其中，预设的透明度的取值小于1，例如在0~99%之间，则可以局部半透明显示。在重新显示该三维模型时，闭合曲线内的标记的三角面片半透明或隐藏显示，对于其余未标记的三角面片正常显示，可以认为透明度取值为1，从而可以实现三维模型上局部区域的半透明或隐藏显示，以使用户能看到实际的较深部位的解剖结构，不受其他显示区域的视觉干扰，可以模拟更真实的解剖手术逐步骤的操作过程，例如，对于模拟腔镜手术过程，可以半透明显示手术区域的部分腔道，而不是全部腔道，以免造成不必要的全部半透明化，便于用户学习和观看。

【权利要求】

一种三维模型局部半透明显示操作实现方法，其特征在于，包括：

响应于针对屏幕上显示的三维模型的行为操作，获取所述行为操作依次拾取获得的屏幕坐标集合，其中，所述屏幕坐标集合中包括多个屏幕坐标，屏幕坐标表示在屏幕二维坐标系下的二维坐标，所述行为操作表征对所述三维模型的局部数据块分离操作；

根据所述屏幕坐标集合，确定所述行为操作在所述三维模型上对应的闭合曲线；

标记所述闭合曲线内对应的所述三维模型上的三角面片；

将标记的三角面片以预设的透明度进行显示的方式，在所述屏幕上重新显示所述三维模型。

【案例分析】

本申请涉及一种三维模型局部半透明显示操作实现方法，该方案要解决的问题是 3D 模型进行整体半透明显示不能满足用户对局部区域组织半透明显示的需求的问题，即 3D 模型显示问题，属于技术问题。

通过响应于针对屏幕上显示的三维模型的行为操作，获取行为操作依次拾取获得的屏幕坐标集合，进而确定出该行为操作在三维模型上的轨迹，即对应的闭合曲线，并标记闭合曲线内的三角面片，从而将标记的三角面片以预设的透明度进行显示。可见，该方案采用了获取并跟踪在三维模型上的行为操作轨迹，对行为操作进行定位并显示在三维模型操作中的手段，尽管其形成的操作轨迹是曲面的，并且确定出的模型局部区域为三角面片，属于图形数据，但是此处的曲面轨迹、三维面片都是为了对行为操作进行跟踪以及在三维模型上进行屏幕显示的手段，整体上其获取、跟踪并在三维模型上显示行为操作的手段属于技术手段。

采用上述方案，对三维模型的操作进行轨迹跟踪，并且对于操作的局部区域以预设的透明度进行显示，可以实现局部区域的半透明或隐藏显示，更真实地模拟实际手术逐步骤的操作过程，从而提高了可视化效果，属于技术效果。

因此，该方案采用技术手段解决了技术问题，并获得了技术效果，其构成了技术方案，符合《专利法》第 2 条第 2 款的规定。

（四）处理对象涉及语音

◉ **案例 2-2-10　一种基于训练数据的神经网络训练方法**

【背景技术】

本申请涉及神经网络训练方法。

为解决将输入图案分类为预定组的问题，可使用人工神经网络构建算法。人工神经网络可具有泛化能力，从而可基于学习结果生成关于在学习处理中未使用过的输入图案相对正确的输出。一般研究认为，网络结构增大，模型参数过多，容易产生过拟合现象，使网络泛化性能下降。故而，避免过拟合是分类设计中的一个核心任务。

【问题及效果】

本申请通过从隐藏节点排除参考隐藏节点而获得的剩余隐藏节点并基于训练数据来训练神经网络，以解决神经网络的过拟合问题，即神经网络模型过度适应训练数据以致对将被识别的目标的识别率降低的问题。从而避免神经网络在训练过程中训练数据与神经网络模型相互适应，以使得作为训练结果的隐藏节点间的连接权重彼此不相似，借此使训练好的神经网络的实际输出的正确性得以提高。

【具体实施方式】

本实施方式中的神经网络可以是通过软件或硬件实施的通过使用由连接线连接的多个人工神经元来模拟生物系统的计算能力的识别模型。

当一项序列数据的训练结束时，神经网络训练器可改变训练图案，并开始另一项序列数据的训练处理。神经网络训练器可从包括在神经网络中的隐藏节点随机重新选择参考隐藏节点，并基于通过排除重新选择的参考隐藏节点而获得的剩余隐藏节点来训练神经网络。

例如，当神经网络被训练以学习语音数据"音量升高"时，神经网络训练器可从包括在神经网络中的隐藏节点选择将被排除的参考隐藏节点，并基于通过排除选择的参考隐藏节点而获得的剩余隐藏节点来训练神经网络学习语音数据"音量升高"。在神经网络被训练以学习语音数据"音量升高"的同时，可持续忽略选择的参考隐藏节点。当语音数据"音量升高"的训练处理结束时，并且当与之后的序列数据相应的语音数据"音量降低"的训练处理开始时，神经网络训练器可从隐藏节点重新选择在该训练处理期间将被排除的参考隐藏节点。之后，神经网络训练器可在持续忽略重新选择的参考隐藏节点的同时，执行语音数据"音量降低"的训练处理。当序列数据被输入作为训练目标时，可基于预定时间的单位划分序列数据。当神经网络训练设备训练神经网络时，可使用单一神经网络模型。例如，划分的序列数据可按用于训练的时序被输入到神经网络。

例如，神经网络包括输入层、隐藏层和输出层。最底层为输入层，其中，序列数据作为训练数据被输入到输入层，输入层和输出层之间的层为隐藏层，最高层为输出层。输入层、隐藏层和输出层中的每个包括多个节点。在隐藏层中包括有隐藏节点。

神经网络沿从输入层到隐藏层到输出层的方向进行连接。当训练数据被输入到输入层的每个节点时，通过在输入层的每个节点中执行的变换将训练数据传输到隐藏层，并在输出层生成输出。

神经网络训练设备将序列数据输入到神经网络的输入层，并训练神经网络以从神经网络的输出层输出对序列数据进行分类的结果。由神经网络训练设备训练的神经网络为具有在不同时间间隔的隐藏节点之间的连接的递归神经网络。当神经网络训练设备训练神经网络学习序列数据时，包括在隐藏层中的每个隐藏节点与当前时间间隔的隐藏节点相连接。之前时间间隔中的每个隐藏节点的输出值可被输入到当前时间间隔的隐藏节点。

当执行序列数据的训练时，神经网络训练设备可基于排除部分隐藏节点的训练图案来训练神经网络。神经网络训练设备可从隐藏节点中随机选择在训练处理中将被排除或忽略的参考隐藏节点。

在一项序列数据的训练处理期间，在每个时间间隔中的排除参考隐藏节点的训练图案可被持续地保持。例如，如果序列数据为"音量升高"语音数据，则神经网络训练设备可基于持续排除参考隐藏节点的训练图案来执行相应的语音数据的训练。在每个时间间隔中，可基于在参考隐藏节点被排除的同时剩余的隐藏节点来执行对序列数据的训练。

神经网络训练设备可比较期望的期望值和从每个时间间隔中的输出层生成的输出值，并可调整节点的连接权重以降低输出值和期望值之间的差。神经网络训练设备可通过连接权重的调整来训练神经网络。例如，输出值可通过处理从输出层生成，其中，在所述处理中，输入到输入层的训练数据在经过隐藏层时与连接权重相乘并相加。生成的输出值可不同于期望的期望值，因此，神经网络训练设备可更新连接权重以使生成的输出值与期望的期望值之间的差最小化。

【原权利要求】

一种基于训练数据的神经网络训练方法，所述方法包括：

接收包括序列数据的训练数据；

从神经网络中的隐藏节点选择参考隐藏节点；

基于通过从隐藏节点排除参考隐藏节点而获得的剩余隐藏节点并基于训练数据，来训练神经网络，剩余隐藏节点与之后时间间隔中的隐藏节点相连接，并且忽略参考隐藏节点与之后时间间隔中的隐藏节点之间的连接。

【修改的权利要求】

一种用于目标识别的方法，所述方法包括：

接收包括序列数据的训练数据，其中，序列数据包括语音数据；

从神经网络中的隐藏节点选择参考隐藏节点；

基于通过从隐藏节点排除参考隐藏节点而获得的剩余隐藏节点并基于训练数据，来训练神经网络，剩余隐藏节点与之后时间间隔中的隐藏节点相连接，并且忽略参考隐藏节点与之后时间间隔中的隐藏节点之间的连接；

基于训练的神经网络来识别语音数据；

当识别语音数据成功时，执行相应于识别结果的预定操作，其中，训练步骤包括：将训练数据输入到神经网络的输入层；通过处理从神经网络的输出层生成输出值，其中，在所述处理中，输入到输入层的训练数据在经过神经网络的隐藏层时与连接权重相乘并相加；通过比较针对训练数据的期望的期望值和响应于输入的训练数据而从神经网络的输出层生成的输出值来计算误差，并调整神经网络的连接权重以减小误差；

其中，选择步骤包括：响应于基于一项序列数据的神经网络的训练结束，从隐藏节点随机选择其他参考隐藏节点；

其中，训练步骤包括：基于另一项序列数据，并基于通过从隐藏节点排除所述其他参考隐藏节点而获得的剩余隐藏节点，来训练神经网络。

【案例分析】

原权利要求请求保护一种基于训练数据的神经网络训练方法，其中的训练数据没有任何技术含义，方案也未与具体应用领域相结合。该方案为了解决提高神经网络训练输出正确性，采用的处理过程是通过使用部分隐藏节点代替所有隐藏节点来训练神经网络，从而有效地减少过拟合，得到的结果是抽象的神经网络模型。该方案整体来看，其处理的对象、过程、得到的处理结果都是抽象的，因此，原权利要求的解决方案属于《专利法》第 25 条第 1款第（二）项规定的智力活动的规则和方法，不属于专利保护的客体。

修改后的权利要求中记载了"序列数据包括语音数据""基于训练的神经网络来识别语音数据""当识别语音数据成功时，执行相应于识别结果的预定操作"的特征，但修改后的权利要求的方案中，仅简单说明神经网络的训练数据（即序列数据）包括语音数据，用神经网络模型识别语音数据，在识别成功时执行识别结果对应的预定操作，未体现出与语音领域的紧密结合。具体来说，通过选择部分隐藏节点代替所有隐藏节点进行训练的方式实质上是对神经网络结构的调整，属于神经网络结构本身的优化，并非技术手段；采用上述手段实质上要解决的是神经网络过拟合的问题，即神经网络模型过度适应训练数据以致对将被识别的目标的识别率降低的问题，该过拟合问题也是神经网络模型本身具有的，与语音领域存在的问题无任何技术上的关联，因此并未解决技术问题；采用上述手段取得的效果是避免神经网络在训练过程中训练数据与神经网络模型相互适应，以使得作为训练结果的隐藏节点间的连接权重彼此不相似，从而达到使训练好的神经网络的实际输出的正确性得以提高的目的，可见所取得的效果也是改进神经网络算法本身所取得的效果，并非技术效果。

综上，修改后的权利要求所要求保护的方案没有解决技术问题，没有采用技术手段，也没有取得技术效果，不属于《专利法》第 2 条第 2 款规定的技术方案，因此仍不属于专利保护的客体。

● 案例 2-2-11　一种基于神经网络的非线性时变系统求解方法

【背景技术】

本申请涉及神经动力学领域，尤其涉及一种基于神经网络的非线性时变系统求解方法。

非线性问题对科学研究和工程应用实践具有重要影响。许多实际问题可以被描述为 $f(x) = 0$，从而进行求解。但由于状态变量总是随时间演变，因此计算方法需要足够快，以便计算出的解决方案可以跟踪理论解。在过去的几十年中，许多研究人员致力于得到非线性时变系统的有效、准确或近似解，但由于一些非线性时变系统没有精确的解析解，因此只能利用数值方法来处理这些非线性时变系统。然而，由于数值方法在数字计算机上是以串行处理方式执行的，因此数值方法不够有效。

近年来，神经网络方法由于其独特的特性，如并行计算、分布式存储器和强大的鲁棒性，吸引了越来越多的研究者。递归神经网络（RNN）可以满足实时计算要求，并且通常可以应用于描述动态时间行为序列。特别是，由于其并行处理特性，RNN被广泛用于解决某些数学问题或实际问题，如语音处理等。由于其具有强大的计算能力，RNN被应用于求解非线性时变系统。

【问题及效果】

近年来，许多学者都把重点放在非线性时变场的研究上。经典的方法是基于梯度的神经网络（GNN）以及归零神经网络（ZNN）。但是，当计算规模变大时，GNN和ZNN计算结果的时间成本将会更高。因此在实际应用中需要具有更快收敛速度的模型。本申请的目的在于克服神经网络的局限性，提供一种基于神经网络的非线性时变系统求解方法。在运用线性等激活函数和变参求解非线性时变系统时具有全局收敛特性，且误差能以超指数的速度收敛到零，提高了计算速度。

【具体实施方式】

本实施方式提供一种基于神经网络的非线性时变系统求解方法，具体包括如下步骤：

（1）将实际工程问题公式化，建立所需求解的非线性时变系统的标准模型。

（2）基于建立的非线性时变系统的标准模型设计误差函数。

（3）对误差函数进行求导，根据非线性时变系统的标准模型及误差函数的导数，引入单调递增奇激活函数。

（4）设计时变参数，根据误差函数、时变参数及激活函数，建立变参递归神经网络模型。

（5）对变参递归神经网络进行求解，得到的状态解即为实际工程问题的解。

在本实施方式中，对一个具体的非线性时变系统方程进行求解。所述非线性时变系统方程表示为：$f(x,t) = x^2 - 2\sin(1.8t)x + \sin^2(1.8t) - 1$。

所述非线性时变系统方程转换为：$f(x,t) = [x - \sin(1.8t) - 1][x - \sin(1.8t) + 1]$。

其理论时变解为 $x_1^*(t) = \sin(1.8t) + 1$，$x_2^*(t) = \sin(1.8t) - 1$。

在随机产生5个初始状态的条件下，假设时变参数 $\gamma = p = 0.1$ 时，分别采用 GNN 模型、ZNN 模型和 VG-RNN 模型求解非线性时变系统方程的状态解 $x(t)$。在三个神经网络模型的求解过程中监测剩余误差，以进一步研究收敛性能。通过比较可知，GNN 的残差始终在振荡，误差保持相对较高的水平，即 GNN 模型不能收敛到非线性时变系统方程的理论解。与 GNN 和 ZNN 相比，VG-RNN 对求解非线性时变系统方程的效率更高。

【权利要求】

一种基于神经网络的非线性时变系统求解方法，其特征在于，<u>应用于语音处理</u>，具体步骤包括：

（1）将实际<u>语音处理</u>工程问题公式化，建立所需求解的非线性时变系统的标准模型。

（2）基于建立的非线性时变系统的标准模型设计误差函数。

（3）对误差函数进行求导，根据非线性时变系统的标准模型及误差函数的导数，引入单调递增奇激活函数。

（4）设计时变参数，根据误差函数、时变参数及激活函数，建立变参递归神经网络模型。

（5）对变参递归神经网络进行求解，得到的状态解即为实际<u>语音处理</u>工程问题的解。

【案例分析】

权利要求中画线部分的特征为依据背景技术进行修改而新增加的特征。针对修改后的解决方案存在不同观点。

观点 1：

修改后的权利要求虽然限定了算法的应用领域，但未体现算法与应用领域的紧密结合。其所要解决的非线性时变系统收敛速度慢、精度低的问题是算法本身存在的问题，不依赖语音领域而存在；其采用的手段"运用线性等激活函数和变参求解非线性时变系统具有全局收敛特性，且误差能以超指数的速度收敛到零"，仍然是对算法本身的改进，这种改进不涉及与应用领域的结合。因此修改后的权利要求仍然不属于专利保护的客体。

观点 2：

修改后的权利要求，限定了该算法应用于语音处理领域，相应地其解决的是现有语音处理非线性时变系统收敛速度慢、精度低的技术问题。将实际语音处理工程问题建模，运用线性等激活函数和变参求解语音处理非线性时变系统得到实际语音处理工程问题的解的技术方案是一种符合自然规律的技术方案。因此修改后的权利要求属于专利保护的客体。

下面，让我们一起聚焦到本申请的解决方案：

本申请请求保护一种基于神经网络的非线性时变系统求解方法。虽然修改后的方案限定了该方法应用于语音领域，并在步骤（1）"将实际语音处理工程问题公式化"、步骤（5）"得到的状态解即为实际语音处理工程问题的解"中明确了工程问题是语音处理。

但是，本申请要解决的问题是"当计算规模变大时，GNN 和 ZNN 计算结果的时间成本将会更高。因此在实际应用中需要具有更快收敛速度的模型"，为此，本申请对现有技术做出改进的目的在于"克服神经网络的局限性，提供一种基于神经网络的非线性时变系统求解方法"，显然，该问题源于神经网络模型本身构建的问题，并不涉及模型在语音领域应用过程中要克服何种技术难题。为解决上述问题，本申请所采用的手段是运用线性等激活函数和变参求解非线性时变系统，上述手段是对算法本身的改进，该过程无法体现出与语音处理有何技术上的关联，并非遵循自然规律的技术手段；实现本申请的解决方案可以获得误差以超指数的速度收敛到零、计算速度大大提高的效果，并非技术效果。由此，尽管修改后的解决方案记载了处理对象是具有确切技术含义的语音数据，但是这种形式上的记载，无法使方案要解决的问题、采用的手段以及达到的效果整体上体现出与语音处理技术的紧密关联。因此，本申请请求保护的解决方案不属于《专利法》第 2 条第 2 款规定的技术方案。

● 案例 2-2-12 一种保留多任务训练的模型训练方法

【背景技术】

本申请涉及模型训练领域，尤其是一种模型训练方法。

在现有的基于预训练语言模型的语音合成前端模型的训练过程中，针对不同类型的输入数据，使用不同的语言训练模型，彼此之间相互独立。例如，将多音字类型的数据输入到多音字模型中，使用多音字类型的数据训练多音字模型；将韵律类型的数据输入到韵律模型中，使用韵律类型的数据训练韵律模型。

【问题及效果】

采用现有的基于预训练语言模型的语音合成前端模型的训练方法，不仅时效性差，而且成本较高。

有鉴于此，本申请提供一种模型训练方法，不仅可以统一对共享层模块进行训练，而且还可以单独对各个任务层模块进行训练，在提升单任务性能的同时保留多任务训练的效果。

【具体实施方式】

本申请具体实施方式提供一种模型训练方法，该方法可以包括以下步骤：

S101：在第一阶段的微调训练中，将各个第一样本类型的训练样本输入至待训练模型的共享层模块中。

基于预训练语言模型的语音合成前端模型的训练过程可以只包括第一阶段的微调训练，也可以包括第一阶段的微调训练和第二阶段的微调训练。在第一阶段的微调训练中，电子设备可以将各个第一样本类型的训练样本输入至待训练模型的共享层模块中。本申请中的待训练模型可以包括以下两个类型的模块：共享层模块和任务层模块。任务层模块可以包括：任务层模块 1、任务层模块 2、……、任务层模块 K；其中，K 为大于 1 的自然数。在第一阶段的微调训练中，各个第一样本类型的训练样本包括至少两个任务类型的训练数据。例如，各个第一样本类型的训练样本中可以同时包括多音字类型的训练数据和韵律类型的训练数据。

S102：基于各个第一样本类型的训练样本对共享层模块中的模型参数进行调整。

可以通过共享层模块在各个第一样本类型的训练样本中匹配得到不同任务类型的训练数据；然后基于不同任务类型的训练数据对共享层模块中的模型参数进行调整。例如，可以通过共享层模块在各个第一样本类型的训练样本中匹配得到多音字类型的训练数据和韵律类型的训练数据；然后基于多音字类型的训练数据和韵律类型的训练数据，对共享层模块中的模型参数进行调整。

S103：通过共享层模块将各个第一样本类型的训练样本输入至待训练模型的各个任务类型对应的任务层模块中。

可以通过共享层模块将第一任务类型、第二任务类型、……、第 K 任务类型的训练数据输入至第一任务类型对应的任务层模块中；将第一任务类型、第二任务类型、……、第 K 任务类型的训练数据输入至第二任务类型对应的任务层模块中；……将第一任务类型、第二任务类型、……、第 K 任务类型的训练数据输入至第 K 任务类型对应的任务层模块中。例如，可以通过共享层模块将多音字类型的训练数据和韵律类型的训练数据输入至多音字类型的任务层模块中；将多音字类型的训练数据和韵律类型的训练数据输入至韵律类型的任务层模块中。

S104：通过各个任务层模块提取出自身匹配的训练数据；并基于各个任务层模块匹配的训练数据对各个任务层模块中的模型参数进行调整。

例如，可以基于多音字类型的训练数据对多音字类型对应的任务层模块中的模型参数进行调整；还可以基于韵律类型的训练数据对韵律类型对应的任务层模块中的模型参数进行调整。

本申请可以将待训练模型中的共享层模块被不同样本类型的各个训练样本所通用，基于第一样本类型的训练样本调整共享层模块中的模型参数，再基于不同任务类型的训练数据调整各个任务层模块中的模型参数，从而达到了统一对共享层模块进行训练，并且单独对各个任务层模块进行训练的目的。本申请由于采用了将共享层模块和任务层模块分离设置的手段，从而克服了现有技术中单独对不同的基于预训练语言模型的语音合成前端模型进行训练的缺陷，在提升单任务性能的同时保留多任务训练的效果。

【权利要求】

一种模型训练方法，其特征在于，应用于预训练语言模型的语音合成前端模型，所述方法包括：

在第一阶段的微调训练中，将各个第一样本类型的训练样本输入至待训练模型的共享层模块中；基于各个第一样本类型的训练样本对所述共享层模块中的模型参数进行调整；各个第一样本类型的训练样本中可以同时包括多音字类型的训练数据和韵律类型的训练数据；

通过所述共享层模块将多音字类型的训练数据和韵律类型的训练数据输入至多音字类型的任务层模块中；

通过各个任务层模块提取出自身匹配的训练数据；基于多音字类型的训练数据对多音字类型对应的任务层模块中的模型参数进行调整；基于韵律类型的训练数据对韵律类型对应的任务层模块中的模型参数进行调整。

【案例分析】

本申请请求保护一种模型训练方法，该方案解决的是现有的基于预训练语言模型的语音合成前端模型的训练过程中，针对不同类型的输入数据，无法保障神经网络的参数收敛性的问题，属于技术问题。为了解决该问题，在语音合成前端模型中，采用了在第一阶段的微调训练中，将待训练模型中的共享层模块被不同样本类型的各个训练样本所通用，基于第一样本类型的训练样本调整共享层模块中的模型参数，再基于不同任务类型的训练数据调整各个任务层模块中的模型参数的技术手段，利用的是遵循自然规律的技术手段。并且，本申请获得了统一对共享层模块进行训练，并且单独对各个任务层模块进行训练，在提升单任务性能的同时保留多任务训练的技术效果。因此，本申请的解决方案构成技术方案，符合《专利法》第 2 条第 2 款的规定，属于专利保护的客体。

第三节　如何判断是否属于对计算机系统内部性能的改进

一、现有规定及困惑

现行《指南》第二部分第九章将"涉及计算机程序的发明"定义为"为解决发明提出的问题，全部或部分以计算机程序处理流程为基础，通过计算机执行按上述流程编制的计算机程序，对计算机外部对象或者内部对象进行控制或处理的解决方案"，并进一步解释："所说的对内部对象的控制或处理包括对计算机系统内部性能的改进，对计算机系统内部资源的管理，对数据传输的改进等。涉及计算机程序的解决方案并不必须包含对计算机硬件的改变。"

此外，现行《指南》第二部分第九章第 2 节在涉及计算机程序的发明专利申请的审查基准部分规定："如果涉及计算机程序的发明专利申请的解决方案执行计算机程序的目的是为了改善计算机系统内部性能，通过计算机执行一种系统内部性能改进程序，按照自然规律完成对该计算机系统各组成部分实施的一系列设置或调整，从而获得符合自然规律的计算机系统内部性能改进效果，则这种解决方案属于专利法第二条第二款所说的技术方案，属于专利保护的客体"。

2021 年最新修改草案，为了定向放开大数据、人工智能领域创新成果的专利保护，新增了以下规定："如果权利要求的解决方案涉及深度学习、分类、聚类等人工智能、大数据算法的改进，该算法与计算机系统的内部结构存在特定技术关联，能够解决提升硬件运算效率或执行效果的技术问题，包括减少数据存储量、减少数据传输量、提高硬件处理速度等，从而获得符合自然规律的计算机系统内部性能改进的技术效果，则该权利要求限定的解决方案属于专利法第二条第二款所述的技术方案。"

上述新增规定进一步明确了人工智能、大数据领域算法相关发明专利申请的客体审查基准，强调涉及算法改进的方案，即便没有限定具体的应用领域，但是只要方案中的算法特征与计算机系统的内部结构存在特定技术关联，能够解决提升硬件运算效率或执行效果的技术问题，例如包括减少数据存储量、减少数据传输量、提高硬件处理速度等，从而改进计算机系统内部性能，那么就可以构成专利保护的客体。即，此次最新修改草案从方案是否能够优化计算机系统内部性能的角度，给予算法相关发明专利申请获得保护的出口。但是，审查实践中如何理解和适用上述规定仍然存在以下困惑：

（1）改进或优化算法所带来的运算效果提升与计算机系统内部性能改进之间是否存在必然联系，算法特征与计算机系统内部结构之间结合到何种程度属于存在特定的技术关联，计算机系统内部性能改进的判断标准是什么。

（2）说明书中记载或者申请人声称解决了计算机系统内部性能提升的技术问题，但在权利要求中并未明确记载算法步骤与计算机系统内部结构存在特定的技术关联，如何判断是否实质存在计算机系统内部性能的改进。

（3）是否权利要求中记载了硬件或者方案体现了硬件参与，就构成"与计算机系统内部结构存在特定技术关联"。

（4）满足算法与计算机系统内部结构存在特定技术关联的要求后，如何才能进一步满足"提升了硬件的运算效率或执行效果"。

二、整体判断思路

对于涉及算法改进以提升计算机系统内部性能的相关专利申请，根据其撰写形式和呈现方式，可以划分为以下五类不同的情形：方案实质仍为算法本身的改进、硬件仅为算法运行的载体、算法特征与计算机系统结构紧密结合、计算机系统的硬软件资源被调度、纯硬件改进。

针对以上五类情形，有关客体判断规则和考虑因素详述如下：

（1）是否属于算法本身的改进

如果权利要求请求保护的方案全部为抽象的数学算法，既不涉及任何具体的应用领域，也与计算机系统的内部性能改进无关，即使结合说明书的记载能够确定该算法需要借助计算机系统加以执行，其本质仍然属于智力活动的规则和方法，属于《专利法》第25条规定的不授予专利权的范围，其必然也不属于《专利法》第2条第2款规定的技术方案。因此，对抽象数学算法本身的优化或改进不属于技术方案。

如果算法特征与计算机系统的内部结构存在特定技术关联，基于这种特定关联对算法进行改进，整体方案获得了提升计算机系统内部性能的技术效果，则不能排除其构成技术方案的可能性。但是，如果计算机系统仅仅是作为算法执行的运行载体，即使申请文件中声称该方案能够带来"提高处理速度""减少存储空间""提高分类准确度"等有益效果，该效果也仅仅是算法本身的优化带来的，不属于算法改进与计算机系统内部结构相互作用而带来的"计算机系统内部性能提升"的技术效果，这类情形下，请求保护的方案仍然不属于《专利法》第2条第2款规定的技术方案。

（2）硬件仅为算法运行载体

权利要求请求保护的方案实质在于算法本身，计算机系统仅仅是作为执行该算法的计算机程序运行的载体或执行环境，算法特征与计算机系统的内部结构不存在特定技术关联。在计算机系统中运行该算法仅仅是利用计算机系统内部的各组成部分执行其固有的数据处理功能，即该方案并未对计算机系统的体系结构、硬件的运算效率、软硬件资源配置等做出技术上的改进。

申请人为了使专利申请文件在形式上满足《指南》中的相关规定，而在权利要求的撰写中"硬性"加入某些计算机硬件相关的特征，例如，在权利要求中增加"处理器执行机器学习算法……""服务器接收样本数据……""向计算节点下发训练数据……""在存储器中预先存储模型……"等特征的限定。然而，"硬植入"上述硬件相关特征后的方案其仍然是利用计算机系统固有的数据输入、存储、处理等功能以运行相应的算法步骤，权利要求请求保护的方案实质仍在于算法本身。因此，这类"硬植入"的方案仍未体现出算法特征与计算机系统的内部结构存在何种特定技术关联，不构成技术方案。

（3）算法特征与计算机系统结构紧密结合

当算法的执行步骤与计算机硬件结构或计算机系统的各组成结构紧密结合，计算机硬件不再是单纯地作为程序运行载体，算法特征与硬件相关特征"功能上彼此相互支持、存在相互作用关系"时，可认为算法特征与计算机系统的内部结构存在某种特定的技术关联，方案整体上提升了硬件的运算效率或方法的执行效果。

这类情形与在权利要求中"硬植入"硬件相关特征的情形相比，算法特征与硬件结构相关特征在技术实现层面"相互适应、紧密耦合"，例如，受限于移动终端的特定硬件环境而对算法做出适应性改进，为了支持特定算法的运行而调整分布式系统的体系架构等。这类方案将算法特征与计算机系统的内部结构紧密结合，使得整体方案能够实现对计算机内部性能的改进，从而构成技术方案。

（4）计算机系统的硬软件资源被调度

当算法执行过程涉及计算机系统中各种硬软件资源的调度，即使计算机系统的硬件结构本身并未发生改变，但是，其通过优化系统资源配置使得该方案整体上能够获得计算机系统内部性能改进的技术效果，例如，减少数据存储量、减少数据传输量、提高硬件处理速度、提升系统的响应速度等。这类情形下，则认为算法特征与计算机系统的内部结构存在特定技术关联，该方案构成技术方案。

需要注意的是，现行《指南》第二部分第九章第2节中关于"改善计算机系统内部性能"的表述为："通过计算机执行一种系统内部性能改进程序，按照自然规律完成对该计算机系统各组成部分实施的一系列设置或调整，从而获得符合自然规律的计算机系统内部性能改进效果"。在当前大数据、人工智能技术广泛应用于分布式计算环境的背景下，"计算机内部性能"的理解也应该随着技术发展而更为宽泛，除了单机环境下的处理器速度、内存容量、运算能力、存取速度等性能指标外，还可以包括分布式系统环境下的吞吐量、响应时延、并发量等性能指标。

（5）纯硬件改进

人工智能、大数据领域的算法复杂度高、硬件资源开销大，为了适配这类算法的运行，确保其执行速度和运算效率，通常对计算机系统的硬件结构加以改进，例如，设计 AI 芯片等专门的处理器硬件，或者设计专用于某类算法的多处理器系统架构等。

如果为了适应特定算法的运行需求，对计算机系统的硬件结构或系统架构（包括电路元件、电路连接方式、处理器架构、指令集设计等）进行了适应性的技术改进，则这类硬件改进的方案属于专利法意义上的技术方案。

三、典型案例

（一）是否属于算法本身的改进

◉ 案例 2-3-1　分类模型的训练方法

【背景技术】

目前的训练数据获取方式主要包含开源数据集、网络爬取、线下采集。

然而，为了获得大量与学习任务相关的数据，一般需要对开源数据集和网络爬取的数据进行人工筛选分类。在人工筛选阶段，由于参与的人力较多，且筛选分类的标准参差不齐，常常会带来大量分类误差。为了减小分类误差，一般是通过多级人工审核机制纠正分类误差以确保数据质量，但此方法会耗费大量的人力和时间，数据清洗效率低下。

【问题及效果】

本申请提供一种分类模型的训练方法，可以基于预设数据集训练分类模型直到所述分类模型的精度达到标准值，通过基于半自动的清洗方式来保证目标数据集中各个数据的质量，而不需要通过多级人工审核机制来保证数据质量，大大节约人力成本，提高数据清洗效率，同时基于该目标数据集训练分类模型，还可以提高分类模型的精度和性能。

【具体实施方式】

本申请具体实施方式涉及一种分类模型训练方法，包括如下步骤：

步骤 102：基于预设数据集训练分类模型直到所述分类模型的精度达到标准值；其中，所述预设数据集中的数据均携带标注信息。

将构建的预设数据集预先存储在终端或服务器，其中，预设数据集中包括大量且足够用于训练分类模型的数据，该数据可以是图像数据、视频数据、文字数据、语音数据等。以图像数据为例进行说明，根据需要训练的学习任务，每个数据均携带了标注信息，其标注信息是人工标注而成，即，标注信息表示人工赋予该图像数据的标签。标注信息包括图像类别和对象类别中的至少一种。其中，图像类别可以理解为图像数据中背景区域的训练目标，例如，风景、海滩、雪景、蓝天、绿地、夜景、黑暗、背光、日出/日落、室内、烟火、聚光灯等。对象类别为图像数据中前景区域的训练目标，例如，人像、婴儿、猫、狗、美食等。

步骤 104：基于训练后的所述分类模型对所述预设数据集内每个数据进行识别，以获取每个所述数据的类别信息。

当训练后的分类模型的精度达到标注值时，根据训练后的分类模型来识别预设数据集内的每个数据，并获取每个数据的类别信息。当分类模型为神经网络时，利用神经网络对图像数据的背景进行分类检测，输出第一置信度图，以及对图像数据的前景进行目标检测，输出第二置信度图；其中，第一置信度图中的每个像素点表示图像数据中每个像素点属于背景检测目标的置信度，第二置信度图中的每个像素点表示图像数据中每个像素点属于前景检测目标的置信度；根据第一置信度图和第二置信度图进行加权得到图像数据的最终置信度图；根据最终置信度图确定图像数据的类别信息。

步骤 106：当所述数据的类别信息与标注信息不一致时，对所述数据进行清洗，以获取目标数据集。

预设数据集中的每个数据都具有标注信息，该标注信息是基于人工标注的方式来形成的。同时，基于训练后的分类模型，可以对预设数据集中的每个数据进行识别，并获取相应的类别信息。对于同一数据，获取并对比该数据的标注信息以及类别信息，当类别信息与标注信息不一致时，则对该数据进行清洗，以获取目标数据集。

步骤 108：基于所述目标数据集再次训练所述分类模型。

移动终端可以基于目标数据集再次训练该分类模型。其中，再次训练分类模型的方式与步骤 102 中的训练分类模型的方式相同。由于保证了输入至该分类模型中的各个数据的质量，因此，可以提高分类模型的性能，也可以提高该分类模型精度的可信度。

【权利要求】

一种分类模型的训练方法，其特征在于，包括：

基于预设数据集训练分类模型直到所述分类模型的精度达到标准值；其中，所述预设数据集中的数据均携带标注信息；

基于训练后的所述分类模型对所述预设数据集内每个数据进行识别，以获取每个所述数据的类别信息；

当所述数据的类别信息与标注信息不一致时，对所述数据进行清洗，以获取目标数据集；

基于所述目标数据集再次训练所述分类模型。

【案例分析】

本申请涉及一种分类模型的训练方法，处理的对象是数据集，仅就当前权利要求限定的解决方案，其中并未限定上述数据集的来源，也未限定是何种数据的集合，因此，该解决方案属于对通用数据的处理。

该权利要求请求保护的模型训练方法具有通用性，不涉及任何具体的应用领域，也未体现出与计算机系统的内部结构存在何种技术上的关联。该方案中利用带有标注信息的预设数据集进行训练，所述标注信息的作用是校正分类结果，从而达到数据清洗的目的，引入上述数据清洗步骤的作用是使分类模型的分类结果向与标注信息确定的类别一致的方向迭代。即，该方案本质上是利用算法本身的改进来解决数据集分类精度和性能的问题，不构成技术问题，所采用的手段不构成遵循自然规律的技术手段，据此相应获得的效果也不属于技术效果。因此，该权利要求的方案不属于《专利法》第 2 条第 2 款规定的技术方案，不属于专利保护的客体。

◉ 案例 2-3-2　基于重训练的神经网络剪枝量化方法

【背景技术】

神经网络模型相比其他传统机器学习方法，具有更强的表征能力。在采用神经网络模型训练时，为了追求更高的模型性能，选取的网络结构复杂度往往会大于问题所需，导致训练好的神经网络模型具有很高的冗余性。因此，在保持模型精度的情况下，对深度网络模型进行压缩，受到越来越多的关注。

针对神经网络模型的压缩问题，现有的解决方法有：

（1）对深度网络模型进行直接剪枝量化处理（不重训练），该方法虽然处理简单，但是难以兼顾模型精度和压缩收益。实际中许多神经网络模型不允许或仅允许轻微的模型精度下降，导致直接剪枝方法很难取得好的压缩收益。而当前存在的重训练方法则仅对网络的权重做处理，未考虑对数据的处理同样会对模型压缩带来收益。实际上对模型权重和数据同时做剪枝量化处理，等同于对模型权重做了双重约束，通过重训练获得的模型更具稀疏性。

（2）采用知识蒸馏的方法提炼小网络，虽然蒸馏的网络相比原来的网络小，但仍需要重新训练，耗费仍然较大，而且在保持原有模型精度不变的情况下，不一定成功蒸馏出小网络。

【问题及效果】

本申请将剪枝量化技术加入深度网络重训练中，对模型的权重和数据同时做剪枝量化处理。为了解决上述问题，通过对处理的模型重训练，得到一种更适合于推断的权重分布，从而保持模型精度的同时取得较好的网络压缩收益，提升神经网络模型在实际推断中的速度。

【具体实施方式】

本申请的具体实施方式涉及一种适用于 MobileNet_v2 深度卷积神经网络，主要涉及两个迭代训练，内部迭代是对某种剪枝量化处理后的重训练，外部迭代是对不同的剪枝量化处理策略的重训练。

将已训练好的 MobileNet_v2 模型权重载入重训练系统中，选取部分或全部网络层用于剪枝量化处理，本实施方式中选取所有的 MobileNet_v2 网络层，即对整个模型做剪枝量化处理。由于剪枝量化先后顺序不影响最终结果，采用了先量化后剪枝方式。

对 MobileNet_v2 模型权重和数据设定量化比特。原则上量化比特可选 $[2, T]$ 中的任意整数。具体量化比特位可根据神经网络模型和实际需求选取，由于训练的 MobileNet_v2 是基于 32 位浮点型数据类型，此处量化比特统一设定为 8bit。

根据已设定的量化比特对 MobileNet_v2 模型权重和数据量化。

设定 MobileNet_v2 模型的剪枝比例，这里提供三种方式：其一，随机法，即随机初始化剪枝比例；其二，一致法，即所有层的权重和数据的剪枝比例设定相同；其三，侧重法，权重和数据占整个模型越大，设定的剪枝比例越高。为了得到较好的剪枝策略，在外部迭代中会覆盖上述三种选取剪枝比例的策略。

根据已设定的剪枝比例对 MobileNet_v2 模型权重和数据进行小值清零处理。然后，对量化剪枝后的权重和数据做其他相关处理，如 BN、RELU 等。接下来，计算模型的损失。由于该实施方式是分类任务，采用交叉熵损失，并进行反向传播更新模型权重。在反向传播中，根据链式法则求导。其中对剪枝量化处理的偏导置为 1，即剪枝量化操作无更新处理。实质只对剪枝量化处理前的权重进行更新。

模型反向更新后，根据设定的内部迭代步数重训练。由于模型重训练相当于微调训练。为防止模型发散，学习率相比初始训练要小，相应的迭代步数也不宜过大。

在达到迭代步数后，将重训练后的 MobileNet_v2 模型进行测试集评估精度。根据精度是否满足设定阈值，决定是否保存该次剪枝量化的重训练模型。若模型精度满足要求，则在保存模型的同时计算模型压缩率。

此外，在达到迭代步数时，还要判断是否所有的模型剪枝量化策略已迭代完。若没有，开始新一次的剪枝量化迭代。若完成，则从所保存的模型中挑选压缩比最大的模型作为最终的输出模型。

【权利要求】

一种基于重训练的神经网络剪枝量化方法，其特征在于，该方法包括：

S1：载入已训练好的神经网络模型；

S2：对步骤 S1 中训练好的神经网络模型中的权重和数据同时进行剪枝处理和量化处理；

S3：在步骤 S2 基础上对权重更新以及迭代重训练，所述对权重更新是步骤 S2 中剪枝量化前的权重；利用剪枝量化后的权重和数据，对剪枝量化前的权重进行更新以及迭代重训练；

S4：将步骤 S3 完成重训练得到的神经网络模型进行测试集评估，依据评估结果判断是否保存该模型；同时根据设定的条件，判断是否返回步骤 S1 重新进行下一轮重训练；

S5：依据神经网络模型压缩比评价指标，从步骤 S4 保存的模型中输出最优的剪枝量化模型。

【案例分析】

该权利要求请求保护一种基于重训练的神经网络剪枝量化方法，其对已训练好的神经网络模型的权重和数据同时进行剪枝处理和量化处理，并利用剪枝量化后的权重和数据，对剪枝量化前的权重进行更新以及迭代重训练；随后对重训练后的模型进行测试集评估，以及依据压缩比评价指标，输出最优的剪枝量化模型，其效果是提高神经网络模型本身的稀疏性和精度。

可见，该方案未限定算法的应用领域，是对通用神经网络模型的处理。其对于神经网络模型进行剪枝和量化的处理过程与计算机系统的内部结构并未产生特定的技术关联。具体而言，该模型优化过程对计算机系统的体系结构、硬件装置以及输入、存储、计算、输出等固有功能未带来任何技术上的改进，并也未带来硬件运算效率或执行效果的提升。

该方法解决的是神经网络模型本身的结构和参数进行优化的问题，不属于技术问题；该方法神经网络模型进行剪枝和量化处理的过程本质上仍然是模型本身的优化，不属于遵循自然规律的技术手段；据此获得的"神经网络模型的运行速度提高"的效果是模型本身的优化带来的效果，不属于技术效果。因此，该权利要求请求保护的方案不属于《专利法》第 2 条第 2 款规定的技术方案，不属于专利保护的客体。

● 案例 2-3-3　压缩感知观测矩阵生成方法

【背景技术】

香农采样定理指出：为了不失真地恢复模拟信号，采样频率应该不小于模拟信号频谱中最高频率的 2 倍。压缩感知是一种寻找欠定线性系统的稀疏解的技术。随着物联网技术的普及，压缩感知技术被应用于电子工程尤其是信号处理中，用于获取和重构稀疏或可压缩的信号。压缩采样作为一个新的采样理论，通过开发信号的稀疏特性，在远小于香农采样率的条件下，采用随机采样获取信号的离散样本，然后通过非线性重建算法完美的重建信号。

【问题及效果】

压缩感知中，记 x 为原始信号，y 为压缩采样后的观测信号，φ 是观测矩阵，则有：$y = \varphi x$。压缩采样理论的一个重要部分是观测矩阵 φ 的设计，旨在降低维数的同时保证原始信号 x 的信息损失最小。传统的测量矩阵一般选用高斯随机矩阵，但其存储空间大，不易通过硬件实现。

为解决上述问题，本申请通过对产生的循环矩阵做列抽取与列符号翻转工作，生成测量矩阵，无论是循环矩阵的产生还是对循环矩阵的操作都很简单，硬件也容易实现，存储空间小。

【具体实施方式】

本实施方式提供了一种压缩感知观测矩阵生成方法，该方法包括以下步骤：

（1）通过线性移位寄存器阵列产生一个 $M \times N_{ext}$ 的高维循环矩阵 φ。其中，循环矩阵是一种特殊形式的 Toeplitz 矩阵，它的行向量的每个元素都是前一个行向量各元素依次右移一个位置得到的结果。由于循环矩阵的特殊结构形式，循环矩阵可以通过一个线性移位寄存器阵列产生。显然，这样产生的矩阵元素之间的相关性很大，并不满足压缩感知中测量矩阵设计中低相关性的基本原则。因此，需要对循环矩阵做改造和修正的操作。

（2）对于产生的高维循环矩阵 φ，按照每次抽取列数为 1、每次抽取间隔为从 1 依次递增到 5 的方式抽取列元素，当间隔的列数达到 5 时，再次按照每次抽取列数为 1、每次抽取间隔为从 1 依次递增到 5 的方式抽取列元素，直至抽取出来的列元素组成一个 $M \times N$ 的矩阵，其中，$N = \dfrac{1}{5} N_{ext}$。

其中，按照每次抽取 1 列、每次抽取的列数间隔为从 1 依次递增到 5 的方式抽取列元素，具体是：依次按照间隔 1 列、抽取 1 列、间隔 2 列、抽取 1 列、间隔 3 列、抽取 1 列、间隔 4 列、抽取 1 列、间隔 5 列、抽取 1 列的方式抽取列元素。矩阵操作的数学表达式可以表示为：$\varphi_s = \varphi S$，其中 S 为满足抽取规律构成的方阵。

（3）对于 $M \times N$ 的矩阵 φ_s，按照每次选择的列数为 1、每次间隔的列数从 1 依次递增到 9 的方式，对被选中的列元素进行符号翻转，当间隔的列数到达 9 时，再次按照每次选择的列数为 1、每次间隔的列数从 1 依次递增到 9 的方式，从中选择列元素进行符号翻转，直至矩阵中满足规律的列都被处理，形成压缩感知观测矩阵 φ_{new}。

经过（2）中抽取操作后，虽然循环矩阵内部结构被打破，但为了更进一步增进矩阵元素之间的非相关性，继续对新的测量矩阵的某些列做符号翻转工作。与（2）中操作类似，按照列间隔满足 $1,2,3,\cdots,9$ 的自然增序，对相应的列进行符号翻转即乘以 -1 操作。当列间隔达到最大间隔 9 时，重新按照 1~9 这样的间隔规律对列抽取，如（3）中所述。翻转操作用数学表达式可以表示为：$\varphi_{new}=\varphi_s F$，其中 F 为满足选择规律构成的方阵。

整个观测矩阵的产生综合来看，总过程数学表达式为：$\varphi_{new}=\varphi_s F$。

【权利要求】

一种压缩感知观测矩阵生成方法，其特征在于，该方法包括：

（1）通过线性移位寄存器阵列产生一个 $M \times N_{ext}$ 的高维循环矩阵；

（2）对于产生的高维循环矩阵，按照每次抽取列数为 1、每次抽取间隔为从 1 依次递增到 5 的方式抽取列元素，当间隔的列数达到 5 时，再次按照每次抽取列数为 1、每次抽取间隔为从 1 依次递增到 5 的方式抽取列元素，直至抽取出来的列元素组成一个 $M \times N$ 的矩阵，其中，$N = \dfrac{1}{5} N_{ext}$；

（3）对于 $M \times N$ 的矩阵，按照每次选择的列数为 1、每次间隔的列数从 1 依次递增到 9 的方式，对被选中的列元素进行符号翻转，当间隔的列数到达 9 时，再次按照每次选择的列数为 1、每次间隔的列数从 1 依次递增到 9 的方式，对被选中的列元素进行符号翻转，直至矩阵中满足规律的列都被处理，最终形成压缩感知观测矩阵。

【案例分析】

该权利要求记载的方案通过线性移位寄存器生成观测矩阵，对其进行翻转、抽取需要特定的硬件装置（即，线性移位寄存器阵列）来实现，其利用有规律地抽取和翻转得到存储空间小的观测矩阵，能够在保证信号损失最小的前提下，对信号降维以节省存储空间，易于硬件实现。该方案中，通过线性移位寄存器的阵列来实现循环矩阵操作，体现了算法特征与计算机系统的内部结构的特定技术关联，对计算机系统的内部性能带来了技术上的改进，通过对信号压缩算法的优化处理实现了信号采集过程的优化。

该权利要求请求保护的方案解决的减少存储空间、易于硬件实现的问题属于技术问题，其采用的通过线性移位寄存器的阵列生成压缩观测矩阵的手段是符合自然规律的技术手段，据此获得的提高运算速度、降低信息存储空间的效果属于技术效果。因此，该权利要求的方案属于《专利法》第 2 条第 2

款规定的技术方案，属于专利保护的客体。

（二）硬件仅为算法运行载体

● 案例 2-3-4　卷积神经网络优化方法

【背景技术】

卷积神经网络是一类包含卷积计算且具有深度结构的多层神经网络，是深度学习的代表算法之一，擅长处理图像特别是大图像的相关机器学习问题。随着数字电子技术的不断发展，各类人工智能芯片的快速发展对于神经网络处理器的要求也越来越高。卷积神经网络算法作为智能芯片广泛应用的算法之一，运行于神经网络处理器中。

【问题及效果】

传统的卷积神经网络结构中存在大量连续的卷积层、批次归一化（Batch Norm）层和 Scale 层结构，在进行前向传播时，Batch Norm 层和 Scale 层的构建和执行消耗了大量计算资源，并且在执行卷积计算过程中并没有起到太大作用，反而让网络结构重复、复杂。

为解决上述问题，本申请提供了一种能够优化卷积神经网络结构的卷积神经网络优化方法。该方法能够在不损失网络精度的前提下，大幅度提升网络性能；同时，实现网络融合后删除冗余神经网络层，能够简化网络结构，提升网络运行速度。

【具体实施方式】

卷积神经网络优化系统包括：存储器和处理器，存储器上存储有处理器可执行的指令；存储器可以进行片内存储，也可以进行片外存储；处理器包括多个处理器核，每一处理器核可以通过内总线进行通信，执行不同的任务。

本实施方式提供了一种卷积神经网络优化方法，该方法在上述卷积神经网络优化系统上运行，包括以下步骤：

步骤 202：获取配置参数。其中，配置参数包括 Batch Norm 层的第一训练参数及 Batch Norm 层的第二训练参数。可以从 Caffe 模型中获取用于执行 Batch Norm 层的卷积计算的第一训练参数及第二训练参数。Caffe 指的是卷积神经网络框架，即一种常用的深度学习框架。Caffe 的源码文件支持配置和更改，也就是说，在配置 Caffe 的过程中可以对模型进行重新定义和优化。

步骤 204：将步骤 202 中获取到的 Batch Norm 层的第一训练参数与卷积层

的权值参数进行融合计算，得到第一融合结果。

作为一种可选的实施方式，所述 Batch Norm 层的第一训练参数包括用于执行 Batch Norm 层的卷积计算的至少一个第一训练子参数。若 Batch Norm 层的第一训练参数包括多个第一训练子参数，则将 Batch Norm 层的所有第一训练子参数与卷积层的权值参数进行融合计算。

步骤 206：将步骤 202 中获取到的 Batch Norm 层的第二训练参数与卷积层的偏置参数进行融合计算，得到第二融合结果。所述 Batch Norm 层的第二训练参数包括用于执行 Batch Norm 层的卷积计算的至少一个第二训练子参数。若 Batch Norm 层的第二训练参数包括多个第二训练子参数，则将 Batch Norm 层的所有第二训练子参数与卷积层的偏置参数进行融合计算。

步骤 208：根据步骤 204 中得到的第一融合结果和步骤 206 中得到的第二融合结果，完成对该卷积神经网络的优化。

【权利要求】

一种卷积神经网络优化方法，其特征在于，所述方法包括：

获取第一配置参数及第二配置参数，其中，所述第一配置参数包括 Batch Norm 层的第一训练参数及 Batch Norm 层的第二训练参数；所述第二配置参数包括 Scale 层的第一训练参数及 Scale 层的第二训练参数；

将所述 Batch Norm 层的第一训练参数以及所述 Scale 层的第一训练参数与卷积层的权值参数融合，得到第一融合结果；

将所述 Batch Norm 层的第二训练参数以及所述 Scale 层的第二训练参数与卷积层的偏置参数融合，得到第二融合结果；

根据所述第一融合结果以及所述第二融合结果，对所述卷积神经网络进行优化。

【修改后的权利要求】

一种卷积神经网络优化方法，其特征在于，所述方法包括：

<u>处理器从深度学习框架中</u>获取第一配置参数及第二配置参数，其中，所述第一配置参数包括 Batch Norm 层的第一训练参数及 Batch Norm 层的第二训练参数；所述第二配置参数包括 Scale 层的第一训练参数及 Scale 层的第二训练参数；<u>所述深度学习框架的源码文件支持配置和更改，所述深度学习框架用于利用机器学习算法通过训练得到的数学模型，所述数学模型包含 Batch Norm 层、Scale 层和卷积层；</u>

<u>处理器</u>将所述 Batch Norm 层的第一训练参数以及所述 Scale 层的第一训练

参数与卷积层的权值参数融合，得到第一融合结果；

处理器将所述 Batch Norm 层的第二训练参数以及所述 Scale 层的第二训练参数与卷积层的偏置参数融合，得到第二融合结果；

处理器根据所述第一融合结果以及所述第二融合结果，对通过所述深度学习框架得到的所述数学模型的卷积神经网络进行优化。

【案例分析】

该权利要求请求保护一种卷积神经网络优化方法，通过对卷积神经网络结构中的 Batch Norm 层和 Scale 层的不同的训练参数与卷积层的不同参数进行融合，来对卷积神经网络进行优化，该方案的实质为算法本身的优化。修改后的权利要求加入了硬件相关特征，例如，为了突显方法步骤的执行主体而在每个步骤前限定"处理器……"，为了突显算法的执行环境而增加"深度学习框架"相关限定，仅仅从形式上体现硬件参与。

然而，修改后的方案中"处理器"仍然是作为执行上述算法的计算机程序的运行载体，其在方案中仅仅是发挥其固有的数据处理功能；而"深度学习框架"也仅仅是进一步明确了该算法的执行环境，这种生硬植入硬件特征的修改方式，并不能使得修改后的方案体现出算法特征与计算机系统的内部结构存在何种特定的技术关联，未对计算机系统的体系结构、运算效率、执行效果等带来技术上的改进。因而，修改后的方案实质仍然是算法本身的改进，其解决的"网络结构复杂、重复"的问题是神经网络算法本身的问题，不属于技术问题；其采用的手段是在计算机系统中运行特定的算法以优化神经网络结构，不属于符合自然规律的技术手段；据此获得的"网络性能提升"效果是算法本身优化带来的效果，不属于技术效果。因此，该方案不属于《专利法》第 2 条第 2 款规定的技术方案，不属于专利保护的客体。

● **案例 2-3-5　样本类别标签纠正方法**

【背景技术】

在数据分析建模领域，首先需要保证训练数据的准确性，基于准确的训练数据训练得到的模型才能够为后续使用。一般的数据建模学习由监督学习、非监督学习和半监督学习等组成。监督学习通常用于解决分类问题，主要过程是利用训练数据集学习一个模型，再用模型对测试样本集进行预测。在这个过程中，首先需要准备训练数据集，而训练数据集往往需要事先标注出观测值，对分类来说，标注出的观测值就是训练样本的类别标签。

【问题及效果】

初始状态下，训练样本的类别标签一般是人工通过先验知识标注的。而人工标注的类别标签存在一定的错误，导致训练样本的类别标签不准确。为解决上述问题，亟须一种训练样本类别标签的纠正方案，以提升训练样本类别标签的准确度。

【具体实施方式】

本实施方式提供的样本类别标签纠正方法基于服务器实现，该服务器的硬件结构可以是电脑、笔记本等。该服务器可以包括：处理器，通信接口，存储器，通信总线和显示屏；其中处理器、通信接口、存储器和显示屏通过通信总线完成相互间的通信。

该样本类别标签纠正方法包括：

步骤 S200：对第一样本集合和第二样本集合分别进行聚类，所述第一样本集合聚类后得到至少一个第一聚类簇，所述第二样本集合聚类后得到至少一个第二聚类簇；其中，所述第一样本集合中各第一样本的类别标签为第一类别标签，所述第二样本集合中各第二样本的类别标签为第二类别标签。

第一类别标签和第二类别标签均是预先为样本设定的类别标签。根据先验知识可以确定出两个类别标签的可信度的高低，其中，定义第一类别标签的可信度大于第二类别标签的可信度。

具体实施时，可以通过服务器的通信接口来获取第一样本集合和第二样本集合。对于聚类的算法可以预先存储在存储器中。运算时，由处理器通过通信总线在存储器中读取聚类算法，并利用读取的聚类算法对第一样本集合和第二样本集合分别进行聚类。

上述通信接口可以为通信模块的接口，如 GSM 模块的接口。处理器可能是一个中央处理器 CPU，或者是特定集成电路 ASIC，或者是被配置成一个或多个集成电路。

步骤 S210：确定所述第一聚类簇和所述第二聚类簇间的距离；第一聚类簇可以是一个或多个，第二聚类簇也可以是一个或多个。若第一聚类簇和第二聚类簇均为一个时，可以直接计算第一聚类簇和第二聚类簇的距离。若第一聚类簇和/或第二聚类簇为多个时，则需要计算每一个第一聚类簇与各个第二聚类簇间的距离。

以第一聚类簇为 P 个、第二聚类簇为 Q 个为例，总共需要计算 $P * Q$ 个距离。对于第一聚类簇和第二聚类簇的距离，可以是先确定第一聚类簇的中心点以及第二聚类簇的中心点，进而计算两个中心点的距离，距离可以是欧氏距离，除此之外，还可以选择曼哈顿距离、马氏距离、夹角余弦距离、相关系数、标准化欧氏距离等距离衡量方法。

具体实施时，可以由处理器调取存储器中存储的距离算法，进而按照距离算法计算所述第一聚类簇和所述第二聚类簇间的距离。

步骤 S220：根据所述第一聚类簇和所述第二聚类簇间的距离，确定满足设定距离条件的目标聚类簇对；目标聚类簇对包含所述至少一个第一聚类簇中的一个第一聚类簇，和所述至少一个第二聚类簇中的一个第二聚类簇。根据设定距离条件的不同，目标聚类簇对的个数可以是一个或多个。设定距离条件可以包括两个聚类簇的距离阈值，或者是距离按照大小排序后指定序位的距离所对应的目标聚类簇对。

具体实施时，设定距离条件可以预先存储在存储器中，运算时，由处理器调取设定距离条件，进而根据设定距离条件以及第一聚类簇和第二聚类簇间的距离，确定出目标聚类簇对。

步骤 S230：将所述目标聚类簇对中，第二聚类簇中各第二样本的类别标签从所述第二类别标签修改为可信度高的所述第一类别标签。对于上述确定出的目标聚类簇对，由于其距离满足设定距离条件，因此确定其中有一个聚类簇的类别标签是错误的。进一步，由于先验知识确定出第一类别标签的可信度高于第二类别标签的可信度，因此，将所述目标聚类簇对中，第二聚类簇中各第二样本的类别标签从所述第二类别标签修改为可信度高的所述第一类别标签。

具体实施时，对于修改后样本的类别标签可以通过显示屏进行展示。

【权利要求】

一种样本类别标签纠正方法，其特征在于，包括：

对第一样本集合和第二样本集合分别进行聚类，所述第一样本集合聚类后得到至少一个第一聚类簇，所述第二样本集合聚类后得到至少一个第二聚类簇；

其中，所述第一样本集合中各第一样本的类别标签为第一类别标签，所述第二样本集合中各第二样本的类别标签为第二类别标签，所述第一类别标签的可信度大于所述第二类别标签的可信度；

确定所述第一聚类簇和所述第二聚类簇间的距离；

根据所述第一聚类簇和所述第二聚类簇间的距离，确定满足设定距离条件的目标聚类簇对，目标聚类簇对包含所述至少一个第一聚类簇中的一个第一聚类簇，和所述至少一个第二聚类簇中的一个第二聚类簇；

将所述目标聚类簇对中，第二聚类簇中各第二样本的类别标签从所述第二类别标签修改为可信度高的所述第一类别标签。

【修改后的权利要求】

一种样本类别标签纠正方法，应用于服务器在分类建模任务中，其特征在于，包括：

处理器通过所述服务器的通信接口获取第一样本集合和第二样本集合；

所述处理器通过预先存储在存储器中的聚类算法对所述第一样本集合和所述第二样本集合分别进行聚类，所述第一样本集合聚类后得到至少一个第一聚类簇，所述第二样本集合聚类后得到至少一个第二聚类簇；

其中，所述第一样本集合中各第一样本的类别标签为第一类别标签，所述第二样本集合中各第二样本的类别标签为第二类别标签，所述第一类别标签的可信度大于所述第二类别标签的可信度；

所述处理器调取所述存储器中存储的距离算法确定所述第一聚类簇和所述第二聚类簇间的距离；

所述处理器调取所述存储器中存储的预设距离条件，根据所述设定距离条件以及所述第一聚类簇和所述第二聚类簇间的距离，确定满足设定距离条件的目标聚类簇对，目标聚类簇对包含所述至少一个第一聚类簇中的一个第一聚类簇，和所述至少一个第二聚类簇中的一个第二聚类簇；

所述处理器将所述目标聚类簇对中，第二聚类簇中各第二样本的类别标签从所述第二类别标签修改为可信度高的所述第一类别标签，并通过显示屏展示修改后样本的类别标签，利用类别标签修改后的样本对模型进行训练，得到训练模型。

【案例分析】

原始权利要求请求保护一种样本类别标签纠正方法，然而，权利要求请求保护的方案是一种通用的分类模型训练方法，既没有体现出算法与具体应用领域的结合，也未体现出算法与计算机系统内部结构的关联。申请人为了克服上述缺陷，对权利要求进行修改，加入了计算机硬件相关的特征，例如，将方法的运行环境限定为"应用于服务器在分类建模任务中"；为了强调该方法是由计算机系统执行而加入"处理器通过所述服务器的通信接口获取……""处理器调取存储器中存储的……""通过显示屏展示……"等特征。

然而，修改后的方案仅仅是基于通用的计算机系统执行特定的算法处理步骤。服务器、处理器仅仅是作为计算机程序的运行载体和输入/输出数据的存储部件，显示屏仅仅是作为数据处理结果的展示部件。即，服务器、处理器和显示屏这些硬件装置及其执行的数据存储、读取、运算、输出等操作，仍然是通用计算机系统的各组成部分按照既定的运行步骤以发挥其固有的功能，上述硬件相关特征与算法特征之间不存在特定的技术关联，整体方案未对计算机系统的内部性能带来技术上的改进。

该方案要解决的训练样本类别标签不准确的问题不属于技术问题，其采用的手段是在通用的计算机系统中运行特定的模型训练算法，不属于遵循自然规律的技术手段，据此获得的提升训练样本类别标签准确度的效果是模型训练算法本身的优化带来的效果，并非技术效果。因此，修改后的权利要求请求保护的方案仍然不属于《专利法》第 2 条第 2 款规定的技术方案。

● **案例 2-3-6　神经网络在线模型的验证方法**

【背景技术】

深度学习框架支持多种神经网络在线模型。前向传播和反向传播是神经网络的重要组成部分。前向传播是通过神经网络的输入数据计算输出结果的过程。神经网络中的权值在前向传播阶段不发生变化。反向传播是根据前向传播最后一层的输出数据与目标函数比较得到计算损失函数，计算误差，然后用于更新权值，该过程只有在训练环境下才需要计算。使用人工智能处理器对在线模型进行前向传播验证，对于云上部署和调试具有重要意义。

【问题及效果】

反向传播训练过程为了得到新的权值数据，存在计算机设备资源消耗大的问题。为解决上述问题，本申请提供一种神经网络在线模型的验证方法，计算机设备通过根据在线模型的模型文件获取在线模型的输入数据的规模，根据输入数据的规模生成验证输入数据，其中，验证输入数据的规模与所述在线模型的输入数据的规模一致，根据验证输入数据验证在线模型，如此，通过随机生成在线模型所需的验证输入数据。由于无须提前准备输入数据集，从而，能够便捷地对在线模型的前向传播进行验证。

【具体实施方式】

人工智能处理器可以作为协处理器挂载到主 CPU 上，由主 CPU 为其分配任务。在实际应用中，人工智能处理器可以实现一种或多种运算。例如，以神经网络处理器（NPU）为例，NPU 的核心部分为运算电路，通过控制器控制运算电路提取存储器中的矩阵数据并进行乘加运算。

可选地，人工智能处理器可以包括 8 个集群（cluster），每个 cluster 中包括 4 个人工智能处理器核。

人工智能处理器可以是可重构体系结构的人工智能处理器。可重构体系结构是指，如果某一人工智能处理器能够利用可重用的硬件资源，根据不同的应用需求，灵活的改变自身的体系结构，以便为每个特定的应用需求提供与之相匹配的体系结构，那么这一人工智能处理器就称为可重构的计算系统，其体系结构称为可重构的体系结构。

本申请实施方式提供了一种神经网络在线模型的验证方法，所述方法包括：

步骤 201：根据所述在线模型的模型文件获取所述在线模型的输入数据的规模。

对神经网络在线模型进行验证，可以分别在通用处理器和人工智能处理器上运行在线模型，因此，在通用处理器上运行在线模型时，可通过通用处理器根据在线模型的模型文件获取在线模型的输入数据的规模；在人工智能处理器上运行在线模型时，可通过人工智能处理器根据在线模型的模型文件获取在线模型的输入数据的规模。

步骤 202：根据所述输入数据的规模生成验证输入数据，所述验证输入数据的规模与所述在线模型的输入数据的规模一致。

通用处理器或人工智能处理器可根据所述在线模型的输入数据的规模随机生成验证输入数据，如此，可随机生成在线模型所需的验证输入数据，无须提前准备数据集，从而，可更加便捷地进行在线模型验证。其中，验证输入数据可以是浮点型数据。验证输入数据的规模与在线模型的输入数据的规模一致，可保证在线模型在运行时得到的输出结果能反映较准确的验证结果，从而，可保证验证结果的准确性。

步骤 203：根据所述验证输入数据验证所述在线模型。

本申请实施方式中，可根据随机生成的验证输入数据验证在线模型，具体地，可将验证输入数据输入在线模型，然后运行在线模型，根据在线模型运行是否得到运行结果，可验证人工智能处理器是否存在导致错误的位置，以及，在得到运行结果的情况下，根据运行结果是否正确来验证在线模型中是否存在导致错误的位置。其中，对在线模型进行前向传播验证，可在通用处理器上运行该在线模型，以及在人工智能处理器上运行该在线模型。

上述步骤 203 中，根据所述验证输入数据验证所述在线模型，可包括以下两个步骤：

步骤 31：根据所述在线模型的权值文件获取所述在线模型的第一权值数据；

步骤 32：根据所述验证输入数据和所述第一权值数据验证所述在线模型。

在通过通用处理器或人工智能处理器运行在线模型的过程中，可通过通用处理器或人工智能处理器读取权值文件中的第一权值数据，然后将第一权值数据和验证输入数据输入在线模型中，运行在线模型，其中，在通过通用处理器运行在线模型时，可得到对应的第一日志文件，在通过人工智能处理器运行在线模型时，可得到对应的第二日志文件，进而，若在线模型运行时出现错误，可根据第一日志文件和第二日志文件对导致错误的位置进行定位。

【权利要求】

一种神经网络在线模型的验证方法，其特征在于，所述方法包括：

根据所述在线模型的模型文件获取所述在线模型的输入数据的规模；

根据所述输入数据的规模生成验证输入数据，所述验证输入数据的规模与所述在线模型的输入数据的规模一致；

根据所述验证输入数据验证所述在线模型，具体为：

根据所述在线模型的权值文件获取所述在线模型的第一权值数据；根据所述验证输入数据和所述第一权值数据验证所述在线模型，包括：将所述验证输入数据和所述第一权值数据输入所述在线模型，分别在通用处理器和人工智能处理器上运行所述在线模型；

若所述在线模型在所述通用处理器上运行得到第一日志文件，所述在线模型在所述人工智能处理器上运行得到第二日志文件；且根据所述第一日志文件和所述第二日志文件确定的误差不满足预设误差范围，则确定所述在线模型中导致错误的错误层。

【案例分析】

权利要求请求保护一种神经网络在线模型的验证方法，其根据在线模型文件确定输入数据和验证输入数据的规模，在通用处理器和人工智能处理器上分别运行在线模型，从而对在线模型的前向传播进行验证。从撰写形式上看，权利要求中不仅限定了特定的计算机硬件装置（通用处理器和人工智能处理器），还记载了分别在不同处理器上运行神经网络模型并根据运行结果执行后续判断的步骤。

该方案中，通用处理器和人工智能处理器是执行特定算法的计算机程序的运行载体，包括这两类处理器的计算机硬件系统作为程序的运行环境。程序本身仅仅是上述计算机系统中被执行的对象，即，该神经网络模型是被验证的检测对象。该方案中算法相关特征并未使得通用处理器和人工智能处理器所构成的计算机系统的体系结构有所改进，也未对计算机系统的运算效率、执行效果带来技术上的改进，也就是说，算法特征与计算机系统的内部结构之间不存在特定的技术关联。

尽管该方案不涉及计算机系统内部性能的改进，但是，该方案在通用处理器和人工智能处理器所构成的计算机系统中分别运行待验证的神经网络模型，比较两次运行过程分别生成的第一和第二日志文件以定位该模型中的错误层，上述过程本质上与软件测试中的错误定位并无不同。也就是说，就整体方案而言，该方案能够解决对神经网络在线模型前向传播进行快速验证的技术问题，其通过不同处理器运行算法以生成各自的日志文件、通过分析日志文件来定位错误，采用了符合自然规律的技术手段，并据此获得了提高模型验证效率的技术效果。因此，权利要求请求保护的方案属于《专利法》第2条第2款规定的技术方案，属于专利保护的客体。

（三）算法特征与计算机系统结构紧密结合

● 案例 2-3-7　多输入多输出矩阵最大值池化向量化实现方法

【背景技术】

卷积神经网络是当前深度学习算法模型中应用得最多的一种神经网络模型，同时也是识别率最好的一种模型，卷积神经网络模型中一般包括矩阵卷积、激活函数、最大值池化或平均值池化、局部线性归一化操作等。池化层位于卷积层之后，一般通过卷积层获得特征之后，再利用这些特征去做分类，理论上可以使用所有提取得到的特征去训练分类器，但这样会面临来自巨大计算量上的挑战。假设有一个 96×96 像素的输入图像，已经学习得到 400 个定义在 8×8 输入上的特征，每个特征和输入图像卷积都会得到一个 $(96-8+1) \times (96-8+1) = 7921$ 维的输入卷积特征，由于有 400 个特征，所以每个样例都会得到一个 $89 \times 89 \times 400 = 3168400$ 维的卷积特征向量，而学习这么大规模的分类器容易出现过拟合。

池化操作是对卷积特征向量进行降维的一种重要方法，可以计算图像一个区域上的某个特定特征的平均值（或最大值），这些概要统计特征不仅具有很低的维度，同时还会改善结果，不易出现过拟合。此外，池化操作还具有平移不变形，即图像经过一个小的平移之后，依然会产生相同的池化特征，而这种特性在物体检测、图像识别、语音识别等领域具有重要的应用前景，例如，当处理一个 MNIST 数据集数字的时候，把它向左侧或右侧平移，那么不论最终的位置在哪里，分类器仍然能够精确地将其分类为相同的数字。

随着高密度大型线性方程组的求解、高清视频编解码、5G 通信、数字图像处理等高密集、实时运算应用的不断涌现，计算机的体系结构出现了显著的变化，一些新型体系结构不断涌现，如 GPU 的众核体系结构、异构多核体系结构和向量处理器体系结构等，这些新型的体系结构在单芯片上集成了多个处理器核，每个核上包含丰富的处理部件，进而大幅度提高了芯片的计算性能。

【问题及效果】

向量处理器一般包括向量处理器单元（VPU）和标量处理单元（SPU），向量处理部件中通常包含多个并行的向量处理单元（VPE），VPE 之间可以通过规约和混洗进行数据交互，所有的 VPE 基于 SIMD 执行同样的操作。以一个最大值池化窗口为 3×3 的矩阵为例，现有技术中最大值池化实现方式通常都是将池化窗口中的元素逐个进行比较，然后取所有元素中的最大值作为该池化窗口中的最终结果元素，上述最大值池化计算方式难以实现并行化，尤其是针对多处理部件、多功能单元的向量处理器来说，由于数据不连续，处理器的计算效率非常低，尤其是由于卷积神经网络中，具有多个输入特征图和多个输出特征图，相应地就会有多个进行最大值池化的输入特征图和多个输出特征图，多个输入输出会极大地降低计算效率。

为解决上述问题，本申请提出一种多输入多输出矩阵最大值池化向量化实现方法，通过对输入的多维数据进行重排序，使得可以由多个向量处理单元 VPE 并行独立地执行最大值池化计算，从而将不易并行的多输入多输出矩阵最大值池化操作转换成易于并行的向量化操作，能够在降低多维最大值池化计算时间的同时，大大提高向量处理器的利用率。

【具体实施方式】

本申请的具体实施方式中，输入数据是卷积神经网络中经过激活函数（ReLU、Sigmoid 或 Tanh）处理过后的数据，即适用于卷积神经网络中经过激活函数处理后的数据进行最大值池化处理，输入数据可以是单/双精度浮点值或 8 位、16 位定点值，计算出的输出值用于后续卷积层的计算。

设定向量处理器中向量处理单元 VPE 的数量为 M、输入特征图的数量为 N，且输入特征图具体为一个三维矩阵的方阵，即包括高度、宽度、数量，且高度和宽度相等，尺寸为 $n×n$，本实施方式实现多输入多输出矩阵最大值池化向量化的具体步骤包括：

S1：确定向量处理器单核可以同时计算的输入特征图数量；

S2：每次取 N 张输入特征图中 M 个输入特征图进行排序，直至完成所有 N 张输入特征图的排序，得到重排序结果，其中 M 为向量处理器中向量处理单元 VPE 的数量；

S3：将步骤 S2 中重排序结果传输至向量处理器核内 AM 中；

S4：每次向量加载 AM 中的一行数据，依次与其他行进行最大值比较，得出 M 个输入特征图的最大值池化结果，最终完成 N 张输入特征图的最大值池化操作。

步骤 S1 中具体根据向量处理器中向量处理单元 VPE 的数量 M、输入特征图的数量 N 确定向量处理器中单核可以同时计算的输入特征图数量。一般输入特征图的数量 N 远大于向量处理单元 VPE 的数量 M，具体取 N 为 M 的整数倍。输入特征图数量 N、特征图尺寸 n 由神经网络模型的参数决定，当神经网络模型确定了之后即可确定。

所述步骤 S4 的具体步骤为：

S41：取 AM 中输入特征图的一个 $k×k$ 池化窗口；

S42：在当前池化窗口内向量加载 AM 中输入特征图的第 1 行，与第 2 行进行最大值比较，将比较结果再与第 3 行进行比较，依此比较 $k×k$ 次后，可以同时得出 M 个输入特征图对应位置 $k×k$ 池化尺寸的最大值池化结果；

S43：顺移至下一个池化窗口，返回执行步骤 S42，直至得到 M 个输入特征图第 2 个 $k×k$ 池化尺寸的最大值池化结果，最终完成 N 张输入特征图的最大值池化操作。

【权利要求】

一种多输入多输出矩阵最大值池化向量化实现方法，其特征在于，该方法包括：

根据向量处理器中向量处理单元 VPE 的数量以及输入特征图的通道方向将输入的多个输入特征图进行重排序，使得各向量处理单元 VPE 可以同时进行最大值池化计算，每个向量处理单元 VPE 独立地计算单个的输出特征图，各向量处理单元 VPE 每次计算时，向量加载输入特征图的一行数据，依次与其余各行数据进行比较后，同时得到各个输入特征图对应位置池化尺寸的最大值池化结果；

该方法的具体步骤包括：

S1：确定向量处理器单核可以同时计算的输入特征图数量；

S2：每次取 N 张输入特征图中 M 个输入特征图进行排序，直至完成所有 N 张输入特征图的排序，得到重排序结果，其中 M 为向量处理器中向量处理单元 VPE 的数量；

S3：将所述步骤 S2 中重排序结果传输至向量处理器核内 AM 中；

S4：每次向量加载 AM 中的一行数据，依次与其他行进行最大值比较，得出 M 个输入特征图的最大值池化结果，最终完成 N 张输入特征图的最大值池化操作；

所述步骤 S4 的具体步骤为：

S41：取 AM 中输入特征图的一个 $k \times k$ 池化窗口；

S42：在当前池化窗口内向量加载 AM 中输入特征图的第 1 行，与第 2 行进行最大值比较，将比较结果再与第 3 行进行比较，依此比较 $k \times k$ 次后，可以同时得出 M 个输入特征图对应位置 $k \times k$ 池化尺寸的最大值池化结果；

S43：顺移至下一个池化窗口，返回执行步骤 S42，直至得到 M 个输入特征图第 2 个 $k \times k$ 池化尺寸的最大值池化结果，最终完成 N 张输入特征图的最大值池化操作。

【案例分析】

该申请涉及一种多输入多输出矩阵最大值池化向量化实现方法，通过对多个输入特征图进行重排序，使得多个向量处理单元 VPE 能够并行、独立地执行最大值池化计算，从而将不易并行的多输入多输出矩阵最大值池化操作转换成易于并行的向量化操作。

该方法运行在具有多个处理器核的计算机系统中，多个处理器核不仅作为程序运行载体发挥其固有的数据处理功能，处理器核的数量以及每个处理器核的处理能力还决定了整体方案的实施过程。具体而言，该方案依据计算机系统的体系结构特点（即，向量处理单元 VPE 的数量及其处理能力）、输入特征图的数量、池化窗口的尺寸来确定最优的池化实现方式，根据该最优分配方式将不同的输入特征图交由不同的向量处理单元 VPE 进行处理，充分利用多向量处理器进行并行化操作，有效地提高了向量处理器的利用率，使得计算机系统的整体执行效果得以优化。

该方案要解决的提高多核向量处理器并行性的问题属于技术问题，其所采用将多个输入特征图重排序，使得各向量处理单元 VPE 可以同时进行最大值池化计算的手段，属于遵循自然规律的技术手段。由于该方案的实施与计算机体系的硬件结构和处理性能存在紧密关联关系，其获得的降低多维最大值池化计算时间、提高向量处理器利用率的效果是基于算法特征与计算机内部结构产生特定技术关联而获得的技术效果。因而，权利要求请求保护的方案属于《专利法》第 2 条第 2 款规定的技术方案，属于专利保护的客体。

◉ **案例 2-3-8　用于展开卷积神经网络的张量数据的方法**

【背景技术】

基于卷积神经网络的深度学习技术已经被广泛地应用于图像识别、视频分析、自然语言处理、辅助驾驶等不同的领域。卷积神经网络中的运算量通常很大。期望能够使用诸如通用的中央处理器、图形处理器或专用加速器等硬件高效地执行卷积神经网络中的运算。

【问题及效果】

由于芯片空间、硬件成本、设计复杂度等诸多方面的考虑和限制，卷积神经网络加速器（例如，可以包括乘加单元阵列）通常被设计为能够处理符合某些规范形状（例如，具有规定宽度、高度和/或通道数量）和/或规范数量的张量数据和卷积核，并且支持某些规范步长的卷积运算。然而，实际交由卷积神经网络加速器执行的卷积运算可能各种各样，例如，输入的张量数据和权重参数可能具有各种各样的形状，并且要执行的卷积运算可能具有各种步长。数据和运算的多样性导致卷积神经网络加速器无法直接或无法高效率地处理，甚至根本无法处理。

为解决上述问题，本申请提供一种用于展开卷积神经网络的张量数据的方法，能够获得符合卷积神经网络加速器要求的规范形式的数据和运算参数，从而能够极大地提高卷积神经网络加速器的处理效率。

【具体实施方式】

本实施方式的用于展开卷积神经网络的张量数据的方法可以在卷积神经网络编译器中执行，并生成符合卷积神经网络加速器的硬件规格的规范形式的运算数据和运算参数，从而使卷积神经网络加速器能够高效率地执行卷积神经网络中的运算。

步骤 S110：根据要用于卷积运算的张量数据和卷积神经网络加速器的硬件规格确定扩展维度。其中，要用于卷积运算的张量数据也称为第一张量。

对于一个设计好的卷积神经网络架构，该网络的每个卷积层的输入张量和输出张量的数量、通道数量等，以及每个卷积层的卷积核的数量、形状、通道数量、体素值等均是已知的或者均是可确定的。

对于一个设计好的卷积神经网络加速器，可以知道或明确该卷积神经网络加速器的各种硬件规格或硬件参数，例如，卷积神经网络加速器中的乘加器阵列（卷积引擎）中的乘加器的配置方式、卷积神经网络加速器中的片上存储器的存储容量（例如，总容量、单行容量等）、卷积神经网络加速器中的卷积引擎支持的规范步长，并且可以进一步地根据这些硬件规格或硬件参数知道或确定该卷积神经网络加速器能够支持什么样的卷积运算和/或处理什么样的卷积运算的处理效率较高。

如果根据第一张量和卷积神经网络加速器的硬件规格确定第一张量的通道数量过多，例如，超出卷积神经网络加速器的处理能力，或者将导致卷积神经网络加速器的处理效率变低，则可以确定宽度和高度中的至少一个维度作为扩展维度，以便通过将第一张量在扩展维度上展开来降低第一张量在通道方向上的维度值，从而确保卷积神经网络加速器能够高效率地进行处理。

步骤 S120：根据第一张量确定第二张量。为了确保使用展开之后的第二张量执行的卷积运算的结果与使用原始的第一张量执行的卷积运算的结果完全相同，所确定的第二张量在扩展维度上的维度值和通道数量可以分别是第一张量在扩展维度上的维度值的两倍和第一张量的通道数量的一半。

步骤 S130：可以根据用于第一张量的第一卷积核确定用于第二张量的第二卷积核，使得基于第一卷积核和第一张量的第一卷积运算的结果与基于第二卷积核和第二张量的第二卷积运算的结果相同。

第二卷积核在扩展维度的维度方向上的步长可以是第一卷积核在扩展维度的维度方向上的步长的两倍。例如，如果第一卷积核在扩展维度的维度方向上的步长为1，则第二卷积核在扩展维度的维度方向上的步长可以为2。

另外，在第一张量的原始通道数量不是 2 的整数倍的情况下，可以事先例如使用全零数据在通道方向上对第一张量和第一卷积核进行填充，使得填充后的第一张量和相应的第一卷积核的通道数量是 2 的整数倍。

根据不同的实施方式，这样的填充处理可以借助于卷积神经网络加速器的硬件特性（例如，片上存储器的存储策略、乘加器阵列中与通道方向的处理相对应的加法器的配置等）自动完成，而不必专门处理。

【权利要求】

一种用于展开卷积神经网络的张量数据的方法，包括：

根据第一张量和卷积神经网络加速器的硬件规格确定扩展维度；

根据所述第一张量确定第二张量，所述第二张量在所述扩展维度上的维度值和通道数量分别是所述第一张量在所述扩展维度上的维度值的两倍和所述第一张量的通道数量的一半；

根据用于所述第一张量的第一卷积核确定用于所述第二张量的第二卷积核，基于所述第一卷积核和所述第一张量的第一卷积运算的结果与基于所述第二卷积核和所述第二张量的第二卷积运算的结果相同。

【案例分析】

该申请涉及一种用于展开卷积神经网络的张量数据的方法，针对现有的卷积神经网络加速器在执行卷积运算时，受限于芯片空间、硬件成本、设计复杂度等制约，难以处理具有不同宽度、高度或通道数量的张量数据和卷积核的缺陷，将卷积神经网络加速器的硬件规格作为确定神经网络算法执行方式的约束条件，基于第一张量和神经网络加速器的硬件规格来确定扩展维度、第二张量和第二卷积核。

该方案中，卷积神经网络加速器不仅作为计算机系统体系结构的组成部分发挥其固有的数据运算和处理功能，该卷积神经网络加速器的特定硬件规格还作为条件参数对算法的具体执行起到了约束作用。也就是说，该方案中的算法特征与计算机硬件相关特征在功能上彼此相互支持、存在相互作用关系，算法相关特征与计算机系统的内部结构产生了特定的技术关联，提高了卷积神经网络加速器的处理效率，提升了计算机系统的内部性能。

该方案解决的"数据和运算的多样性导致卷积神经网络加速器无法直接或无法高效处理"的问题属于技术问题，其采用的展开卷积神经网络张量数据的处理手段是遵循自然规律的技术手段，并且获得了提升数据处理效率的技术效果。因此，权利要求请求保护的方案属于《专利法》第 2 条第 2 款规定的技术方案，属于专利保护的客体。

● **案例 2-3-9　基于 Spark 分布式内存计算的空间 *K* 均值聚类方法**

【背景技术】

本申请涉及空间大数据，具体涉及一种基于 Spark 分布式内存计算的空间

K 均值聚类方法。在实际生产生活中，经常需要对数据集进行分类，而 K 均值算法是最常用的聚类方法。但是，随着互联网技术的快速发展，原始数据集的大小呈几何式增长，现有技术中的单机聚类方法受到单机内存容量和计算能力的限制，在大数据量条件下的运算性能与稳定性难以满足要求。

【问题及效果】

由于单机的内存容量和计算能力有限，在处理海量数据时，单个计算机的运算性能和稳定性均难以满足运算需求。为解决上述问题，本申请提供了一种基于 Spark 分布式内存计算的空间 K 均值聚类方法，用以解决或者至少部分解决现有技术中的方法存在的效率不高、稳定性不足的技术问题。

【具体实施方式】

本申请通过采用基于 Spark 分布式内存计算模型对包含位置信息的空间大数据进行聚类分析。

RDD 是一种可扩展的弹性分布式数据集，是 Spark 最基本的数据抽象，表示一个只读、分区且不变的数据集合，是一种分布式的内存抽象，不具备 Schema 的数据结构，可以基于任何数据结构创建。

在初始聚类中心选择阶段和正式聚类阶段，均通过分布式计算框架发挥多台计算机的计算能力和存储能力，通过 SparkRDD 将数据集进行分区，每台计算机中只读取一部分数据，并且只针对这部分数据进行并行运算，通过网络进行任务的分发与收集，对整个集群进行协同调度，共同完成空间 K 均值聚类，最终将整个数据集分为 K 个互不相同的类别。

步骤 S1：根据集群中计算节点的数量，对所有输入数据进行分区，将所有数据均匀分布至各个计算节点上。

具体来说，可以根据输入数据的分区字段 SparkID 进行分区，进行数据分区后，可以将所有数据均匀分布至各个计算节点上。

步骤 S2：对分区后的数据进行归一化处理。

为了对数据中的不同单位或量级的指标进行比较，需要先对整个数据集做归一化处理，归一化方法采用离差标准化，对原始数据进行线性变换，使数据落入 [0，1] 区间内。

步骤 S2 具体为采用下述公式对分区后的数据进行归一化处理：

$$x^* = \frac{x - \min}{\max - \min}$$

其中，x^* 为归一化后的值，x 为归一化前的值，min 为所有数据中该列的最小值，max 为所有数据中该列的最大值。

由于每条数据的属性量纲可能不同，为了屏蔽这种差异，本实施方式采用离差标准化方法进行数据归一化处理，使结果落到[0,1]区间，从而消除量纲不同带来的聚类影响，提高聚类结果的准确性。

步骤 S3：采用分布式计算方式从归一化处理后的数据中，确定至少 K 个初始聚类中心，并在本地进行一次聚类分析，将初始聚类中心固定至 K 个。

在正式聚类之前，需要选择合适的初始聚类中心，好的聚类中心能够极大地缩短后续迭代计算的次数，并提高聚类方法的运行效率。初始聚类中心选择的原则是：K 个初始聚类中心间的距离尽可能远。

具体实施过程中，本地聚类是指在单机节点上对聚类中心集合进行一次聚类，当初始中心集合中的数据个数小于 K 时，则重复执行 S3，直到初始中心集合中的记录数大于聚类个数 K；然后针对初始中心集合中的数据进行本地聚类，固定迭代次数，将初始中心集合中的数据聚类为 K 个中心点。通过步骤 S3，则可以确定出 K 个初始聚类中心。

步骤 S4：采用分布式计算方式并行计算所有数据与 K 个初始聚类中心的距离，其中，数据与 K 个初始聚类中心的距离包括数据的空间位置信息，并将数据划分至与该数据距离最小的初始聚类中心所对应的聚类类别，再对所有聚类类别通过 Reduce 计算，更新聚类中心。

具体来说，可以结合 Spark 的 Broadcast 机制、MapReduce 操作来进行距离的计算。步骤 S4 具体包括：

步骤 S4.1：将 K 个初始聚类中心作为 K 个类别，采用并行计算的方式，对所有数据进行类别划分，计算所有样本数据与 K 个初始聚类中心的距离，将每个样本归类到与其距离最近的类别，其中，数据与 K 个初始聚类中心的距离包括数据的空间位置信息；

步骤 S4.2：对计算得到类别，采用计算均值的方式，计算每个类别的新聚类中心。

步骤 S5：重复执行步骤 S4 直至迭代次数超过预设值或者聚类中心不再发生变化，得到更新后的聚类中心。

具体来说，预设值可以根据实际情况进行设置，执行一次步骤 S4 的操作即为一次迭代操作。聚类中心不再发生变化可以是：距离变化小于某一预设的阈值。

步骤 S6：将更新后的聚类中心作为最终聚类中心，对所有数据进行类别划分，将数据划分至与其距离最近的类别。

【权利要求】

一种基于 Spark 分布式内存计算的空间 K 均值聚类方法，其特征在于，包括：

步骤 S1：根据集群中计算节点的数量，对所有输入数据进行分区，将所有数据均匀分布至各个计算节点上；

步骤 S2：对分区后的数据进行归一化处理；

步骤 S3：采用分布式计算方式从归一化处理后的数据中，确定至少 K 个初始聚类中心，并在本地进行一次聚类分析，将初始聚类中心固定至 K 个；

步骤 S4：采用分布式计算方式并行计算所有数据与 K 个初始聚类中心的距离，其中，数据与 K 个初始聚类中心的距离包括数据的空间位置信息，并将数据划分至与该数据距离最小的初始聚类中心所对应的聚类类别，再对所有聚类类别通过 Reduce 计算，更新聚类中心；

步骤 S5：重复执行步骤 S4 直至迭代次数超过预设值或者聚类中心不再发生变化，得到更新后的聚类中心；

步骤 S6：将更新后的聚类中心作为最终聚类中心，对所有数据进行类别划分，将数据划分至与其距离最近的类别。

【案例分析】

由于单机的内存容量和计算能力有限，在处理海量数据时，单个计算机的运算性能和稳定性均难以满足运算需求。针对单机算力不足的问题，该申请提出了一种基于 Spark 分布式处理框架的 K 均值聚类方法，将空间数据集均匀分布到多台计算机的内存中进行并行聚类分析，每个计算节点仅处理部分数据，通过网络进行聚类分析任务的分发与收集，对整个计算集群的协调调度来完成大数据量下的 K 均值聚类。

该方法基于 Spark 分布式处理框架对多个计算节点的内存空间和计算能力进行整合，其根据分布式系统中计算节点的数量，将待处理的数据集进行分区，将计算任务拆分为多个并行的子任务，进一步地，根据数据与 K 个初始聚类中心的距离，将数据划分至与该数据距离最小的初始聚类中心对应的聚类类别，然后迭代地对所有聚类类别执行 Reduce 计算直到聚类中心不再变化，并最终对数据进行类别划分。可见，上述方案中，分布式计算系统的各个计算节点不仅仅是作为多个独立的程序运行载体，多台计算机通过 Spark 框架相互协调配合以支持海量数据的并行计算，从而使得单机难以支持的聚类算法能够在多个计算节点的协作下高效、稳定地执行。也就是说，该方案中的算法特征与计算机硬件相关特征在功能上彼此相互支持、存在相互作用关系，算法相关特征与计算机系统的内部结构产生了特定的技术关联，提高了分布式计算系统整体的数据处理能力和运行效率，提升了计算机系统的内部性能。

该方案解决了单机无法支持大数据量下的聚类运算这一技术问题，其采用的分布式系统架构下并行执行 K 均值聚类的数据处理手段属于遵循自然规律的技术手段，并且获得了提升计算机系统整体算力和稳定性的技术效果。因此，权利要求请求保护的方案属于《专利法》第 2 条第 2 款规定的技术方案，属于专利保护的客体。

（四）计算机系统的硬软件资源被调度

◉ **案例 2-3-10　深度神经网络模型的训练方法**

【背景技术】

现有技术中，除了可以采用单个处理器进行深度神经网络模型的训练之外，为了加快训练速度，还可以采用多个处理器进行模型训练，并且现有技术也提供了多种采用多个处理器进行模型训练的训练方案，如基于数据并行的多处理器方案及基于数据并行与模型并行混合的多处理器方案等。

在模型训练中，为了使最终训练出的模型具有较高的精准度，需要通过迭代处理的方式对模型参数进行多次更新，每一次更新过程即为一次训练过程。例如，在对深度神经网络模型进行训练时，以一次迭代处理过程为例，先将训练数据从深度神经网络模型的首层到末层逐层地进行正向处理，并在正向处理结束后获得误差信息；然后将误差信息从深度神经网络模型的末层到首层逐层地进行反向处理，并在反向处理过程中获得需要进行模型参数更新的层的模型参数修正量；最后根据模型参数修正量对需要进行模型参数更新的层的模型参数进行更新。

【问题及效果】

依照现有技术，如果固定地采用同一种模型训练方案进行模型训练，对于某一些大小的训练数据来说，其训练速度是比较快的，但是对于其他大小的训练数据来说，其训练速度是比较慢的。也就是说，由于固定地采用同一种训练方案不适用于所有大小的训练数据，不会达到最快的训练速度。为此，需要一种深度神经网络模型的训练方法和设备，以解决现有技术中由于固定地采用同一种训练方案对所有大小的训练数据进行训练而导致对其中一些训练数据的训练速度变慢的问题。

本申请在模型训练时，对于不同大小的训练数据，不再固定地采用同一种训练方案进行训练，而选择适用于该训练数据的最佳训练方案进行训练，即，采用训练速度最快的训练方案。这样可以避免由于固定地采用同一种训练方案对所有大小的训练数据进行训练而导致的对其中一些训练数据的训练速度变慢的问题。

【具体实施方式】

本实施方式的深度神经网络模型训练方法，在进行每一次模型训练时，将本次训练的训练数据输入到用于模型训练的处理系统中，由处理系统将训练数据在基于本次训练所确定的最佳训练方案中进行模型训练。在经过多次模型训练之后，处理系统最终输出一个精准度符合用户要求的深度神经网络模型。其中，如果基于本次训练所确定的最佳训练方案为单处理器方案，则在处理系统中仅包含一个处理器，在该一个处理器中布置一个完整的深度神经网络模型，一个完整的深度神经网络模型包含所有用于对训练数据进行映射和运算等处理的处理层。

如果基于本次训练所确定的最佳训练方案为基于数据并行的多处理器方案，则在处理系统中包含多个处理器，例如，共包含 4 个处理器，在 4 个处理器中各布置有一个完整的深度神经网络模型，并且 4 个处理器中的完整的深度神经网络模型是相同的。

如果基于本地训练所确定的最佳训练方案为基于数据并行与模型并行混合的多处理器方案，则在处理系统中包含多个处理器，并且，将该多个处理器平均分成多个组，为每一个组各布置一个完整的深度神经网络模型，将布置在每一个组内的一个完整的深度神经网络模型平均拆分为多个子模型，而经过平均拆分后，每个子模型所包含的处理层的层数相同或基本相同。

步骤 101：当训练数据的大小发生改变时，针对改变后的训练数据，分别计算所述改变后的训练数据在预设的至少两个候选训练方案中的训练耗时。

步骤 102：从预设的至少两个训练方案中选取训练耗时最小的训练方案作为所述改变后的训练数据的最佳训练方案。

步骤 103：将所述改变后的训练数据在所述最佳训练方案中进行深度神经网络模型训练。

通常，深度神经网络模型的训练过程包括正向处理、反向处理、模型参数修正量同步以及模型参数更新四个过程，可以通过如下方式计算改变后的训练数据在一个候选训练方案中的训练耗时。

步骤 201：统计所述改变后的训练数据在所述候选训练方案中的正向处理耗时和反向处理耗时。

步骤 202：统计在一个完整的深度神经网络模型中先后进行正向和反向处理后所产生的模型参数修正量在所述候选训练方案中的同步耗时，以及统计一个完整的深度神经网络模型的模型参数在所述候选训练方案中的更新耗时。

步骤 203：计算所述正向处理耗时、反向处理耗时、同步耗时和更新耗时的总和值，所述总和值即为所述改变后的训练数据在所述候选训练方案中的训练耗时。

【权利要求】

一种深度神经网络模型的训练方法，包括：

当训练数据的大小发生改变时，针对改变后的训练数据，分别计算所述改变后的训练数据在预设的至少两个候选训练方案中的训练耗时；

从预设的至少两个候选训练方案中选取训练耗时最少的训练方案作为所述改变后的训练数据的最佳训练方案；

所述至少两个候选训练方案包括至少一个单处理器方案、至少一个基于数据并行的多处理器方案；

将所述改变后的训练数据在所述最佳训练方案中进行模型训练。

【案例分析】

该权利要求的方案请求保护一种深度神经网络模型的训练方法，预设的候选训练方案包括至少一个单处理器方案及至少一个基于数据并行的多处理器方案，该方法从预设的候选训练方案中根据训练数据在不同的候选训练方案中的训练耗时寻找最佳训练方案，进而进行模型训练。在机器学习的训练阶段，不同数据量大小的训练集适合采用不同的系统配置，即数据量小适合单处理器，数据量大适合多处理器并行处理。

该方案并不是对机器学习算法本身的改进，而是对于不同大小的训练数据，使用不同的训练方案进行训练，计算不同训练方案的训练耗时以确定最后的训练方案，而不同的训练方案与计算机系统（包括单处理器和多处理器）处理训练数据的时间和效率直接相关。也就是说，计算机系统内部性能的改善是基于不同的数据训练方法与处理器执行过程紧密结合产生的，其通过对分布式系统中计算资源的调度来提升计算机系统的整体执行效果。

该方案解决的是固定地采用同一种单处理器或并行多处理器模型训练方案所带来的训练速度慢的问题；采用的是在利用计算机技术进行神经网络模型训练的过程中，基于不同大小的训练数据与计算机系统不同性能处理器的选择适配来实现该训练数据的训练方案的手段。该方案针对单一处理器配置训练方案训练速度慢的问题，遵循了计算机硬件的处理性能和训练数据大小之间的映射规律，实施本申请的方案可获得提高训练速度的技术效果。因此，该权利要求请求保护的方案构成技术方案，符合《专利法》第 2 条第 2 款的规定，属于专利保护的客体。

● 案例 2-3-11　基于分布式内存计算的大数据实时处理方法

【背景技术】

近年来，随着计算机和信息技术的迅猛发展和普及应用，行业应用系统的规模迅速扩大，行业应用所产生的数据呈爆炸性增长。动辄达到数百 TB（太字节）甚至数十至数百 PB（拍字节）规模的行业/企业大数据已远远超出了传统的计算技术和信息系统的处理能力，因此，寻求有效的大数据处理技术、方法和手段已经成为现实世界的迫切需求。

大数据分析按照分析时间的长短一般可以分为实时数据分析和离线数据分析。离线数据分析是针对固定的数据进行数据的分析和计算，而实时数据分析是指数据在产生过程中就可以实时地计算出相关结果信息，并且随着数据的不断更新，结果也随之不断地改变，让用户实时地看到数据的结果。

【问题及效果】

实时运算在互联网、金融等场景下有大量的需求，然而，现有技术缺乏有效的大数据实时处理方法。为解决上述问题，本申请提出了一种基于分布式内存计算的大数据实时处理方法，该方法能够将分布式内存形成统一的资源池，根据实际使用需要按需使用，提高内存的使用效率。在内存允许的情况下，将历史数据都保存在内存中，当发生数据意外无效后，可以查找历史数据快速重新生成目标数据。

【具体实施方式】

本申请的具体实施方式涉及一种基于分布式内存计算的大数据实时处理方法，包含以下的步骤：

a) 客户端初始化；

b) 向资源调度器申请资源，查看系统内资源是否满足任务要求；

c）提交具体的计算算法，以便资源调度器对任务提供的数据进行分析，对资源进行分配，指定资源池队列中的若干内存节点来进行数据计算；

d）初始化内存节点的计算运行环境；

e）接收增量数据，获取增量数据的时间间隔根据配置文件自行定义；

f）对接收到的增量数据，由被指定的若干内存节点进行计算；

g）内存节点各自计算得到局部结果，并将其存在资源池中；

h）将资源池中所有的局部结果集合进行统一运算，得到最终全局的计算结果；

i）上述步骤持续往复，直到任务结束或者被主动关闭。

本申请将任务中要处理的数据以一定时间间隔内的数据量进行打包，将数据包送入资源调度器申请执行；由资源调度器根据资源情况，分配相应的内存节点对收到的数据包进行计算并生成对应的局部结果；数据源处继续产生的数据在到达下一个时间间隔后打包形成下一个数据包，也向资源调度器发送并申请执行；重复上述动作，数据将不停地被处理，同时产生大量的局部的数据结构；再对已经生成的局部结果合并运算（例如，由资源调度器指定空闲的内存节点来进行），得到最终的全局的计算结果。

【权利要求】

一种基于分布式内存计算的大数据实时处理方法，其特征在于：

以分布的多个内存节点各自具有的内存资源形成资源池；

在用户发起任务时，客户端向资源池的资源调度器传输任务，及固定时间间隔内的任务相关的增量数据来申请执行；

对于数据源持续产生的数据，客户端在每次达到固定时间间隔时，将该时间间隔内的数据打包形成的数据包作为增量数据，发送至资源调度器申请执行；

所述资源调度器根据任务需要的内存资源在资源池中进行调配，指定资源池中相应的内存节点对任务相关的增量数据进行计算，并将其各自计算得到的局部结果存入资源池中；

将被指定的各个内存节点计算得到的局部结果合并运算，得到全局的计算结果，向用户发送；

资源调度器指定资源池中空闲的内存节点，进行局部结果的合并运算。

【案例分析】

该申请涉及一种分布式内存计算的大数据实时处理方法，可将计算机系统内的多个分布式内存节点形成逻辑资源池，由资源调度器根据数据实时处理的任务需求对资源池中的内存资源进行分配，执行资源池中的内存节点作为内存计算容器进行数据分析和计算，再合并各内存节点的运算结果得到全量数据的计算结果。

该方案运行在分布式计算环境中，通过虚拟化技术将多个内存节点资源形成资源池，统一进行资源的管理和调度。内存节点不仅作为程序运行载体执行相应的数据处理任务，算法的执行过程还改进了计算机系统内部硬、软件资源（内存资源池）的调度方式，这种优化的系统资源配置使得多个内存节点的存储和运算能力得以综合利用，加快了数据的访问速度和处理速度。

该方案解决了大数据实时处理资源需求大、内存使用率低的技术问题，采用了将多个内存节点的内存资源统一调度等遵循自然规律的技术手段，获得了提高内存使用效率，加快数据处理速度的技术效果。因此，权利要求请求保护的方案属于《专利法》第2条第2款规定的技术方案，属于专利保护的客体。

● 案例 2-3-12　神经网络的前向推理方法

【背景技术】

神经网络的前向推理指的是，针对待推理神经网络在推理平台上创建推理实例和推理引擎，推理引擎基于神经网络输入层的输入数据和推理实例对神经网络的各层进行运算。目前的推理方案为：针对待推理神经网络创建一个推理实例，并在该推理实例内创建一个推理引擎，推理引擎接收输入数据，基于推理实例对整个神经网络的各层按顺序进行运算，即，一个输入数据在不同层上的操作严格串行，并且，不同输入之间也严格串行，即，后一输入数据必须等前一输入数据的输出结果获取后才能运算。

【问题及效果】

现有的推理方法，随着神经网络层数的加深，完成一条数据的输入到输出的计算时间会越来越长，整体的吞吐量越来越小。同时，随着芯片技术的不断发展，各种适用于神经网络的硬件设备的计算能力均得到极大提升，而现有的推理方案使得硬件设备的利用率很低，严重浪费了硬件资源。

本申请提供了一种神经网络的前向推理方法，用以解决现有的推理方案耗时长、效率低，且硬件资源利用率低的问题。与现有的推理方法相比，本申请提供的神经网络的前向推理方法，由于同一时刻有多个推理引擎基于多个输入数据同时进行运算，因此，硬件资源得到充分利用，即提高了硬件资源的利用率，同时，提高了推理效率，提升了数据吞吐量，且在存储资源不变的前提下，节省了存储空间。

【具体实施方式】

本申请实施方式提供的神经网络的前向推理方法，可以包括：

步骤 S101：将目标神经网络划分为多个子网络。其中，目标神经网络为待推理的神经网络，可以理解，目标神经网络一般包括多个隐层，每个隐层之间按顺序执行运算，对于划分得到的多个子网络而言，每个子网络可以包括一个隐层，也可以包括多个连续的相邻隐层，多个子网络之间具有先后依赖关系。

具体地，将目标神经网络划分为多个子网络的过程可以包括：

步骤 S1011. 获取推理平台的硬件设备信息以及目标神经网络的计算量和所需的存储空间。其中，推理平台可以但不限定为 GPU 服务器、TPU（张量处理单元）服务器等，推理平台的硬件设备可以为具有存储能力和计算能力的设备，比如显卡。硬件设备信息可以包括硬件设备的个数、硬件设备的计算能力、硬件设备的存储容量、硬件设备间的传输带宽中的一种或多种，优选为同时包括上述四种信息。

步骤 S1012. 基于推理平台的硬件设备信息以及目标神经网络的计算量和所需的存储空间，将目标神经网络划分为多个子网络。本实施方式将推理平台的硬件设备信息以及目标神经网络的计算量和所需的存储空间作为对目标神经网络进行子网络划分的划分依据。

步骤 S102：在推理平台的硬件设备上创建多个子网络分别对应的推理实例和推理引擎。

具体地，将目标神经网络划分为多个子网络之后，需要为每个子网络创建一个推理实例以及一个推理引擎，其中，推理实例负责其对应的子网络中各隐层的运算，而推理引擎负责接收输入数据，基于输入数据和对应的推理实例完成对应子网络的运算。

步骤 S103：基于多个子网络分别对应的推理实例和推理引擎，对目标神经网络进行前向推理。

由于目标神经网络划分为多个子网络，每个子网络对应一推理引擎和推理实例，因此，一个推理引擎只负责一个子网络（即，部分隐层），这使得同一时刻可以有多个输入数据输入至多个不同的推理引擎，即，同一时刻有多个推理引擎基于输入数据和对应的推理实例进行并行运算。

本实施方式中，并行模式可以为单设备并行模式或者多设备并行模式，如果整个目标申请网络的计算量大于单个设备的计算能力和/或整个目标神经网络所需的存储空间大于单个设备的存储容量，则无论用户设置何种并行模型，都会将最终的并行模式确定为多设备并行模式，从而调用多个设备的资源以保证该神经网络前向推理算法的正常执行；反之，如果单个设备的计算资源和存储资源足够运行该前向推理过程，考虑到多个设备之间的传输时间的开销与设备本身计算时间的开销，则允许优选单设备并行模式。

【权利要求】

一种神经网络的前向推理方法，其特征在于，包括：

将目标神经网络划分为多个子网络，其中，任一子网络包括所述目标神经网络的一个隐层或多个连续隐层；

在推理平台的硬件设备上创建所述多个子网络分别对应的推理实例和推理引擎；

基于所述多个子网络分别对应的推理实例和推理引擎，对所述目标神经网络进行前向推理；

其中，所述将目标神经网络划分为多个子网络，包括：

获取所述推理平台的硬件设备信息以及目标神经网络的计算量和所需的存储空间；

基于所述推理平台的硬件设备信息、所述目标神经网络的计算量和所需的存储空间以及用户配置的并行模式，确定适合所述目标神经网络的并行模式，其中，所述并行模式包括单设备并行模式和多设备并行模式，在所述单设备并行模式下，所述目标神经网络的前向推理基于单个设备实现，在所述多设备并行模式下，所述目标神经网络的前向推理基于多个设备实现；

基于适合所述目标神经网络的并行模式，将所述目标神经网络划分为多个子网络。

【案例分析】

该申请涉及一种神经网络的前向推理方法，针对现有的神经网络前向推理过程仅基于一个推理实例创建一个推理引擎，从而只能执行串行计算的弊端，提出一种基于推理平台的硬件设备信息、神经网络的计算量和所需存储空间以及用户配置的并行模式来确定神经网络的并行模式，并根据所确定的并行模式，将目标神经网络划分为多个子网络，生成对应的多个推理实例和推理引擎，从而使得同一时刻有多个推理引擎并行运算。

上述并行模式是基于计算机系统的硬件性能（推理平台的硬件设备信息）、计算资源需求和存储资源需求及用户设置来确定的。本申请具体实施方式中具体解释为：并行模式可以为单设备并行模式或者多设备并行模式，如果整个目标神经网络的计算量大于单个设备的计算能力和/或整个目标神经网络所需的存储空间大于单个设备的存储容量，则无论用户设置何种并行模型，都会将最终的并行模式确定为多设备并行模式，从而调用多个设备的资源以保证该神经网络前向推理算法的正常执行。也就是说，不同并行模式的选择与计算机系统硬、软件资源的调度直接相关，该方法通过对多处理器系统中计算和存储资源的调度提升了计算机系统的整体运行效率。

该方案解决的现有神经网络推理方法耗时长、效率低、硬件资源利用率低的问题属于技术问题，其采用的基于推理平台的硬件设备信息、目标神经网络的计算量和所需的存储空间以及用户配置的并行模式来确定适合目标神经网络的并行模式，从而将目标神经网络划分为多个子网络进行前向推理等手段，属于遵循自然规律的技术手段，其获得的提高推理效率、提高硬件设备利用率的效果属于技术效果。因此，该权利要求请求保护的方案构成技术方案，符合《专利法》第 2 条第 2 款的规定，属于专利保护的客体。

（五）纯硬件改进

● **案例 2-3-13　用于使用外积之和来计算张量缩并的原生张量处理器的外积单元**

【背景技术】

随着技术的进步，每天都有越来越多的数据被创建和分析。机器学习技术（例如，深度学习和卷积神经网络），作为分析这些大量数据的重要方法，正变得日益重要。然而，这种大型任务的计算性能越来越受到数据量和数据移动的计算成本制约。

传统的并行处理器已经努力处理这些数据量和其导致的数据移动模式。在许多传统的并行处理架构中，包括典型的 GPU 架构，计算单元被布置为一维阵列到三维网格。然而，计算单元通常必须自己从存储器中检索数据。因此，使用了寄存器文件、缓冲和暂存器等技术来减少存储器延迟。然而，这需要在集成电路上增加更多电路，还需要更多能量来为电路供电。

【问题及效果】

可编程数据流机器是一种替代方法。然而，细粒度数据项之间的一般依赖关系通常导致了复杂性和低效率。空间数据流机器（例如，脉动阵列）是另一种替代方法，其中处理元素被排列为网格拓扑，并且可以仅与其所相邻的处理元素通信。然而，这导致了延迟并且处理元素的数目难以成规模。

因此，需要更好的张量处理方法，通过提供使用外积之和来计算张量缩并的原生张量处理器来减少存储器延迟。原生张量处理器优选地被实现为单一集成电路，并且包括输入缓冲器和缩并引擎。输入缓冲器对从片外检索的张量元素进行缓冲，并根据需要将元素传输到缩并引擎。输入缓冲器可以是双缓冲器，使得除了将元素馈送到缩并引擎之外，还可以对从片外检索的张量元素进行优化，减少数据传输时间。

【具体实施方式】

许多深度学习、神经网络、卷积神经网络、监督机器学习和其他机器学习模型使用在层之间具有张量处理的多层架构。在本实施方式中，前一层提供 p 个输入特征映射（输入平面），每个输入特征映射在每个平面具有 m 个输入块。p 个输入平面由 $p \times n$ 的滤波器组滤波，产生具有 n 个输出特征映射（输出平面）的下一层，每个输出特征映射在每个平面具有 m 个输出块。

层之间的处理通常包括张量缩并，或可以表达为张量缩并的处理。张量缩并是矩阵叉积向更高维度张量的延伸。在张量缩并 $TX \times TY = TZ$ 中，两个输入张量 TX 和 TY 各自具有多个维度，其中一些维度是常见的，并且在缩并中被消除。消除的维度被称为缩并指数，非消除的维度被称为自由指数，乘积张量 TZ 具有由自由指数确定的维度。

除了张量缩并之外，所述处理通常还包括相同大小的张量之间的逐元素运算以及应用于张量的"激活"函数。常见的逐元素运算是两个张量的线性组合，表达为 $a\mathrm{TX}+b\mathrm{TY}=\mathrm{TZ}$，其中输入张量 TX 和 TY 以及输出张量 TZ 都是相同大小的，a 和 b 是标量。常见的激活函数是 $\sigma(\mathrm{TX})=\mathrm{TZ}$，其中 $\sigma()$ 是非线性函数，其应用于输入张量 TX 的每个元素，以产生输出张量 TZ。

在张量缩并、元素级运算和激活函数之间，计算和通信负荷通常由张量缩并所支配。张量缩并通常需要比其他两个运算更多的计算，并且通常也需要更多地围绕张量元素移动，以便完成那些计算。所有的这些运算可以在软件中实现，但是，考虑到机器学习模型的大小，优选地通过在硬件中（例如在集成电路中）实现函数来加速这些计算。然而，该硬件使用具有灵活性和可扩展性的架构来扩展其容量，以适应不同大小的张量。

本实施方式中，原生张量处理器优选地实现为单集成电路。原生张量处理器包括缩并引擎，并且可包括元素级处理引擎以及激活引擎。原生张量处理器还包括控制器、输入和输出缓冲器以及连接到计算机系统其他部分的接口。接口被用于与张量传感器存储所在的设备存储器进行通信，并且也被用于与使用 PCI Express 的主处理器进行通信。

设备存储器存储用于张量元素。原生张量处理器从设备存储器中检索这些元素，并计算输出张量。由缩并引擎计算缩并 TX×TY = TZ，并将其输出到元素级处理引擎。元素级处理引擎（可使用加速器实现）计算线性组合，并将其输出到应用非线性函数 σ ( ) 的激活引擎。随后，张量经由接口输出回到设备存储器。

原生张量处理器的许多功能是使用基于该张量矩阵等价性的矩阵来描述的。然而，原生张量处理器没有在张量形式与矩阵形式之间明确地展开和折叠。缩并引擎以相对较小的块消耗元素，因此可以直接从块的张量存储格式中检索块，而无须首先将它们明确地展开为矩阵顺序。该控制器控制到输入缓冲器中的张量元素的检索顺序。

方框中的输入和输出缓冲器是双缓冲器，以控制张量元素进出缓冲区，这种顺列式硬件展开和折叠是有利的，因为与实现快速折叠/展开的方法相比，其避免了不必要的数据复制和传输。

输入缓冲器包括第一缓冲器，其对来自设备存储器的张量元素检索进行缓冲。输入缓冲器还包括第二缓冲器，该第二缓冲器对检索到的张量元素到缩并引擎的传输进行缓冲。缩并引擎可以以与从设备存储器中检索张量元素的顺序不同的顺序来消耗元素，或者，可以以与那些被用来将张量元素传输到缩并引擎的数据块不同（通常更大）的数据块，来从设备存储器中检索张量元素。双缓冲可以有效地弥补这些差异。

缩并引擎通过执行实现等价矩阵 X×Y = Z 的矩阵相乘的计算来计算张量的缩并 TX×TY = TZ。其使用外积之和来执行矩阵相乘。缩并引擎包括分配部段、处理部段和收集部段，其中处理部段包括多个外积单元（OPU），OPU 计算外积。分配部段将全矩阵相乘 X×Y 分割成由 OPU 执行的分量外积计算。收集部段将分量外积求和为矩阵相乘 X×Y 的全积 Z。

分配部段和收集部段包括多个集流元素（CE）。分配部段中的 CE 通常执行分散和/或广播。收集部段中的 CE 通常执行聚集和/或减少。

【权利要求】

一种原生张量处理器，所述原生张量处理器包括输入输出缓冲器、控制器以及外积单元；

所述输入输出缓冲器包括第一缓冲器和第二缓冲器，所述第一缓冲器对来自设备存储器的张量元素检索进行缓冲，所述第二缓冲器对检索到的张量元素到缩并引擎的传输进行缓冲；

所述控制器，控制输入到所述第一缓冲器中的张量元素的检索顺序；

所述外积单元包括输入端、输出端、多个原子处理元件以及缩并引擎，所述缩并引擎包括分配部段和收集部段；

所述外积单元用于使用外积之和来计算张量缩并，其通过外积的总和计算矩阵乘法 $A(i,k)\times B(k,j)=C(i,j)$，其中 $i=1,\cdots,I$ 和 $j=1,\cdots,J$ 是自由指数，$k=1,\cdots,K$ 是缩并指数；

所述输入端，用于接收矩阵 A 和 B 的元素；

所述多个原子处理元件，其计算外积 $\alpha\times\beta$，其中 α 是 $\iota\times1$ 列向量，β 是行向量，并且沿着缩并指数 k 对外积 $\alpha\times\beta$ 进行累加；其中 $\iota>1$ 并且 $\varphi>1$，且所述原子处理元素执行 $\iota\times\varphi$ 的标量乘法；

所述分配部段，其将所述输入端连接到多个原子处理元件，所述分配部段相对于自由指数 i、j 将 $A\times B$ 矩阵乘法分割成多个 $\alpha\times\beta$ 外积，并将 $\alpha\times\beta$ 外积引导到所述原子处理元件；

所述输出端，用于传输积 C 的元素；以及

所述收集部段，其将原子处理元件连接到所述输出端，所述收集部段将由原子处理元件计算得的累加的外积合并到积 C 中，所述收集部段通过时分复用来实现；

其中所述外积单元在单一集成电路上实现；并且

所述分配部段包括多个以硬件形式的中间处理元件，所述分配部段将所述输入端连接到多个以硬件形式的中间处理元件，并将每个以硬件形式的中间处理元件连接到原子处理元件的子集。

【案例分析】

该申请涉及一种原生张量处理器，该张量处理器可实现为单一集成电路，其包括输入输出缓冲器、控制器和多个外积单元。通过使用外积单元，等价的矩阵相乘可以被分割成更小的矩阵乘法，每个更小的矩阵相乘在所需的局部张量元素之间进行，从而使得外积单元中的缩并引擎通过执行来自等价矩

阵相乘的计算以实现张量缩并，避免了展开张量的开销。可见，为了适应机器学习算法对于大型计算任务的性能需求，该方案对于张量处理器的体系结构进行改进和优化，减少了数据传输时间，提升了张量处理器的处理效率。

权利要求请求的方案解决了现有并行处理器存在数据读取延迟的技术问题，采用的改进张量处理器外积单元架构的手段属于遵循自然规律的技术手段，获得的减少数据传输延迟的效果属于技术效果。因此，该方案属于《专利法》第2条第2款规定的技术方案，属于专利保护的客体。

◉ 案例2-3-14　用于稀疏连接的人工神经网络计算装置

【背景技术】

人工神经网络简称为神经网络是一种模仿动物神经网络行为特征，进行分布式并行信息处理的算法模型。这种网络依靠系统的复杂程度，通过调整内部大量节点之间的相互连接关系，从而达到处理信息的目的。神经网络用到的算法就是向量乘法，并且广泛采用符号函数及其各种逼近。

神经网络被广泛应用于各种应用场景：计算视觉、语音识别和自然语言处理等。近年来，神经网络的规模一直在增长。在1998年，Lecun用于手写字符识别的神经网络的规模小于1M个权值；在2012年，krizhevsky用于参加ImageNet竞赛的规模是60M个权值。神经网络是一个高计算量和高访存的应用，权值越多，计算量和访存量都会增大。为了减小计算量和权值数量，从而降低访存量，出现了稀疏连接的神经网络。

【问题及效果】

在进行神经网络运算时，主要涉及神经元与权值相乘。由于权值和神经元不是一一对应的关系，所以每一次运算都要通过索引数组找到神经元对应的权值。通用处理器的计算能力和访存能力都很弱，满足不了神经网络的需求。而多个通用处理器并行执行时，通用处理器之间相互通信又成为性能瓶颈。因此，使用通用处理器计算神经网络耗时长、功耗高。

另一种支持稀疏连接的人工神经网络运算及其训练算法的已知方法是使用图形处理器（GPU），该方法通过使用通用寄存器堆和通用流处理单元执行通用SIMD指令来支持上述算法。但由于GPU是专门用来执行图形图像运算以及科学计算的设备，没有对稀疏的人工神经网络运算的专门支持，仍然需要大量的前端译码工作才能执行稀疏的人工神经网络运算，带来了大量的额外开销。另外GPU只有较小的片上缓存，多层人工神经网络的模型数据（权值）需要反复从片外搬运，片外带宽成为主要性能瓶颈，同时带来了巨大的功耗开销。

为解决上述问题，本申请提供了一种用于稀疏连接的人工神经网络计算装置，通过采用针对稀疏的多层人工神经网络运算的专用 SIMD 指令和定制的运算单元，解决了 CPU 和 GPU 运算性能不足、前端译码开销大的问题，有效提高了对多层人工神经网络运算算法的支持；通过采用针对多层人工神经网络运算算法的专用片上缓存，充分挖掘了输入神经元和权值数据的重用性，避免了反复向内存读取这些数据，降低了内存访问带宽，避免了内存带宽成为多层人工神经网络运算及其训练算法性能瓶颈。

【具体实施方式】

根据本申请实施方式的一种用于稀疏连接的多层人工神经网络计算装置，该计算装置包括：I/O 接口，用于 I/O 数据需要经过 CPU 发给稀疏的多层人工神经网络运算装置，然后由稀疏的多层人工神经网络运算装置写入存储装置，稀疏的多层人工神经网络运算装置需要的专用程序也是由 CPU 传输到稀疏的多层人工神经网络运算装置。存储装置用于暂存稀疏的多层人工神经网络模型和神经元数据，特别是当全部模型无法在稀疏的多层人工神经网络运算装置上的缓存中放下时。

本申请实施方式中的多个稀疏的人工神经网络运算装置互联的系统结构中，多个稀疏的人工神经网络运算装置可以通过 PCIE 总线互联，以支持更大规模的稀疏的多层人工神经网络运算，可以共用同一个宿主 CPU 或者分别有自己的宿主 CPU，可以共享内存也可以每个加速器有各自的内存。

该计算装置的系统结构具体包括：

映射单元，用来将输入数据转换成输入神经元和权值一一对应的存储方式。

存储装置，用来存储数据和指令，尤其是神经网络规模很大的时候，指令缓存、输入神经元缓存、输出神经元缓存、权值缓存放不下这么多数据，只能将数据临时存放在存储装置。

DMA，用来将存储装置中的数据或者指令搬到各个缓存中。

指令缓存，用来存储专用指令。

控制单元，从指令缓存中读取专用指令，并将其译码成各运算单元指令。

输入神经元缓存，用来存储运算的输入神经元数据。

运算单元，用于执行具体的运算。运算单元主要被分为三个阶段，第一阶段执行乘法运算，用于将输入的神经元和权值数据相乘。第二阶段执行加法树运算，第一、二两阶段合起来完成了向量内积运算。第三阶段执行激活函数运算，激活函数可以是 sigmoid 函数、tanh 函数等。第三阶段得到输出神经元，写回输出神经元缓存。

权值缓存，用来存储权值数据。

输出神经元缓存，用来存储运算的输出神经元。

映射单元会根据连接关系，将输入神经元和输入权值按照连接关系输出映射后的神经元和权值，映射后的神经元和权值可以在运算时被直接使用而不需要考虑连接关系，对于输出神经元 01 映射的具体过程如下：输入神经元为 i1，i2，i3，i4，输入权值为 w11，w31，w41，连接关系可以为 1011，或 0，2，1。映射单元根据连接关系，将输入神经元和权值变成相对应的关系，输出有两种情况：一种是去除掉没有连接的输入神经元，则映射后的神经元为 i1，i3，i4，映射后的权值为 w11，w31，w41；另一种是权值在没有连接的地方补成 0，则映射后的神经元为 i1，i2，i3，i4，映射后的权值为 w11，0，w31，w41。

【权利要求】

一种用于稀疏连接的人工神经网络计算装置，用于接收输入数据并根据输入数据产生输出数据，输入数据包括输入神经元数据和权值数据，输出数据包括输出神经元数据，所述用于稀疏连接的人工神经网络计算装置包括：

映射单元，用于接收连接关系及权值数据和/或输入神经元数据，并根据连接关系将输入数据中每个权值数据一一对应到相应的输入神经元数据，并将所述权值数据和/或所述相应的输入神经元数据存储在存储装置和/或片上缓存中；

存储装置，用于存储数据和指令；

专用片上缓存，该专用片上缓存包括用于将存储装置中的数据或者指令搬到各个缓存中的 DMA、用于存储专用 SIMD 指令的指令缓存、用于从指令缓存中读取专用指令并将其译码成各运算单元指令的权值缓存以及用于存储运算的输入神经元数据的输入神经元缓存；

运算单元，用于根据所述存储装置中存储的指令对所述数据执行相应的运算；

所述运算单元执行的运算包括：第一步，将所述输入神经元数据和权值数据相乘，得到加权输出神经元数据；第二步，执行加法树运算，用于将第一步处理后的加权输出神经元数据通过加法树逐级相加，或者将输出神经元数据通过和偏置相加得到加偏置输出神经元数据；第三步，对第二步得到的神经元数据执行激活函数运算，得到最终输出神经元数据。

【案例分析】

该申请涉及一种专用于稀疏连接的人工神经网络计算装置，由于神经网络存在高计算量和高访问的应用需求，对于通用处理器而言，单个通用处理器的计算能力和访问能力不足，多个通用处理器并行处理又会带来额外的通信开销。对于图像处理器 GPU 而言，也存在前端译码开销和片上缓存不足的问题。

本申请的专用计算装置，通过专用 SIMD 指令和定制的运算单元解决了 CPU 和 GPU 运算性能不足、前端译码开销大的问题；采用专用片上缓存，挖掘输入神经元和权值数据的重用性，避免反复从内存读取，降低了内存访问带宽。可见，该方案为适应稀疏连接人工神经网络的计算需求，对计算机系统的体系结构和指令集进行了技术上的改进，从而提升了计算机系统的内部性能。

该方案解决了现有人工神经网络计算装置性能不足的技术问题；采用专用 SIMD 指令和专用片上缓存组成的专用计算装置，该手段属于遵循自然规律的技术手段；获得了提高人工神经网络运算效率、提升计算机系统处理速度的技术效果。因此，该方案属于《专利法》第 2 条第 2 款规定的技术方案，属于专利保护的客体。

● **案例 2-3-15　计算装置**

【背景技术】

随着信息技术的不断发展和人们日益增长的需求，人们对信息及时性的要求越来越高了。目前，终端对信息的获取以及处理均是基于通用处理器获得的。例如，通用处理器循环神经网络被广泛应用于语音识别、语言建模、翻译、图片描述等领域，近年来由于其较高的识别准确度和较好的可并行性，受到学术界和工业界越来越广泛的关注。

【问题及效果】

循环神经网络具有时间衰减，为了解决循环神经网络的时间衰减，提出了 LSTM（Long Short-Term Memory，长短期记忆网络）来解决时间衰减的问题。在实践中发现，这种基于通用处理器运行软件程序来处理 LSTM 的方法，效率低，功耗高。

本申请提供了一种计算装置，可提升 LSTM 的处理速度，提高效率、节省功耗。

【具体实施方式】

本申请具体实施方式的 LSTM 包括：至少一个 block 的结构。相对于循环神经网络，LSTM 引入了一个 cell 来记录当前时间点的信息。可以看出，在 LSTM 中，一个 block 由三个门和一个 cell 组成，输入门、输出门、忘记门。LSTM 算法的主要思想是利用 cell 来记录当前时间的状态，对上一时刻传入 cell 值来达到在不同时间直接传递信息的功能。用输入门和忘记门来控制 cell 的输出里对于当前时间输入和上一时间 cell 的权重。用输出门来控制 cell 的输出。在输入门和忘记门的控制下，合适的信息将会被保存很长时间，一直记录在 cell 里面，这样就解决了循环神经网络随着时间衰减的问题。

该具体实施方式中，计算装置用于执行 LSTM 运算，其具体包括：控制器单元和运算单元，其中，控制器单元与运算单元连接，该运算单元包括：一个主处理电路和从处理电路；

LSTM 包括输入层、隐层、输出层和块 block，所述块包括输入门、输出门和忘记门，所述输入门与输入层连接，所述输出门与输出层连接，所述忘记门与隐层连接；

控制器单元，用于获取输入门输入的 t 时刻输入数据 X、权值以及忘记门输入的输出数据 Y；控制器单元还用于将输入数据 X、权值 W 以及输出数据 Y 发送给所述主处理电路；

主处理电路，用于将输入数据 X 拆分成多个输入数据块，将输出数据 Y 拆分成多个输出数据块，将多个输入数据块以及多个输出数据块分发给从处理电路，将所述权值 W 广播给所述从处理电路；

从处理电路，用于将接收到的输入数据块与权值执行乘积运算得到输入中间结果，将接收到的输出数据块与权值执行乘积运算得到输出中间结果，将输入中间结果以及输出中间结果发送给主处理电路；

主处理电路，还用于将从处理电路的输入中间结果得到部分输出结果，将输出中间结果拼接得到另一部分输出结果，计算部分输出结果和另一部分输出结果的和得到输出门的 t 时刻的输出结果 Y。

本申请将运算单元设置成主从结构，对于 LSTM 的正向运算，将本时刻的输入数据以及忘记门的输出数据拆分并行处理，这样通过主处理电路以及从处理电路即能够对计算量较大的部分进行并行运算，从而提高运算速度，节省运算时间，进而降低功耗。

对于 LSTM 运算，如果该 LSTM 具有多个隐层，多个 LSTM 运算的输入数据和输出结果并非是指整个 LSTM 的输入层中输入神经元和输出层中输出神经元，而是对于 LSTM 中任意相邻时刻的两个层，处于 LSTM 前一时刻的输出结果即为本时刻忘记门的输入神经元。即，除第 1 个层外，每一层都可以作为输入层，其下一层为对应的输出层。

【权利要求】

一种计算装置，其特征在于，所述计算装置用于执行 LSTM 运算，所述 LSTM 包括：

输入层、隐层、输出层和块 block，所述块包括：输入门、输出门和忘记门，所述输入门与输入层连接，所述输出门与输出层连接，所述忘记门与隐层连接；

所述计算装置包括：运算单元以及控制器单元；

所述运算单元包括：一个主处理电路和从处理电路；

所述控制器单元，用于获取输入门输入的 t 时刻输入数据、权值以及忘记门输入的输出数据，所述控制器单元，还用于将输入数据、权值 W 以及输出数据发送给所述主处理电路；

所述主处理电路，用于将输入数据拆分成多个输入数据块，将输出数据拆分成多个输出数据块，将多个输入数据块以及多个输出数据块分发给从处理电路，将所述权值 W 广播给所述从处理电路；

所述从处理电路，用于将接收到的输入数据块与权值执行乘积运算得到输入中间结果，将接收到的输出数据块与权值执行乘积运算得到输出中间结果，将输入中间结果以及输出中间结果发送给主处理电路；

所述主处理电路，还用于依据从处理电路的输入中间结果得到部分输出结果，将输出中间结果拼接得到另一部分输出结果，计算部分输出结果和另一部分输出结果的和得到输出门的 t 时刻的输出结果；

所述从处理电路的数量为多个，所述多个从处理电路呈阵列分布；每个从处理电路与相邻的其他从处理电路连接，所述主处理电路连接所述多个从处理电路中的 k 个从处理电路，所述 k 个从处理电路为：第 1 行的 n 个从处理电路、第 m 行的 n 个从处理电路以及第 1 列的 m 个从处理电路；

所述 k 个从处理电路，用于在所述主处理电路以及从处理电路之间的输入数据块、输出数据块、权值以及中间结果的转发。

【案例分析】

该申请涉及一种专用于 LSTM 运算的计算装置。针对通用处理器运算软件程序来处理 LSTM 效率低、功耗高的缺陷，设计了一种以硬件方式实现的专用计算装置，将运算单元设置为主从结构，对于 LSTM 正向运算，将某时刻的输入数据以及忘记门的输出数据拆分后并行处理，能够提高运算速度，节省运算时间从而降低功耗。显然，该方案对计算机系统的硬件结构进行了定向优化，使之更加适应 LSTM 运算需求，给计算机系统的内部性能带来了技术上的改进。

该权利要求请求保护的方案解决了通用处理器运行效率低、功耗高的技术问题，采用了专门硬件电路执行 LSTM 运算，该手段属于遵循自然规律的技术手段，获得了提升计算机系统运行效率的技术效果。因此，权利要求请求保护的方案属于《专利法》第 2 条第 2 款规定的技术方案，属于专利保护的客体。

第四节　何谓数据之间符合自然规律的内在关联关系

一、现有规定及困惑

现行《指南》第二部分第一章规定："技术方案是对要解决的技术问题所采取的利用了自然规律的技术手段的集合。技术手段通常是由技术特征来体现的。未采用技术手段解决技术问题，以获得符合自然规律的技术效果的方案，不属于专利法第二条第二款规定的客体。"

随着大数据来源的日渐广泛，规模的愈发庞大，以大数据作为数据来源，利用人工智能相关技术作为实现手段，借此来分析数据之间的联系或规律，通过机器学习、深度学习等进行模型训练，进而实现大数据对特定应用场景进行预测和分析的解决方案成为发明专利申请的热点。

此类申请的主要特点是：大数据是处理对象，神经网络、深度学习是手段，方案的改进多集中于模型选参、指标体系构建、定性到定量转化、经验公式加权等，方案中多记载常用的数据预处理手段，例如归一化、模糊、加权、回归统计、均方差等。此外，此类申请的说明书中声称要解决的问题较为集中在：现有技术对某类对象、行为不可预测或预测的不够准确，从而提供一种改进方案，或者现有技术无法定量评估某类对象或行为，或者评估的指标体系不完备，从而提供一种可量化的评估方案。根据上述要解决的问题，方案采用的手段也会不同，如：有的侧重对预测和评估的指标或参数进一步完备，有的侧重构建复杂的指标体系，多层级、多维度进行体系构建；有的侧重利用人工智能手段挖掘数据之间的内在关联关系。

2021 年最新指南修改草案中，为了进一步加强对大数据、人工智能领域创新成果的专利保护，新增了以下规定："如果权利要求的解决问题处理的是具体应用领域的大数据，利用分类、聚类、回归分析、神经网络等挖掘数据中符合自然规律的内在关联关系，据此解决如何提升具体应用领域大数据分析可靠性或精确性的技术问题，并获得相应的技术效果，则该权利要求限定的解决方案属于专利法第二条第二款的技术方案。"

上述新增加的规定进一步明确了人工智能、大数据领域算法相关发明专利申请的客体审查基准，强调涉及人工智能、大数据领域算法的改进方案，即便没有具体的技术领域，只要具有具体的应用领域，并且利用分类、聚类、回归分析、神经网络等挖掘数据中符合自然规律的内在关联关系，据此解决了相应的技术问题并获得相应的技术效果，也可以构成技术方案，成为专利保护的客体。

但是，审查实践和代理实践中，如何理解和适用上述规定仍然存在一定困惑。

由于此类申请涉及的应用场景广泛，例如，金融、保险、生态环境、工程建设、轨道交通、人员调度、项目进度安排等，因此，申请文件中声称要解决的问题也多有涉及消费预测、购买行为预测、成本核算、调度优化等，故而，在客体判断时，这些问题能否构成技术问题？此类方案如何才能构成专利保护的客体？是重点也是难点。

一方面，此类申请的解决方案通常涉及指标选择及量化分析，选择指标的过程是不是人为主观选择的过程？指标选择及量化是否具有技术性？另一方面，方案使用数学公式、数学原理、数学方法等来反映数据之间的规律性或关联关系，这些数据虽然是"客观"存在的，数据之间的关联关系也是客观呈现出来的，但是，这种客观存在的数据之间的规律是否就一定遵循自然规律？

对于此类相关发明专利申请，有观点认为：此类方案中通过算法对客观数据进行了分析处理并最终得到预测结果，不是人为主观任意定义的规则，因此构成技术方案；也有观点认为，事物的发展变化是受到多个因素影响的，此类方案中通过人为选择若干影响因素作为模型参数，并基于所选择的参数构建的模型得到预测结果，上述预测过程本质上是人为选择参数直接决定了预测结果，并未受到自然规律的约束，因此不构成技术方案。

为了更加清晰地理解和把握上述规定，本节从此类申请文件本身呈现的不同特点入手，给出了几类典型情形下算法相关发明专利申请的客体判断方式。

二、整体判断思路

涉及大数据的用户行为预测、个性化推荐以及模型构建等发明专利申请，如何准确判断数据之间的内在关联关系是否符合自然规律尤为重要。对于明显不属于自然规律的情形，诸如经济学规律、社会学规律、心理学规律等，应直接排除在客体范畴之外。

从各种维度给出自然规律的定义可以看出，自然规律强调了不以人的意志为转移的客观性、普遍适用的规律性，因其强调"自然"的限定作用，因此，从科学技术角度，对"自然规律"的定义侧重于从自然现象等角度进行解释，而对上述范畴的规律加以利用所形成的解决方案，大多不涉及客体问题，例如，天气预测、自然灾害预测等。

同时，"自然规律"中"规律"两字的限定，使其经常被用来解释一些现象和关系，因此，单独判断方案采用的某个手段是否利用了自然规律，有时难以说清。例如，在计算机中存储用户消费金额，当满 100 元时，按照 10% 自动计算返利结果。离开问题，难以判断上述手段是否为技术手段。如果该方案要解决的问题是利用计算机对数据处理速度快、准确性高的特点，代替人工进行消费返利，那么该问题可以构成技术问题，为解决提升处理速度和准确性的问题，手段中的数据录入、计算都是技术手段。但是，如果该方案要解决的问题是通过向消费者返利来鼓励消费，那么，为解决刺激消费的问题所采用的返利规则就不构成技术手段，因为，消费返利的手段对于消费者的刺激作用因人而异，问题和手段之间并不受自然规律的约束。因此，在对此类申请进行客体判断时，当无法直接判断问题和手段是否满足技术性时，也可以考虑从问题与手段之间是否受自然规律约束来辅助辨别。

将人工智能、大数据相关算法用于特定应用领域进行用户行为预测、个性化推荐所形成的解决方案，在客体判断时，都不能仅因方案明确了大数据来源或者记载了人工智能等自动化实现手段而直接得出该解决方案构成技术方案的结论，上述大数据、人工智能相关算法实现手段仅仅作为数据挖掘的手段不能直接构成技术手段，而是需要首先明确方案中为得出预测结果或者推荐结果，具体采用了哪些指标、参数、特征来表征预测和分析对象的特点，且方案中记载的大数据、人工智能相关处理手段挖掘出的这些指标、参数和特征与作为预测结果的数据之间是否存在符合自然规律的内在关联关系。

如果解决方案中仅记载通用的数据挖掘手段，例如，特征向量的分类、聚类，学习模型的输入和训练等，而没有具体记载为了获得更为准确的预测结果或推荐结果，具体依靠何种指标、参数、特征进行挖掘和分析，从而得出预测结果的，那么这种解决方案并不适用 2021 年《指南》最新修改草案中新增的上述审查基准。由于此类申请仍涉及通用的大数据分析方法或学习模型训练方法，因此，难以构成专利保护的客体。

如果方案为了获得某一预测结果或推荐结果，具体记载了用于表征或者能够反映出与该预测结果直接相关的指标、参数、特征，且这些指标、参数、特征等与要预测的结果之间存在符合自然规律的内在关联关系，那么这样的解决方案构成技术方案。

对于模型构建类的发明专利申请，按照领域不同，一般分成两类，一类是针对工业、农业等自然物理相关的领域进行建模，模型中涉及的指标具有自然物理含义；另一类是针对人类社会、经济等相关领域的活动进行建模，模型中涉及的指标会涉及经济指标、社会指标等。对于第一类申请，模型建立过程中涉及具有物理含义的参数指标，模型的建立遵循工业、农业等应用领域的事物间固有的联系，一般并非基于人为主观选择的指标及人为规则建立的模型，通常认为其受到自然规律的约束。对于第二类申请，因模型建立过程中涉及经济指标、社会指标等，难以直接从方案所解决的问题的技术性直接得出其是否属于专利保护客体的结论时，需要考虑技术三要素的内在联系，结合方案整体从采用的手段出发判断方案是否采用了遵循自然规律的技术手段解决了技术问题。因此，准确判断方案要解决的问题与所采用的手段的集合之间是否受到自然规律的约束，对于准确得出方案是否构成技术方案至关重要。

三、典型案例

(一) 行为预测

◉ 案例 2-4-1　符合加减刑专家常识规则的刑期自动预测方法

【背景技术】

刑事案件量刑由于案由数量多、量刑规则复杂,且地方法院也会出台地方法律法规符合当地治安发展要求,对法官量刑的规范化带来了很大难度。此外,量刑也是普通民众咨询的最常见问题之一,量刑规则的复杂性和案件要素组合的多样性让人工提供法律咨询服务变得繁重。

现有技术采用统计学习算法,通过已有判决的历史案件数据训练出案件要素到量刑结果的映射模型,从而对未来的未判决案件进行预测。基于统计学习方法的模型训练构建的过程中仅仅利用了历史案件数据的案件要素和量刑结果数据,而没有直接利用法律条文规定的量刑规则。

【问题及效果】

现有刑事案件自动量刑的方法包括规则库方法和统计学习方法。基于规则库方法的自动量刑,规则录入困难,难以将规则编码进计算机系统,对录入人员的专业要求高,规则录入工作量大。而且,基于统计学习模型的自动量刑,预测出的结果常常不符合加减刑规则,往往会产生用户新增加刑情节,量刑预测反而降低的情况,违背具有普通法律常识的经验,造成用户对系统的不信任。

究其原因:一是,法律法规对刑事量刑的具体数值规定不是固定公式,很多只给出量刑起点和特定情节增加的幅度。且案由数量巨大,不同地区还会根据地方情况出台量刑细则。二是,统计学习模型仅仅考虑历史案件数据,模型质量很大程度依赖于训练数据,训练数据往往由于案件数据量稀少、情节分布稀疏等问题,难以学习到符合规则的特征。即使数据充足,由于没有直接编码加刑情节和减刑情节的先验信息,无法保证模型在输入空间中全局符合加减刑规则。由此,本申请要解决的问题是自动量刑刑期不准确的问题。

本申请设计了符合加刑减刑专家常识规则的神经网络结构,定义了训练方法。通过修改训练过程的网络权重调整公式,可以约束网络权重恒正或恒负。通过将加刑情节和减刑情节单独输入到不同权重约束的子网络,保证了符合加减刑专家规则，提高了量刑的准确性。

【权利要求】

一种符合加减刑专家常识规则的刑期自动预测方法，其特征在于，包括以下步骤：

步骤（1）：构建对加刑情节和减刑情节分类的刑事案件要素体，对于加刑情节、减刑情节、其他情节的案件要素进行分类，并对加刑情节、减刑情节、其他情节进行案件向量的表示和模型输入。

步骤（2）：构造符合加减刑专家规则的单调性神经网络，在构造神经网络时，通过修改训练过程的网络权重调整公式，约束网络权重恒正或恒负，通过将加刑情节和减刑情节单独输入到不同权重约束的子网络，保证符合加减刑专家规则。

步骤（3）：采用历史案例进行模型训练。

步骤（4）：使用模型进行量刑预测。

其中，在所述步骤（3）中，包括：

步骤3.1：历史裁判文书结构化和清洗；

步骤3.2：数据正则化；

步骤3.3：训练模型；

在所述步骤（1）中，首先采用数值表示案件的情节要素，对于数值型情节，直接使用数值自身表示，其中，数值型情节至少包括数额和次数；

对于布尔型情节使用数值 1 表示存在，0 表示不存在，其中布尔型情节至少包括是否自首、是否参与分赃；

对于任意一个刑事案由，用 n 维向量 D 来表示该案由的所有 n 个情节取值，用 D_i 表示情节向量的第 i 维，设量刑值 $t = T(D)$；

如果满足 $\partial T / \partial D_i \geq 0$，即量刑函数对于情节向量的第 i 维偏导恒大于或等于 0，则该维对应的情节是加刑情节；

如果满足 $\partial T / \partial D_i \leq 0$，即量刑函数对于情节向量的第 i 维偏导恒小于或等于 0，则该维对应的情节是减刑情节；

其他情节表示不满足以上性质的情节；

在所述步骤（2）中，构造的神经网络，由输出层输出一维向量量刑值 t，整体分为三个子网络，第一个子网络是加刑情节的量刑网络输入向量为 $[x_1, \cdots, x_p]$，该网络的神经元权重 ω 在训练调整时如下调整：$\omega \leftarrow \max(0, \omega + \Delta\omega)$；

第二个子网络减刑网络的输入向量为 $[x_{p+1}, \cdots, x_q]$，该网络的神经元权重

ω 更新函数为：$\omega \leftarrow \min(0, \omega + \Delta\omega)$；$\Delta\omega$ 为优化算法给出的权重更新步长；加刑网络通过 max 函数保证了 ω 恒大于或等于 0，减刑网络通过 min 函数保证了 ω 恒小于或等于 0；

第三个子网络其他情节量刑网络的输入向量为 $[x_{q+1}, \cdots, x_n]$，该网络的神经元权重更新不做额外限制；三个子网络共同连接到输出层，使用 tanh 激活函数输出一维向量；

在所述步骤 3.1 中，历史裁判文书结构化指的是对历史已判决的裁判文书根据情节，每一篇解析表示情节的 n 维向量 D 和 1 维量刑值 t；

令向量 D 的 $1\sim p$ 维为加刑情节取值，对应输入加刑网络的 x_1 到 x_p，令 D 的 $p+1\sim q$ 维为减刑情节，对应输入减刑网络的 x_{p+1} 到 x_q，D 的 $q+1\sim n$ 维为其他情节，对应输入到量刑网络的 $x_{q+1}, \cdots, x_n$；

量刑值 t 单位为月，t 的实际取值范围为 $t \geqslant 0$ 且 $t \leqslant 180$，解析并过滤筛除量刑值不在范围内的文书；

所述步骤 3.2 的数据正则化中，对于解析后的情节向量 D 进行的 z-score 标准化，对于刑期 t，按照如下公式进行正则化：$t \leftarrow t/180$，使得量刑值 t 映射到 0 到 1 之间；

在步骤 3.3 的训练模型中，将所有文书的训练集 (D, t) 输入网络进行训练，获得模型；

在所述步骤（4）中，对于未判决的案件，根据步骤 3.1 和步骤 3.2 解析案件为向量并对向量正则化，将得到的案件情节向量输入步骤 3.3 中获得的模型，获得一维向量 t，则最终量刑值为 $180t$ 个月。

【案例分析】

根据背景技术的记载，现有的自动量刑方法单独考虑量刑规则或采用统计学习，无法在一个模型上同时考虑规则和统计数据，因此存在量刑不准确的问题，本申请要解决的就是自动量刑刑期不准确的问题。

在传统的司法判决中，量刑是由法官根据相关法律规定，在认定犯罪事实的基础上，确定对犯罪人是否进行刑罚以及具体刑罚措施的刑事司法活动。而具体量刑的刑期，涉及对人为规定的法律法规的执行，涉及人类通过智力活动对犯罪事实的认定，也涉及法官综合犯罪事实和相应的法律法规的一个具体适用。可见，量刑本身不涉及任何自然规律。因此，案件量刑和如何准确量刑都不属于技术问题。

在本申请当前请求保护的权利要求中，虽然记载了神经网络模型，并将案件的情节作为要素体，并作为模型的输入，也用历史判例对该模型进行训练，以期解决提高刑期预测准确性的问题。但是，上述计算机神经网络模型的引入，并没有使得刑期的预测符合任何自然规律，量刑仍然基于犯罪事实的认定及与相应法律法规的适用。总体来说，本申请方案的预测结果必然因法律条文的规定不同、训练所用的历史裁判文书不同而不同。而法律条文是人为规定，历史裁判文书本身也是法官对不同案件犯罪事实、对法律法规的人为适用而产生的不受自然规律约束的智力活动的产物，均不能体现出其遵循了自然规律。也就是说，解决如何提高刑期预测的准确性和其采用的手段之间没有遵循任何自然规律。因此，该请求保护的方案解决的如何提高刑期预测的准确性问题不属于技术问题，其采用的手段也未构成技术手段。相应地，从方案产生的效果来看，所获得的效果是提高量刑的准确性，也并非技术效果。

因此，权利要求请求保护的方案不属于《专利法》第 2 条第 2 款规定的技术方案，不属于专利保护的客体。

● 案例 2-4-2　店铺人气值的预测方法

【背景技术】

根据用户到店消费的交易情况，可以计算每个店铺的人气值。根据店铺的人气值，可以对店铺进行推荐，用户可以方便地得到热门的店铺。店铺的人气值反映店铺的火爆程度，人气值越高，说明店铺的交易多、到店消费的用户多、店铺的人流量多。

现有人气值的计算需要得到店铺的交易数据，如店铺利用支付宝、口碑等交易平台进行收款交易时，在店铺授权的情况下，这些交易平台可以获取到店铺的交易信息，进而计算店铺的人气值。

【问题及效果】

现有人气值的计算必须依赖于店铺的交易信息，当店铺没有使用交易平台进行收款交易而采用其他收款方式时，将无法获取店铺的交易信息，进而在计算店铺的人气值时会得到人气值为 0，此时得到的人气值不能正确地反映店铺实际的人气值。因此，需要一种不依赖于店铺交易信息计算店铺人气值的方法。

利用本申请可以在没有获取到待预测目标店铺交易信息的情况下，得到待预测目标店铺的人气值，解决了人气值计算必须依赖于交易信息的问题。

进一步，对于在交易平台上没有发生过交易的店铺，也可以利用本申请预测其人气值，避免受到仅根据交易信息计算人气值的限制，导致无交易信息店铺的人气值为 0 的状况。

【具体实施方式】

本申请具体实施方式提供一种店铺人气值的预测方法，包括：

对于待预测目标店铺，需要抽取待预测目标店铺的第一特征数据，其第一特征数据包括店铺基本信息，如店铺 ID、店铺名称、店铺地理位置信息、店铺的类目信息、品牌信息、商家 ID 等；店铺的类目信息可以根据实际划分情况，设置为一级类目信息或多级类目信息，如一级类目信息为美食，当划分类目较多级时，还可以包括如二级类目信息为美食分类中的火锅等；品牌信息根据店铺所属的品牌，如外婆家，可以获取外婆家品牌相关的信息，如品牌知名度、热点等，以及店铺所属商家 ID 等。

根据店铺查询信息、店铺优惠获取信息等第一特征数据可以分析得到用户对待预测目标店铺的关注度，便于预测待预测目标店铺的人气值。

对于待预测目标店铺的关联店铺，需要抽取待预测目标店铺的关联店铺的第二特征数据。其第二特征数据包括交易数据、人气值、与待预测目标店铺的距离信息以及关联店铺的店铺基本信息。其中交易数据包括待预测目标店铺的关联店铺交易金额、交易笔数、交易优惠金额、交易优惠笔数等；人气值为待预测目标店铺的关联店铺当前根据其本身的交易信息所计算得到的人气值；与待预测目标店铺的距离信息可以通过待预测目标店铺的地理位置信息和待预测目标店铺的关联店铺的地理位置信息计算得到。根据关联店铺的人气值及两个店铺的类目信息，可以影响待预测目标店铺的人气值。

将待预测目标店铺的第一特征数据和待预测目标店铺的关联店铺的第二特征数据输入预先训练得到的人气值训练模型，得到待预测目标店铺的人气值。

人气数值为具体的数字，如当店铺没有人气时，人气值为 0，店铺人气值最高值为 100，得到的人气数值为根据输入的数据获取的 0～100 之间的数字。人气等级即将人气值按照不同数字划分的不同等级，如可以 20 分为一等级，得到 5 个人气等级，人气值训练模型可以直接输出待预测目标店铺的人气等级，如 4 等。

【权利要求】

一种店铺人气值的预测方法，其包括：

抽取待预测目标店铺的第一特征数据和所述待预测目标店铺的关联店铺的第二特征数据；所述待预测目标店铺的第一特征数据包括店铺基本信息；所述待预测目标店铺的关联店铺的第二特征数据包括交易数据、人气值、与所述待预测目标店铺的距离信息以及所述关联店铺的店铺基本信息；

与所述待预测目标店铺的距离信息根据所述待预测目标店铺的地理位置信息和所述关联店铺的地理位置信息计算得到；将所述待预测目标店铺的第一特征数据和所述待预测目标店铺的关联店铺的第二特征数据输入预先训练得到的人气值训练模型，得到所述待预测目标店铺的人气值。

【案例分析】

根据本申请背景技术中的记载，店铺的人气值是根据用户到店消费的交易数据计算得到的，可以反映店铺的火爆程度用于热门店铺推荐，但对于无法获得交易数据的店铺将无法计算得到其店铺人气值。

根据本申请具体实施方式的记载，店铺的人气值是根据用户到店消费的交易情况计算的，当待预测目标店铺的交易数据缺失时，通过将待预测店铺的关联店铺的交易数据、人气值和关联店铺的基本信息以及待预测目标店铺与关联店铺的距离输入人气值训练模型，进而计算得到待预测目标店铺的人气值。

本申请请求保护的方案中通过对待预测店铺的交易数据、人气值和关联店铺的基本信息以及待预测目标店铺与关联店铺的距离进行处理计算，方案中虽然采用了人气值训练模型，但使用模型进行预测并不必然构成技术手段，仍需要整体判断上述手段是否挖掘出数据之间符合自然规律的内在关联关系以解决相应的技术问题。

对于本申请，从整体看，该方案要解决的问题是计算缺失交易数据的店铺人气值，为解决这一问题，所采用的手段是通过将待预测店铺的关联店铺的交易数据、人气值和关联店铺的基本信息以及待预测目标店铺与关联店铺的距离输入人气值训练模型，进而计算得到待预测目标店铺的人气值。从上述为解决该问题所采用的手段可知，虽然其利用了训练好的模型来进行预测，但是从该模型用于进行预测的特征数据来看，如，关联店铺的交易数据、人气值、基本信息、与目标店铺的距离等，离一个店铺距离近的其他店铺的交易值高、人气值高并不意味着这个店铺的人气值一定高，离一个店铺距离近的其他店铺的交易值低、人气值低并不意味着这个店铺的人气值一定低。因此，上述店铺的人气值预测模型的输入数据（待预测店铺关联店铺的交易数据、人气值、基本信息、与目标店铺的距离等）与输出结果（即，待预测店铺的人气值）之间并不符合自然规律，方案中采用的手段并非是遵守自然规律的技术手段，所要解决的问题如何计算缺失交易数据的店铺人气值并非技术问题，所获得的效果也仅仅是依据申请人认为有相关性的指标测算得到预测结果，也并非技术效果。因此，该权利要求请求保护的方案不属于《专利法》第2条第2款规定的技术方案，不属于专利保护的客体。

● **案例 2-4-3　农村地区新态势负荷潜力预测方法**

【背景技术】

我国非可再生能源逐步减少，越来越多的人提出要利用清洁能源来替代非可再生能源。随着工业不断发展，能源短缺一方面在制约着经济发展，另一方面化石能源的大量使用以及其他传统的供能方式又造成了环境污染问题，尤其是近几年频频出现的雾霾问题。

电能替代既是加快能源结构调整的重要手段，也是促进清洁能源消费占比攀升的重要措施。通过分析各省份电力公司已完成的电能替代工作的进展及其效果，可以清楚地看出农村电能替代工作不仅可以对环境质量、能源效率和经济发展起到巨大的推进作用，而且具有很大的实施潜力，可以从炊事、取暖、交通和生产等多个方面开展电能替代工作。

【问题及效果】

国内外专家对农村地区电能替代综合性的、具体性的研究还很少，对电能替代的研究只局限于某个局部，并且国内目前仍然很少有利于电能替代的相关政策和机制，尤其是对于农村地区具体主要电能替代模式的电能替代量计算，文献中的研究仅停留在对未来发展方向和政策的一些意见和建议，但是国内对于如何计算各省份农村电能替代的潜力值还没有相关研究。

本申请提供一种农村地区新态势负荷潜力预测方法，能够预测出某一农村地区的电能使用比例，以此得出该地区的电能替代潜力。通过电能替代的潜力模型研究，能够更加科学而准确地对农村电能替代工作进行研究和分析，具有重要的现实意义。通过结合农村电能替代潜力值，设计出更加合理的各地区农村电能替代优先顺序，即电能替代潜力大的可以优先展开电能替代工作，可以更快地摆脱城市雾霾对居民生活和生产的影响。

【具体实施方式】

本申请具体实施方式提供一种农村地区新态势负荷潜力预测方法，包括：

步骤 1：根据家庭特征、政府投入情况、市场特征和自然特征分析影响因素，初步构建投入-产出指标。

影响农村能源消费的影响因素较多，每一个影响因素都会对未来能源的使用情况造成影响，其中较为主要的几点包括家庭特征、政府投入情况、市场特征和自然特征。

投入-产出指标基于如下指标进行构建：农村家庭收入水平、农村家庭人口数、农村居民文化程度、农村电网基础设施投入、能源价格、化石能源存储量和种植面积。

步骤 2：利用 SPSS 分析软件对所述投入-产出指标进行筛选。

利用 SPSS 分析软件对所述投入-产出指标进行筛选的步骤具体为：

1. 利用 SPSS 分析软件对所述投入-产出指标进行因子分析；

2. 判别因子分析的有效性和适合性：判别因子分析的有效性和适合性的判别条件为：KMO 值大于 0.5，表明因子分析有效；显著性概率 Sig 小于 0.01，表明适合做因子分析；

3. 选取综合指标代替原始指标。

步骤 3：根据筛选结果，确定最终投入-产出指标体系。

借助相关指标的投入数据和因子分析，得出农村电能替代潜力分析输入输出指标，该指标基本需满足 DEA 分析中指标的选取原则，如数据口径的统一性原则、可比性原则、可得性原则和全面性原则。

步骤 4：对所述投入-产出指标向量进行数据处理。

由于因子得分存在负数，为满足 DEA 方法输入、输出数据非负性，将数据进行无量纲化处理，将数据控制在 0~1 之间。具体的计算见公式：

$$g_{i,j} = 0.1 + \frac{f_{ij} - \min\{f_{ij}\}}{\max\{f_{ij}\} - \min\{f_{ij}\}} \times 0.9 \quad (i = 1,2,\cdots,n; j = 1,2,3,4)$$

其中，n 代表农村范围的个数；j 的四个取值分别代表四个指标。

步骤 5：构建农村电能替代近期潜力分析模型。具体为：

1. 根据 DEA 模型得出基于农村电能替代潜力分析的 DEA 投入和产出表达式：

$$x_j = (x_{1j}, x_{2j}, x_{3j})^{\mathrm{T}} > 0 \qquad j = 1,2,\cdots,n$$

$$y_j = (y_{1j})^{\mathrm{T}} > 0 \qquad j = 1,2,\cdots,n$$

其中，$j = 1,2,\cdots,n$ 代表了选取省份的个数；x_j 和 y_j 分别代表了各省份农村相应投入-产出指标的数值；

2. 根据所述投入、产出表达式和所述投入–产出指标体系构建农村电能替代近期潜力分析模型：

$$
\begin{cases}
\min\theta \\
s.\,t.\ \displaystyle\sum_{j=1}^{n}\lambda_j x_j + s^{+} = \theta x_0 \\
\displaystyle\sum_{j=1}^{n}\lambda_j \lambda y_j - s^{-} = y_0 \\
\lambda_j \geq 0,\quad j = 1,2,\cdots,n \\
\theta\ \text{无约束},\, s^{+} \geq 0,\, s^{-} \geq 0
\end{cases}
$$

其中，λ_j 为在所有省份现有的发电和用电技术水平下电能利用比例最大值，即最优解；s^{+} 和 s^{-} 为与各省份农村电能替代潜力分析中投入产出指标的可改变量。对于 DEA 分析非有效或弱有效的省份，可进一步调整投入产出指标使该省份农村电能使用量追赶最优的省份，向着最优省份农村投入和产出方面的改进目标值进行变动。

步骤 6：运用 DEAP 计算工具根据所述农村电能替代近期潜力分析模型和所述投入–产出指标体系进行预测。

【权利要求】

一种农村地区新态势负荷潜力预测方法，其特征在于，包括如下步骤：

根据家庭特征、政府投入情况、市场特征和自然特征分析影响因素，初步构建投入–产出指标；

利用 SPSS 分析软件对所述投入–产出指标进行筛选；

根据筛选结果，确定最终投入–产出指标体系；

对所述投入–产出指标向量进行数据处理；

构建农村电能替代近期潜力分析模型；

运用 DEAP 计算工具根据所述农村电能替代近期潜力分析模型和所述投入–产出指标体系进行预测。

【案例分析】

本申请请求保护一种农村新态势负荷潜力预测方法，请求保护的方案涉及清洁能源替代不可再生能源领域。

有观点认为：能源的生产和替代这一问题本身具备天然技术性，方案中采用的判别因子分析，DEAP 计算工具预测均是客观存在的数学处理方法，不以人的主观意愿而转移，是属于利用了自然规律的技术手段，获得了技术效果，因此构成技术方案。但是，客体判断时，不会仅因其应用领域涉及能源预测而直接得出该方案属于技术方案的结论，也不会仅因为该方案的输入数据（例如，预测所基于的数据、评价所依据的指标）为客观数据以及该方案中利用计算机对输入数据进行了运算和处理就直接得出该方案属于技术方案的结论，仍要从技术方案的整体出发判断技术三要素。

具体到本申请，权利要求请求保护一种农村地区新态势负荷潜力预测方法，该方案要解决的问题是预测得出某一地区的电能替代潜力；为解决上述问题，该方案根据预定的影响因素分析预测出某一农村地区的电能使用比例进而预测得到该地区的电能替代潜力，具体采用的手段是：筛选投入-产出体系所用的指标参数、构建投入-产出指标体系、基于上述指标体系进一步构建农村电能替代近期潜力分析模型进行预测，其中构建投入-产出指标时考虑的影响因素为家庭特征、政府投入情况、市场特征和自然特征。可见，所利用的分析模型采用的指标主要是社会经济学意义上的指标，尽管这些指标对应于客观存在的外部数据，但是本申请的方案中并未体现出依据所给出的影响因素及确定的投入-产出指标体系所构建的分析模型与其给出的预测结果之间的关系是符合自然规律的。根据投入-产出指标来计算农村电能使用比例产出指标这一过程是基于社会学和经济学规律，其不受自然规律的约束。因此，方案整体上解决的预测某一地区电能替代潜力的问题，不是技术问题，未采用遵循自然规律的技术手段，获得的效果是预测分析出各个地区的农村用电有效性，并非技术效果。因此，该权利要求请求保护的方案不属于《专利法》第2条第2款规定的技术方案，不属于专利保护的客体。

● 案例 2-4-4　基于神经网络的股票价格趋势预测方法

【背景技术】

在数据时代，可通过实时监测、跟踪研究股票交易数据来进行挖掘分析，以揭示出规律性的东西，将实时数据流分析和历史相关数据相结合，分析并发现股票价格波动的模型，从而对股票价格趋势进行预测。但股票价格基本上是动态的、非线性的，相当程度上受人为因素的影响；同时，股票价格的变动也受许多宏观经济因素的影响，如政治事件、公司的政策、商品价格指数、银行利率等。因此，预测股票价格是件复杂并具有挑战的事情。即便如此，股票预测仍然一直都是学术界和金融界的研究热点。因为投资者如果能够精确地把握股票市场的变化规律，不仅可以获取巨大收益，还可以规避投资风险。

相关研究人员先后尝试了各种方法来预测股票价格的时间序列，包括统计学方法、计量经济学模型、人工智能与机器学习等。数据预测由学习阶段和预测阶段组成，学习阶段通过从历史数据集"学习"从而构造系统模型，学习中的训练过程是有监督的或无监督的，采用不同的方法对最后结果影响极大、预测难度较大，且预测结果准确性不高。

【问题及效果】

现有的预测方法，对于神经网络模型的输入参数的选择较窄，得到的预测结果较为局限，仅适用于整个股票的大环境处于平稳状态下的分析与预测，而无法应对黑天鹅事件、经济环境、货币政策、国际经济政治局势等因素的影响。同时，其构建的神经网络、决策树、在线极限学习机三种回归模型，与单个预测模型相比，虽然股价预测的准确度有所提升，但整个系统的运算处理效率变慢、复杂程度高，当运算数据累积到一定容量后极易引发整个系统的崩溃，系统运行稳定性差。

本申请提供一种基于神经网络的股票价格趋势预测方法，通过建立多层人工神经网络模型，输入股票交易的历史数据，实现对人工神经网络系统的有监督的学习、测试与优化，得到的股票预测数据准确而稳定。

【具体实施方式】

本申请具体实施方式提供一种基于神经网络的股票价格趋势预测方法，包括以下步骤：

S1：根据选取原则选取作为多层人工神经网络的输入变量的股票技术特征参数，并获取目标股票的交易历史数据，以作为输入训练集。

输入变量的选取原则为：综合考虑股票平均价格波动的变化趋势、随机指标、中短期变化趋势、波动范围、交易量变化趋势、人气指标和意愿指标等特征技术指标，使输入变量能较全面地体现股票价格随机波动的规律性，即隐含于数据中的统计特征。

S2：构建基于多层人工神经网络结构的神经网络模型，其中，所述多层人工神经网络结构包括一个输入层、一个输出层和两个以上的隐层，所述输入层设有 n 个节点，输出层设有一个节点且输出层的输出结果表示所预测的目标股票交易价格的升跌概率。

所述多层人工神经网络为大于或等于 3 且小于或等于 7 层的人工神经网络，其中，输入层设有与输入变量的个数相一致的节点数，隐层设有大于或小于 5 个节点。

本实施方式中，所述人工神经网络为 5 层结构，设有一个输入层、一个输出层和三个隐层。其中所述输入层节点数为 11，则所述输入变量对应为 11 个。输出层只有一个节点 y_1，其输出表示所预测的目标股票交易价格的升跌概率，三个隐层均有 5 个节点。当然，所述人工升降网络亦可为三层、四层或其他层数结构，但不大于 7 层，因为大于 7 层后人工神经网络在本算法使用过程，其模型不能收敛。

S3：将所述输入训练集进行分类，并构建得到训练数据集、测试数据集。

本实施方式中，所述输入训练集将获取的交易历史数据作为多层神经网络结构的训练集和测试集，具体是：

S31．以交易历史数据的先后时间顺序每隔 N 天交替选取的数据分别作为第一训练集和第一测试集的数据，N 为大于或等于 1 的整数；所述 N 可为 3 天、5 天、7 天等。

S32．以随机的时间间隔选取的数据分别作为第二训练集和第二测试集的数据，且第一训练集、第一测试集、第二训练集以及第二测试集选择得到的数据相互不重复，所述时间间隔按天计。同时，所选取的交易历史数据是最近一年或两年的数据。对于所述时间间隔天数可与上述 N 的值相等或不相等，但所述 N 的值应当与待预测的股票价格的时间周期相一致。例如，要对 3 天到 9 天时间段的股票价格进行预测，则选取的交易历史数据应当按这个时间周期取数或求平均数后，得到的训练和测试数据。

S33．将第一训练集和第二训练集的数据进行整合后，再进行归一化或相对化的数据处理，得到训练数据库，以提供步骤 S4 的监督学习与训练。

S34．将第一测试集和第二测试集的数据进行整合后，再进行归一化或相对化的数据处理，得到测试数据库，以提供步骤 S5 的参数调整与优化处理的测试数据。

S4：向多层神经网络结构中输入训练数据集，多层神经网络进行训练和有监督的学习，得到初步的用于预测股票交易价格趋势的神经网络预测模型。

其中，所述多层人工神经网络的训练，包括步骤如下：

S41．随机初始化权重参数 $j_i^{(L)}$，以使各参数 $j_i^{(L)}$ 为接近于 0 的数值，λ 初始值亦设为接近于 0 的数值；

S42．执行前向传播算法，得到 $h(x)^i$，并对应于任意一个 x_i，然后计算出损失函数 $J(\ )$；

S43．执行反向传播算法计算偏导数，以检测梯度下降结果的有效性，得

到最小化损失函数 $J(\ )$ 后，则确定权重参数 $j_i^{(L)}$，从而使多层人工神经网络结构的模型收敛。

S5：向步骤 S4 得到的神经网络预测模型输入测试数据集，对神经网络预测模型进行泛化能力测试，并根据测试结果进行参数调整和优化处理，得到最终的预测模型。即，采用测试数据库中的数据对神经网络模型进行检测，以验证得到的神经网络模型输出结果的差异性。

【权利要求】

一种基于神经网络的股票价格趋势预测方法，其特征在于，包括以下步骤：

S1：根据选取原则选取作为多层人工神经网络的输入变量的股票技术特征参数，并获取目标股票的交易历史数据，以作为训练的输入训练集。

S2：构建基于多层人工神经网络结构的神经网络模型，其中，所述多层人工神经网络结构包括一个输入层、一个输出层和两个以上的隐层，所述输入层设有 n 个节点，输出层设有一个节点且输出层的输出结果用以表示所预测的目标股票交易价格的升跌概率；其中所述多层人工神经网络结构的损失函数如下：

$$J(\Theta) = -\frac{1}{m}\Big[\sum_{i=1}^{m} y^{(i)}\log(h_\Theta(x^{(i)})) + (1 - y^{(i)})\log(1 - (h_\Theta(x^{(i)})))\Big] + \frac{\lambda}{2m}\sum_{l=1}^{L=1}\sum_{i=1}^{s_l}\sum_{j=1}^{s_l+1}(\Theta_{ji}^{(l)})^2$$

式中，m 为训练数据组的个数；x 为输入变量；λ 为基本面量化参数；$h(x)$ 为输出层的输出结果；$j_i^{(L)}$ 为权重参数。

S3：将所述目标股票的交易历史数据构建训练数据集和测试数据集。

S4：向多层神经网络结构中输入训练数据集，多层神经网络进行训练和有监督的学习，得到初步的用于预测股票交易价格趋势的神经网络预测模型。

S5：向步骤 S4 得到的神经网络预测模型输入测试数据集，对神经网络预测模型进行泛化能力测试，并根据测试结果进行参数调整和优化处理，得到最终的预测模型。

【案例分析】

权利要求请求保护一种基于神经网络的股票价格趋势预测方法，其要解决的问题是提高股价预测的准确性，为了解决上述问题所采取的方案为：选取股票技术特征参数，并获取目标股票的交易历史数据作为输入训练集，然后构建多层人工神经网络模型，将目标股票的交易历史数据构建得到训练数据集和测试数据集，输入多层神经网络结构中，经过测试、调整优化，得到最终的股票价格趋势预测模型。

针对上述方案是否构成技术方案，有两类不同的观点，观点 1 认为：根据历史所给出的股票数据对于未来的股票价格趋势进行预测，上述预测过程虽然利用了历史数据，但采用历史数据进行统计对未来事件进行预测并不必然就属于专利法所保护的客体，上述权利要求请求保护的方案实质上所依据的是引起股票价格波动的经济学规律，因此不构成专利保护客体；观点 2 认为：方案中通过股票的历史数据来对未来的股票价格进行预测，股票的历史数据是客观存在的数据，从整体来看并不以人的意志为转移。从当前的权利要求撰写来看，权利要求中记载了采用多层人工神经网络来进行股票价格的预测，意味着其必然能够解决技术问题并获得技术效果，构成了专利法意义上的技术方案。

当客体判定存在困难时，需聚焦本申请请求保护的方案整体。就本案而言，方案中虽然利用神经网络模型实现大数据分析处理以获得预测结果，但是，大数据处理手段本身以及人工神经网络模型等手段的使用并不必然构成技术手段，同时，利用历史数据（过去的股票价格）仅仅说明其处理对象是客观存在的，但是对客观数据进行处理的手段也并非一定是符合自然规律的技术手段。

正如本申请背景技术中所记载的，股票交易价格受到许多经济因素影响，股票价格走势不受自然规律约束，体现和遵循的是经济学规律。虽然请求保护的方案中使用人工神经网络模型作为数据分析处理的手段之一，但是将股票交易历史数据作为模型学习和训练的输入，根据历史数据预测出股票价格未来的变化趋势，其所遵循的是经济学规律而非自然规律，采用的并非技术手段；采用上述手段解决的提高股票价格预测准确性的问题并非技术问题；相应地，获得的提高股票交易价格预测准确性的效果，也非技术效果。因此，该权利要求请求保护的方案不属于《专利法》第 2 条第 2 款规定的技术方案，不属于专利保护的客体。

（二）评估/建模

● **案例 2-4-5　股票订单交易方法**

【背景技术】

在金融市场中，投资者通过计算机程序下达交易订单，并由计算机算法来确定交易订单的交易时机、价格、下单的数量等交易方式。股票交易使用算法交易，可以提高整体交易市场的流动性，减少对市场的冲击，从而可以降低投资者的交易成本。对于需要提交大额订单的机构投资者，在提交大额订单时，交易往往不能一次性全部成交，会对市场产生较大的冲击，未成交的订单将承担这部分冲击成本，导致订单的交易成本较高。

通常大部分股票交易成交量预测方法采用的是基于简单的滚动平均的成交量加权平均价格 VWAP 算法，可以将大订单拆分成小订单，一步一步提交订单，减少了市场冲击成本，使交易者降低了交易成本。

【问题及效果】

现有的基于简单的滚动平均的 VWAP 算法，虽然有简单快速的优势，但是成交量分布预测的准确性较低，并且未使用当前区间最近区间的成交量数据，即未考虑市场行情变化的影响。

本申请提供一种股票订单交易方法和装置，能够解决现有技术对当前交易日各区间成交量的预测不准确，股票订单交易成本过高的问题。采用机器学习方法来进行成交量分布的预测，并且在成交量比例的预测过程中加入了最近区间的成交量数据，以适应市场行情突变导致成交量异常情况，进而提高了成交量比例预测的准确度，以及提高了 VWAP 算法的执行效果，进一步降低了交易成本。

【具体实施方式】

本申请具体实施方式提供一种股票订单交易方法，包括：

步骤 S101：接收股票待交易的开始时间和结束时间，通过预设区间划分规则对待交易时间段进行划分。

步骤 S102：根据划分后的待交易时间段中区间对应的历史交易日相同区间成交量数据、历史交易日日成交量数据以及最近几个区间的成交量数据，通过预测模型计算区间的成交量比例的预测值，进而得到区间可提交的订单量。

步骤 S103：根据所述区间可提交的订单量，提交股票的待交易订单。

在每次通过预测模型计算区间的成交量比例的预测值之前，先获取预设数据长度的待交易股票的历史成交量数据并划分为训练集和测试集，然后分别使用 SVR 模型、随机森林模型和 XGBoost 模型在训练集上进行训练，且在测试集上验证结果，进而可以选取成交量比例预测准确度最高的预测模型作为确定的预测模型。

其中，SVR 为支持向量回归，随机森林指的是利用多棵树对样本进行训练并预测的一种分类器，XGBoost 为极端梯度提升。

在分别使用 SVR 模型、随机森林模型和 XGBoost 模型在训练集上进行训练的过程中，需要将历史成交量数据整理为 SVR 模型、随机森林模型和 XGBoost 模型的输入和输出 $(x_{t,i}, y_{t,i})$ 如下：

$$\begin{cases} x_{t,i} = (V_{t-l_1,i}, \cdots, V_{t-1,i}, V_{t-l_1}, \cdots, V_{t-1}, V_{t,i-l_2}, \cdots, V_{t,i-1}) \\ y_{t,i} = \omega_{t,i} \end{cases}$$

其中，l_1 和 l_2 为两个参数，分别表示使用的历史交易日相同区间成交量数据的个数和使用的当前区间最近几个区间成交量数据的个数；$V_{t,i}$ 为第 t 个交易日第 i 个区间的成交量；$\omega_{t,i}$ 为第 t 个交易日第 i 个区间的成交量比例。

其中，所述的当前区间最近几个区间是指假设当前区间为当前交易日的第 j 个区间，则最近 n 个区间为：第 $j-1$，第 $j-2$，……，第 $j-n$ 个区间。

【权利要求】

一种股票订单交易方法，其特征在于，包括：

接收股票待交易的开始时间和结束时间，通过预设区间划分规则对待交易时间段进行划分；

根据划分后的待交易时间段中区间对应的历史交易日相同区间成交量数据、历史交易日日成交量数据以及最近几个区间的成交量数据，通过预测模型计算区间的成交量比例的预测值，进而获得区间可提交的订单量；

在区间的开始时间，根据所述区间可提交的订单量提交股票的待交易订单，在区间的结束时间将未成交的订单转移至下一个区间；当在最后一个区间的时候，则将所有剩余订单量提交；其中，所有剩余订单包括未提交订单和未成交的订单。

【案例分析】

权利要求请求保护一种股票订单交易方法，涉及股票交易领域，往往容易引发对其方案整体是否属于专利保护的客体产生疑虑。但在审查实践中，并不会仅因应用领域而简单直接判定得到方案是否构成技术方案的结论，仍然会聚焦请求保护的方案本身，从方案整体出发进行技术三要素的判定。

就本申请而言，根据背景技术的记载，现有技术中存在以下缺陷：提交大额订单时往往不能一次性全部成交，未成交的订单会导致成本增加。现有的股票交易成交量预测方法采用的是基于简单的滚动平均的 VWAP 算法，可以将大订单拆成小订单，但是该 VWAP 算法成交量预测的准确性较低，并且未考虑市场行情产生的变化，预测的成交量比例不能进行自动调整。因此，本申请要解决的问题并非仅涉及避免交易成本过高的问题，而是订单拆分时，对当前交易日各区间成交量的预测不准确，导致订单提交出现问题，从而导致交易成本过高。为了解决上述问题，方案中采用的手段是将待交易时间段进行划分，根据历史成交量数据，并引入当前区间最近区间的成交量数据，建立预测模型，进而通过预测模型来预测待交易时间段的订单量，然后通过分时段下单的方式对订单进行区间自动下单，反映的是通过历史网络负荷（即历史成交量）预测当前可能的网络负荷（即可提交的订单量）时加入最新网络负荷（即最近区间的成交量数据）来提高预测准确度，以及根据预测出的当前可能的网络负荷（即可提交的订单量）进行网络负荷分配（自动提交订单），显然上述预测和提交订单的过程并非受价格因素等经济学规律的约束，而是受到自然规律的约束，构成了技术手段。相应地，该方案解决的成交量预测不准确的问题属于技术问题，获得的效果是在成交量预测更加准确的情况下分时分批自动提交交易订单，构成技术效果。因此，该权利要求请求保护的方案构成《专利法》第 2 条第 2 款规定的技术方案，属于专利保护的客体。

● 案例 2-4-6　基于大数据的人员价值计算方法

【背景技术】

为一件商品定价相对简单，只需要核算商品的生产成本，包括原料费、物流费、人工费、场地费、设备损耗费等，再加上想要获取的利润即可完成商品定价。

对人力资源的定价则相对复杂。在现实社会里，难以用精确的数字对人进行衡量。随着技术的进步，数据的采集变得越来越容易，从而给人力资源、金融学、医学、信息学和统计学等诸多领域带来了海量、高维数据。然而，数据中往往存在大量冗余变量和冗余特征。因此，如何从海量、高维数据中提取重要的变量是面临的基本问题。

在现有技术中，尚没有一个针对人员薪资预估的完整标准和体系，无论企业还是个人都无法对人员价值进行客观的评估，而只能主观判断。在人员招聘过程中，普遍存在应聘者对自我没有准确的认知，当面对企业谈薪资时无所适从，企业本身也无法通过直观数据对招聘的岗位进行精准定价。因此，需要一种能够对人员价值进行客观精准计算的方法。

【问题及效果】

本申请旨在提供一种人员价值计算方法，用以解决现有技术中无法对人员价值进行客观精准评估的问题。将现有技术中的表格式简历进行技术处理，从繁杂的文字叙述中提炼出真正有价值的简历要素，并以图形化的数据图表展现出来，使得一个人的各项素质都一目了然，通过标准化的变量计算人力资源的定价。

【具体实施方式】

本申请具体实施方式提供一种人员价值计算方法，包括：

步骤一，从数据库中获取大批量简历数据，例如，本实施方式共提取了1000万份简历，所述简历包括其背后行为数据和心理学分析数据。

所述数据包括：

1）基础信息：年龄、性别、地区、户口所在地、婚姻状况、求职状态；

2）教育/工作经历：学历、专业、学科类别、学校、专业与从事行业的一致性、工作年限、公司、公司规模、公司类型、行业、部门、工作类型、职位、项目经验、职业发展路径、跳槽次数、最长一份工作年限、技能；

3）行为数据及心理学分析数据：根据微博调研获取互联网用户行为数据，挖掘特征结合北大心理学系研究建立的棱镜模型，棱镜指数是为了衡量员工是否具有一定的岗位胜任力；根据 PRISM 模型对各个量表指标赋予一定的权重计算得来的。棱镜指数得分较低，工作胜任度较低，意味着目前的工作绩效还有不少提升的空间。该模型进行深入心理分析综合评定，给出各项软实力指标。

同时，还提取了简历中的薪酬数据，包括期望薪酬及部分实际薪资。

步骤二，根据打分体系对步骤一所提取的基础信息、教育/工作经历数据进行打分。

所述打分体系如下：

学校依据院校教育资源、985/211 等院校分类标准进行综合评分，共分为 5 个等级，按照 1~5 分分别打分，普通非统招院校为 1 分，普通统招院校为 2 分，211 院校、非 985 院校为 3 分，985 院校为 4 分，清华大学/北京大学为 5 分；

学历按高中以下、高中/职高/中技/中专、大专、本科、硕士、博士/MBA/EMBA 级别进行打分，共分为 6 个等级，得分由低到高分别为 0.8、1、2、3、4、5；

专业按照与所从事岗位专业性的一致性进行打分；

职位按照不同职级进行打分，共划分为 130 种类别，如市场助理、市场专员、市场主管、市场经理、市场总监等，打分范围为 1~10 分；

年龄、工作年限、跳槽频率均根据实际数据处理后进行打分；

性别、婚姻状况、求职状态、全部按照哑标量形式进行打分（即 01 矩阵形式）；工作经历根据公司、职位分别进行打分；其中公司按照行业、所在地区、公司规模、公司类型对公司进行聚类后再针对每一个类别进行打分，共分为 50 类，每类间距根据所在该类公司的所有人员平均期望薪资水平计算。

步骤三，构造具有组织结构先验的稀疏组结构惩罚函数，将打分后的字段代入函数模型，以实现残差、两个惩罚函数加和后的最小化为目标，从基础信息、教育/工作经历、行为数据及心理学分析数据中选择出影响因子较高的字段。

构造具有组织结构先验的稀疏组结构惩罚函数，以预测为指标，对于高维数据，自动选择出影响因子较高的字段，预选字段共计 24 个字段，将打好分数的字段代入模型，以实现残差、两个惩罚函数加和后的最小化为目标，最终选择 11 个影响因子，包含性别、婚姻状况、学历、学校、专业与从事行业的一致性、工作年限、公司、最近一份工作的职位、项目经验综合得分、职业发展路径综合得分、跳槽次数；其余几个维度通过稀疏 Group Lasso 模型，对应系数均趋近于零，所以自动淘汰，变量经过这样选择后，同时保证了变量组内和组间的稀疏性。

步骤四，使用最小二乘回归方法建立回归模型：

使用打好分数的样本数据，以预测薪资为目标，上述选中的 12 个影响因子作为因变量，修订后的期望薪资（与实际薪资对比后修订）作为自变量，使用最小二乘回归方法建立回归模型，最终计算出各字段的系数。

例如，最近一份工作职位系数为 1980，公司系数为 987，学历系数为 1167，工作年限系数为 687 等。

步骤五，从数据库中获取新的人员简历，提取各字段数据，代入打分体系中，根据模型中的系数进行计算，得到该人员简历所对应的人员价值。

得到该人员简历所对应的人员价值后，在显示界面中以图表的形式显示人员价值及各字段数据。

【权利要求】

一种基于大数据的人员价值计算方法，包括以下步骤：

步骤一：从大批量简历中提取人员数据。

步骤二：根据打分体系对步骤一所提取的基础信息、教育或工作经历数据进行打分。

步骤三：构造具有组织结构先验的稀疏组结构惩罚函数，将打分后的字段代入函数模型，从基础信息、教育或工作经历、行为数据及心理学分析数据中选择字段。

步骤四：使用步骤二中打分后的字段，以预测薪资为目标，以步骤三选择出的字段作为自变量，修订后的期望薪资作为因变量，使用最小二乘回归方法建立回归模型，计算各字段的系数。

步骤五：从数据库中获取新的人员简历，提取各字段数据，代入打分体系进行打分，根据步骤四得到的系数，计算得到该人员简历所对应的人员价值。

【案例分析】

本申请请求保护一种基于大数据的人员价值计算方法，根据从大批量简历中提取的人员数据，按照打分体系、惩罚函数、预测薪资等要素分析得出人员的价值。该方案要解决的问题是如何评价人员的价值，为了解决该问题所采用的手段包括对基础数据进行打分、选择参数建立评价模型以及根据模型计算评价对象的价值。

对于上述方案是否构成技术方案，也存在两种观点：观点1认为上述方案中使用了简历数据的处理、选参建模等手段实现了人员价值的计算，上述过程包含了简历数据的处理以及对简历提取后的客观数据进行处理的过程，并非人为主观定义人员价值的过程，构成技术方案；观点2认为参数选取、打分体系、惩罚函数等过程都是人为主观设定的，使得人员价值的计算过程未受到自然规律的约束，因此方案整体上未构成技术方案。

本申请要解决的问题是如何评价人员价值，为了解决上述问题，采用的方案中包括：从简历中提取数据，对提取后的数据使用打分体系、惩罚函数对人员的基础信息、教育或工作经历进行量化进而计算得到人员的价值。判断上述方案是否构成技术方案的重点在于：判定对输入的数据（简历提取得到的基础信息、教育或工作经历数据）进行分析处理计算得到输出结果（人员价值）的这一处理过程中得到的数据之间的关联性是否符合自然规律。

依据本申请具体实施方式部分的记载可知，上述打分体系和惩罚函数的处理过程实质是将学历、专业与岗位一致性、职位的职级、性别、工作年限、跳槽频率等客观数据量化地与人员薪资挂钩，上述参数确实会影响人员的薪资认定，属于当下人力资源领域对聘用人员薪资考量的各个维度，但上述因素对薪资的影响仅依据企业对人力资源管理的需求而定，显然并未遵循自然规律。

因此，该方案要解决的评价人员价值的问题并非技术问题，所采用的手段依赖于人们的社会生活经验因素，其中选择的参数都是根据人力资源价值评估经验和规律人为选择和设定的，然而影响待评价对象价值的因素是多方面的，人为选择的各考量因素与期望评价的对象之间的关系并非符合自然规律，所采用的评价手段并非是遵循自然规律的技术手段，所获得的效果也仅仅是为人力资源决策提供参考依据，并非技术效果。因此，该权利要求请求保护的方案未构成《专利法》第2条第2款规定的技术方案，不属于专利保护的客体。

● 案例 2-4-7　水鸟调查地址选择方法

【背景技术】

水鸟是湿地生态系统重要的指示生物，研究其理化指标、分布及迁徙路线，对水鸟赖以生存的湿地生态系统研究具有重要的意义。同时，水鸟因其健美体型、优雅姿态、多种色彩，受到各界人士的喜爱。无论是出于生态保护还是个人爱好，水鸟调查或者称水鸟观察是必不可少的一项活动。但水鸟移动性高、警觉性强、观察地点复杂等诸多特点，选择合适的观察位点，是对水鸟进行调查或观察的前提。

预测动物分布研究较多，但实际存在诸多问题。一方面，动物的数量受到很多互相关联、作用于不同时空尺度的环境因子的影响；另一方面，生物之间的相互作用，如下行效应（捕食作用）和上行效应（食物的质量及可利用度），会在不同的营养级之间发挥其影响力，并受到种间竞争和共生关系的制约。而这些因子的效果会随着体型的差异而发生变化。飞禽在体型和习性上均有别于陆禽和水体动物，水鸟是飞禽中一大分支，自然其数量分布和种群分布具有相对特殊性。

【问题及效果】

对水鸟多度和丰度具有广泛适应性的影响因子目前并未见明确报道，尤其是各种影响因子之间相互关系以及与水鸟多度和丰度之间的确切关系并不明确。技术人员在进行水鸟调查或观察前仍然需要做大量前期预调研和测试，确定适宜调查地址，尤其是湖泊选择和位点选择方面，浪费大量人力和物力，尤其是水鸟调查或观察具有一定的时效性，在经过往复、长时间前期调查后，水鸟的丰度和多度分布往往又产生新的变化，严重影响到工作的效率甚至是准确性。因此，明确水鸟调查或观察地址选择的关键指标，确定相互关系，对有效进行水鸟调查或观察具有重要的意义。

本申请的目的是提供一种水鸟调查方法，明确水鸟调查或观察中地址选择的关键指标，尤其是明确湖泊选择中各项指标与水鸟多度和丰度的关系，解决了目前水鸟调查或观察中存在观察地址不明确、前期预调研时间久、调查时效性落后等问题。

【具体实施方式】

本申请具体实施方式提供一种水鸟调查地址选择方法，包括：

（1）调查范围：以中国典型湿地生态系统作为数据调查的地区，调查覆盖长江中下游约 970000 平方公里湿地面积。

（2）调查时间：2005 年、2016 年。

（3）调查方法：分区直数法，通过观察记录所有观察到的物种及数量。

（4）数据获得：2005 年调查共记录 544841 只水鸟，分属 89 个物种，其中包括 31200 只未识别个体。2016 年调查记录了 306026 只水鸟，分属 69 个物种，其中包括 34558 只未识别个体。

（5）调查数据预处理：根据每个物种的食性，将调查获得的水鸟物种分为 8 个觅食集团，包括以块茎为食、以莎草及草本植物为食、以植物叶片及种子为食、以无脊椎动物为食、以大型鱼类为食、以浮游动物及小鱼为食、机会觅食者（食谱包括无脊椎动物、两栖类和鱼类）。

（6）数据分析：在 R 中，使用 lme4、MuMIn、spdep 及 ncf 分析包对上述变量指标进行统计分析。以 AICc 准则（ΔAICc<2），选择变量指标与水鸟多度、变量指标与水鸟丰度之间的最优模型。同时，检验自变量之间的多重共线性，结果显示，VIF 值均小于 4，说明多重共线性不会影响模型的结果。进行 Moran's I 检验，结果显示所有模型的残差均不具有空间自相关结构（P>0.05）。

基于 AICc 模型选择标准，分别筛选出 21 个最优模型解释 2005 年、2016 年湖泊环境因子与越冬水鸟群落之间的关系。所有模型都包含涨落区面积（IA）、18 个模型包含总氮（TN）、15 个包含温度（TEMP）。IA 的效应均为正（95% 置信区间都大于 0）。TN 的效应均为负，温度的效应均为正。根据获得的最优模型，进行模型平均，得到指标变量与水鸟多度、指标变量与水鸟丰度之间的关系如下所示：

水鸟多度=6.141+0.795 涨落区面积-0.003 湖泊所在地降水量+0.265 温

度-0.671 总氮-6.496 总磷+0.037 湿地面积。

水鸟丰度=1.227+0.137 湖泊所在地涨落区面积-0.002 降水量+0.112 温度-0.2 总氮。

其中，湖泊涨落区范围为 0~689.5 平方公里；湖泊形成的湿地面积为 1.2~2401.1 平方公里；湖泊所在地降水量范围为 12.6~122.2 毫米；温度范围为 0.2~5.4 摄氏度；湖泊总氮含量范围为 0.29~5.49 毫克/升；总磷范围为 0.02~0.22 毫克/升。

【权利要求】

一种水鸟调查地址选择方法，其特征在于，该方法包括如下步骤：

（1）湖泊选择；

（2）湖泊观察位点选择；

（3）观察位置选择；

具体地，决定步骤（1）湖泊选择的因素为水鸟多度即水鸟的数量、水鸟丰度即水鸟的种类数、湖泊涨落区面积，湖泊所在地降雨量、温度，湖泊总氮、总磷含量以及由湖泊形成的湿地面积；

所述水鸟多度与湖泊涨落区面积成正比，与湖泊所在地降雨量成反比，与温度成正比，与湖泊总氮含量成反比，与湖泊总磷含量成反比，与湖泊形成的湿地面积成正比；

所述水鸟丰度与湖泊涨落区面积成正比，与湖泊所在地降雨量成反比，与温度成正比，与湖泊总氮含量成反比；

所述水鸟多度与湖泊选择的指标具体关系如下：

水鸟多度=6.141+0.795 涨落区面积-0.003 湖泊所在地降水量+0.265 温度-0.671 总氮-6.496 总磷+0.037 湿地面积；

所述水鸟丰度与湖泊选择的指标具体关系如下：

水鸟丰度=1.227+0.137 湖泊所在地涨落区面积-0.002 降水量+0.112 温度-0.2 总氮；

所述湖泊涨落区范围为 0~689.5 平方公里；湖泊形成的湿地面积为 1.2~2401.1 平方公里；

所述湖泊所在地降水量范围为 12.6~122.2 毫米；温度范围为 0.2~5.4 摄氏度；湖泊总氮含量范围为 0.29~5.49 毫克/升；总磷范围为 0.02~0.22 毫克/升；

所述湖泊选择位于长江中下游的湖泊。

【案例分析】

本申请涉及水鸟调查地址选择方法，其输出的结果是观察水鸟的地址，对此会存在一种困惑，观察水鸟的地址选择会因人而异，由人的主观性决定，解决上述问题的方案是否能构成技术方案。上述困惑的产生，在于单一维度对解决问题的技术性进行了质疑，在审查实践中，在判定上述方案是否构成技术方案时，仍需聚焦请求保护方案的整体判定技术三要素。

本申请要解决的问题是提供水鸟调查的地址，方案中明确水鸟调查观察中地址选择的关键指标，单从所要解决的问题本身难以判断该问题的技术性。此时，需要结合方案中采用的手段进行分析，方案中采用的手段主要包括湖泊选择、湖泊位置选择和观察位置选择三个步骤，其中湖泊选择的具体方式，是通过选择并量化湖泊相关的物理参数指标与水鸟多度及水鸟丰度之间的关系来实现的。具体而言，方案中选择并建立了湖泊的相关物理参数包括湖泊涨落区面积、湖泊所在地降雨量、温度、湖泊总氮含量、湖泊总磷含量、湖泊形成的湿地面积与该湖泊范围内的水鸟多度即水鸟的数量之间，以及湖泊涨落区面积、湖泊所在地降雨量、温度、湖泊总氮含量与该湖泊范围内的水鸟丰度即水鸟的种类之间的关系模型。可见，方案中所建立的湖泊相关的物理参数指标与水鸟多度及水鸟丰度之间的关系模型并非基于某种人为规则制定的模型。

为了解决水鸟调查地址选择的问题，本申请建立了模型来描述湖泊的相关物理参数指标与水鸟多度和水鸟丰度之间的量化关系，这种关系反映了自然物理环境对鸟类分布的影响，受到种间竞争和共生关系的制约，即该量化模型受到自然规律的约束。因此，该方案采用了符合自然规律约束的技术手段来解决技术问题，最终获得了科学准确的选择水鸟调查地址的技术效果，构成《专利法》第2条第2款规定的技术方案，属于专利保护的客体。

◉ 案例 2-4-8　领导能力评估方法及装置

【背景技术】

心理学中的领导能力理论主要用于研究"某个人是否有能力适应某个领导岗位""适应某个领导岗位的人有什么特征"的问题。领导能力理论主要是根据不同的个体在面对相同的任务时会产生不同的认知信息加工机制、问题求解的策略选择，从而在特定题目上得分有差异。上述不同领导能力的形成是由于每个个体在感/知觉的刺激阈限、注意资源、工作记忆、刺激信息表征方式、语义记忆体系、问题解决策略等方面存在差异，造成了对认知信息的加工过程不同。再进一步，上述在认知信息加工过程中的各种差异，主要是由于不同个体的脑结构存在差异以及不同个体在启动认知任务时的脑网络层级水平的活动存在差异造成的。故具备不同的脑结构、活动差异的个体，一方面在认知信息加工过程中表现出差异，另一方面在伴随性的生理表征上也存在差异。

【问题及效果】

当前一般通过问卷调查的方式确定个体的领导能力，问卷调查的方式虽然能够得到比较准确的领导能力评估结果，但是耗时较长，一般需要消耗1~2个小时的时间，效率低下。其他的领导能力评估方法虽然能够提高评估效率，但是准确度偏低，无法实现领导能力的快速、准确评估。

本申请提供了一种领导能力评估方法，通过捕捉领导能力测定者在观看具有不同认知刺激角度的预制视频时的面部活动特征以及领导能力预估神经网络模型，对领导能力测定者的领导能力进行预估，相比于问卷调查的方式，有效缩短了预估时间，提高了预估效率，并且保障了预估的准确度。

【具体实施方式】

本申请具体实施方式提供一种领导能力评估方法，包括：

S110：向领导能力测定者播放具有不同认知刺激角度的预制视频。

预制视频是通过采用特殊编制方法编制的视频材料，用于激发领导能力测定者的感/知觉、工作记忆、语义记忆、高级认知加工等认知行为。

S120：分别获取领导能力测定者在观看每种预制视频过程中的面部活动特征。

在领导能力测定者观看刺激视频时，采用枪式摄像机记录领导能力测定者的面部活动，每秒记录 X 帧图像。对每一种预制视频对应的认知活动下的面部活动视频采样 K 张面部图像。其中，K 为整数。

所述面部活动特征为领导能力测定者面部的至少一个预定区域内的面部活动特征。这里的预定区域是预先设定的人的面部最能体现人的情绪的部位。

面部活动特征包括以下至少一项：领导能力测定者在观看每种预制视频时的面部温度变化、心率变化和呼吸变化。

上述步骤在得到针对每种预制视频对应的面部图像后，基于面部图像与该面部图像对应的比较图像的灰度值的变化，确定该面部图像对应的温度变化值、心率变化值以及呼吸变化值；之后基于该预制视频对应的每张面部图像的温度变化值、心率变化值以及呼吸变化值，确定领导能力测定者在观看该预制视频过程中的面部活动特征。

上述该面部图像对应的比较图像为在拍摄所述该面部图像的前一秒或后一秒拍摄的面部图像。比较图像还可以是在拍摄面部图像之前或之后的 N 秒拍摄的图像。

面部温度的变化值、心率的变化值以及呼吸的变化值表现在面部的视频图像的颜色变化上，上面比较图像与面部图像即位于视频图像的相邻位置上。

S130：利用领导能力预估神经网络模型，对领导能力测定者在观看每种预制视频时对应的面部活动特征进行处理，得到所述领导能力测定者的领导能力预估结果；其中，所述领导能力预估神经网络模型是利用多个样本测定者的领导能力特征以及多个样本测定者在观看每种预制视频过程中的面部活动特征训练得到的。

【权利要求】

一种领导能力评估方法，其特征在于，包括：

向领导能力测定者播放具有不同认知刺激角度的预制视频；

分别获取领导能力测定者在观看每种预制视频过程中的面部活动特征；

利用领导能力预估神经网络模型，对领导能力测定者在观看每种预制视频时对应的面部活动特征进行处理，得到所述领导能力测定者的领导能力预估结果；其中，所述领导能力预估神经网络模型是利用多个样本测定者的领导能力特征以及多个样本测定者在观看每种预制视频过程中的面部活动特征训练得到的。

【案例分析】

本申请请求保护一种领导能力评估方法，通过获取领导能力测定者观看预制视频的面部活动特征，并通过领导能力预估神经网络模型对上述获取的面部活动特征进行处理，得到领导能力评估结果。

本申请要解决的问题是如何评估领导能力，根据本申请背景技术记载：心理学中的领导能力理论主要用于研究"某个人是否有能力适应某个领导岗位""适应某个领导岗位的人有什么特征"的问题，由此可知，不同的领导岗位或不同的任务所需的领导能力也是不同的，不同岗位或任务所需的不同的领导能力的影响因素也是各异的，比如心理因素、知识背景因素、社会因素等；相同的人面对不同的岗位和任务其适配度也是各异的。因此，本方案中将获取的测定者面部特征输入领导能力预估神经网络模型并获取领导能力评估结果，虽然方案中分析处理的数据是客观得到的，但看到某视频后的面部特征数据和作为输出的领导能力评估结果之间不存在内在关联关系。

由此可知，该方案要解决的评估领导能力的问题并非技术问题，所采用的手段依赖于人们的社会生活经验因素，影响领导能力的因素是多方面的，会因所处的岗位和测定者的主观差异而无法确定，人为选择的考量因素与待测对象的领导能力之间不存在符合自然规律的内在关联关系，所采用的评估手段并非是遵循自然规律的技术手段，据此获得的效果也并非技术效果。因此，该权利要求请求保护的方案未构成《专利法》第 2 条第 2 款规定的技术方案，不属于专利保护的客体。

（三）个性化推荐

◉ **案例 2-4-9　电子券使用倾向度的分析方法**

【背景技术】

在市场营销中，经常需要通过各种促销方式来刺激用户的消费心理，比如买一赠一、满减、折扣、直降、团购、发放电子券等各种促销方式。在电商领域，电子券是一种常见的营销手段，通过电子券的发放，可以提升用户的活跃度，维护健康、稳固的用户群体，还可以促进特定品类商品的销售。虽然发放电子券会带来经济效益，但同时也要承担一定的成本，为了节约成本，就需要做到电子券的精准投放，这样可以在最大限度节约成本的同时创造收益价值。

【问题及效果】

现有技术中并没有一种有效确定电子券投放条件的方法，通常仅仅以用户的消费额度或消费频率作为条件进行电子券的投放，难以满足精确投放的需求，不利于商家的成本控制，且难以达到预期效果。

本申请提供了一种电子券使用倾向度的分析方法，能够准确地建立电子券使用倾向度识别模型，以更加精确地判断用户对电子券的敏感度，从而降低商家成本并提高电子券的使用效果。

【权利要求】

一种电子券使用倾向度的分析方法，其特征在于，包括：

根据电子券的信息对电子券进行归类以得到电子券种类；

根据电子券的应用场景获取用户样本数据；

根据用户行为，从所述用户样本数据中提取用户行为特征，所述用户行为包括浏览网页、搜索关键词、加关注、加入购物车、购买以及使用电子券；

以用户样本数据作为训练样本，以用户行为特征作为属性标签，针对不同种类的电子券来训练电子券使用倾向度识别模型；

通过训练后的电子券使用倾向度识别模型对电子券使用概率进行预测，得到用户对于不同种类电子券的使用倾向度。

【案例分析】

本申请请求保护一种电子券使用倾向度的分析方法，该方法获取的是用户对电子券使用的样本数据，通过对电子券进行归类、确定行为特征及进行模型训练，发现用户行为特征与电子券使用倾向度之间的内在关联关系。

虽然是否最终购买一件商品，是否使用了优惠券是用户个体的行为，但是，通过对群体消费行为的大数据进行分析，可以挖掘出数据之间的内在关联关系，对这种关联关系加以利用，能够提升对后续行为预测的科学性和准确性。虽然个性化推荐多用于商业情景，但是在判断挖掘出的数据是否符合自然规律的内在关联关系时，与天气预测、自然灾害预测等一样，不应因为应用场景不同，而区分对待。

对于本申请而言，对于某一商品的浏览时间长、搜索次数多、使用电子券频繁等行为特征，能够确切表示出用户对某类商品或电子券的兴趣高，进而对其电子券的使用倾向度也高，这种内在关联关系虽然在用户个体上，受消费心理、消费习惯的不同因人而异，但是，就现有大数据规模下反映出的群体行为而言，这种内在关联关系在一定时期内是客观、普遍、稳定的。因此，上述行为特征与电子券使用倾向度之间存在符合自然规律的内在关联关系，据此解决了如何提升分析电子券使用倾向度精确性的技术问题，并且获得了相应的技术效果。因此，权利要求请求保护的方案构成《专利法》第2条第2款规定的技术方案，属于专利保护的客体。

● 案例 2-4-10 个性化教育资源的推荐方法

【背景技术】

目前信息推荐主要分为两类：一类是基于邻居用户的兴趣内容进行信息推荐的协同过滤技术，这种推荐技术有利于发现用户新的兴趣点，比较适用于社交类网站及一般商业类网站，但是，教育资源推荐和商业推荐存在差异，一般在商业场景中用户的兴趣广泛，而在远程教育领域用户的兴趣只在一个或几个特定的类别，因此，协同过滤的高发散性不适用于远程教育资源的推荐；另一类是基于内容的推荐，这种推荐以所有资源项为基础，从中提取特征词，通过特征词之间的对比和相似性计算找到资源项之间的关联性，从而为用户推荐与过去感兴趣的资源相似的内容，这种方法的运算复杂度很高，医学教育系统中的资源多以视频为主，特征词提取的难度大并且准确率低，得到的特征词很难准确地描述资源的实际内容，采用这种方式推荐的医学资源会与用户的兴趣有较大的偏差。

【问题及效果】

现有这两种技术的核心都是基于历史数据，当系统使用此类技术对新用户进行信息推荐时，由于系统没有用户的历史数据，推荐带有较大盲目性。

本申请解决的问题是提供一种个性化教育资源推荐方法，为不同的用户推荐准确的个性化资源，使用户可以快速找到与自己兴趣相符的内容。

【具体实施方式】

本申请具体实施方式提供一种个性化教育资源的推荐方法，包括：

步骤S1：根据用户对所述教育资源的当前初始偏好信息，确定所述用户的当前初始推荐向量。确定所述用户的当前初始推荐向量的过程包括：

步骤S101. 建立所述教育资源网站的类别字典，并确定所述类别字典的基向量。

步骤S102. 所述用户选择的所述类别字典基向量中的多个元素为兴趣类别。

步骤S103. 将所述用户选择的元素赋值为 a，其余元素赋值为 0，即得到所述当前初始推荐向量，其中，a 为正整数。具体地，若用户选择了类别字典基向量中的第 i 个元素为兴趣类别，则当前初始推荐向量的第 i 个元素赋值为正整数 a。当用户初次使用系统时，才根据步骤 S101～S103 确定初始推荐向量，若用户不是初次使用该系统，则所述用户的初始推荐向量为上次使用系统时所确定的初始推荐向量。

步骤S2：根据所述用户的学习记录以及所述当前初始推荐向量，得到所述用户的当前个性化推荐向量。过程包括：

步骤S201. 将所述当前初始推荐向量赋值于个性化推荐向量，得到当前初始化个性化推荐向量。

步骤S202. 根据所述用户的学习记录，提取所述用户的个性化偏好信息，确定所述用户的个性化偏好向量。在本实施方式中，以用户的登录、退出操作作为一个学习过程的起始和终止时间，以用户打开教育资源的频数作为分析偏好信息的依据。

步骤 S203. 将所述当前初始化个性化推荐向量和所述个性化偏好向量相加，得到所述当前个性化推荐向量。

步骤 S3：计算所述当前初始推荐向量和当前个性化推荐向量的相关性 r，计算相关性 r 的公式为：

$$r = \frac{\sum_{i=1}^{n} (x_i - \bar{x})(y_i - \bar{y})}{\sqrt{\sum_{i=1}^{n} (x_i - \bar{x})^2 \cdot \sum_{i=1}^{n} (y_i - \bar{y})^2}}$$

其中，i 为向量 x 和 y 中元素的个数；n 为向量 x 和 y 中元素的总个数；x_i 为向量 x 中的元素；$\bar{x}$ 为向量 x 中所有元素的平均值；y_i 为向量 y 中的元素；$\bar{y}$ 为向量 y 中所有元素的平均值。通过 Pearson 相关系数度量所述相关性 r。

步骤 S4：比较相关性 r 和指定阈值 s 的大小，若所述相关性 r 大于指定阈值 s，则执行步骤 S5，根据所述当前个性化推荐向量，过滤得到推荐的资源；若所述相关性 r 小于或等于指定阈值 s，则提示所述用户重新选择兴趣类别，并返回所述步骤 S1。

步骤 S5：根据所述当前个性化推荐向量，过滤得到推荐的资源。

【权利要求】

一种个性化教育资源的推荐方法，其特征在于，包括如下步骤：

步骤（1）：根据用户对所述教育资源的当前初始偏好信息，确定所述用户的当前初始推荐向量。

步骤（2）：根据所述用户的学习记录以及所述当前初始推荐向量，得到所述用户的当前个性化推荐向量；所述学习记录包括登录教育资源的时长和频数。

步骤（3）：计算所述当前初始推荐向量和当前个性化推荐向量的相关性 r。

步骤（4）：若所述相关性 r 大于指定阈值 s，则根据所述当前个性化推荐向量，过滤得到推荐的资源；若所述相关性 r 小于或等于指定阈值 s，则提示所述用户重新选择兴趣类别，并返回所述步骤（1）。

所述计算所述相关性 r 的过程为：将所述当前初始推荐向量和所述当前个性化推荐向量进行归一化处理；通过 Pearson 相关系数度量所述相关性 r。

【案例分析】

本申请请求保护一种个性化教育资源的推荐方法，该方法通过获取用户对教育资源选择行为的样本数据，依据用户的偏好信息确定初始推荐向量，再依据学习记录及初始化向量得到个性化推荐向量，最后根据初始化推荐向量和个性化推荐向量之间的相关性，对资源进行过滤后实现资源推荐。

可见，本申请属于个性化推荐的应用领域，通过分析用户行为样本数据获得更为准确的教育资源推荐结果，其中，用户登录某类教育资源的时间长、登录频数多，能够反映出用户对某类教育资源感兴趣的程度高，故而，挖掘出的用户学习行为与教育资源推荐结果之间的内在关联关系符合自然规律，据此解决了如何提升用户个性化资源推荐的准确性的问题，并获得了相应的技术效果。因此，权利要求请求保护的方案构成《专利法》第2条第2款规定的技术方案，属于专利保护的客体。

● 案例 2-4-11　一种选址模型构建和选址方法

【背景技术】

商家对餐饮店、零售店或自动贩卖机等类型的商户进行选址时，现有技术中，一般是通过人工线下采集数据，如人工统计客流量的方式来判断与选择合适开设店铺、投放设备的位置，这种方式往往需要大量的人力与时间投入，选址效率较低。

【问题及效果】

本申请提供一种选址模型构建方法，确定用于训练模型的若干商户，针对每个商户：获得针对该商户经营情况进行评级的结果；确定该商户的目标地理范围内包括的预设位置特征；提取该商户对应位置的交易特征；将评级结果作为标签值，并将位置特征与交易特征作为特征值，构成该商户对应的位置样本；根据所构成的若干位置样本，通过机器学习算法训练选址模型。

该方案根据已有商户的位置信息、交易数据，以及该商户周围的若干参考商户的交易数据，训练对候选位置进行评级的选址模型。基于所训练的选址模型，可以对大量的候选位置进行评级，从而使用户可以直接或间接根据评级结果，确定经营商户的位置，节省较多的人工与时间资源，使用户得到更高效的选址服务。

【具体实施方式】

本申请具体实施方式提供一种选址模型构建方法，包括：

S101：确定用于训练模型的若干商户；在构建选址模型阶段，是以若干已经营一段时间的商户所在的位置作为训练样本，以该商户的现有经营情况作为样本的标签，并以该商户所在位置的某些交易相关的特征作为特征值，构成训练样本来训练选址模型。

实施方式中所称的商户，可以是餐饮店、超市等店铺的形式，也可以是自动贩卖机、自助点唱机等设备的形式，以下以自动贩售机为例进行说明。

S102：获得针对每个商户经营情况进行评级的结果；具体地可以通过多种方式获得商户的评级结果。可以由人工参考各种数据，也可以通过算法根据各种数据对各个商户进行自动评级。

确定若干已铺设的自动贩卖机，并获取各自动贩卖机1周内的交易笔数，若交易笔数不小于70笔，则确定评级结果为1，若交易笔数小于70笔，则确定评级结果为0。

S103：获得商户的位置信息，根据所述位置信息，确定该商户的目标地理范围内包括的预设位置特征。训练样本的特征可以包括位置特征与交易特征。其中，在确定各训练样本的位置特征时，可以预先设定若干对经营情况有影响的位置特征，然后确定商户的目标地理范围内包括的预设位置特征的类型、数量等。

针对每个自动贩卖机，获取并根据该贩卖机的位置信息，确定该贩卖机为中心的方圆200米内，是否包括商业场所、居住场所、生产或办公场所、交通场所、医疗场所、教育场所及旅游场所，以及分别包括的数量。

S104：根据以下提取交易特征的方法，提取商户对应位置的交易特征：根据所述位置信息，确定该位置的目标地理范围内包括的参考商户；获得所述参考商户的交易数据，根据所获得的交易数据提取该位置的交易特征；

本步骤所称的参考商户的交易数据，可以包括参考商户的线下交易数据，即用户在参考商户中进行线下交易的数据，提取商户对应位置的交易特征时，还可以进一步地通过线上交易数据提取特征。

确定该贩卖机为中心的方圆200米内，是否包括其他预设类型的商户(参考商户)，并确定所包括的各参考商户的1周累计交易笔数、1周累计交易用户数及每日交易笔数等线下交易数据。并确定该贩卖机为中心的方圆200米内，是否存在用户进行线上交易活动，并统计进行线上交易的用户的性别、年龄、职业、该位置为工作地或居住地、线上交易频次等个人属性数据。根据上述交易数据的数据值，计算预设多项交易特征。

S105：将所述评级结果作为标签值，并将所述位置特征与交易特征作为特征值，构成商户对应的位置样本；

根据每台贩卖机的上述数据，构成该贩卖机对应的位置样本，具体地，如果评级结果为1，则该位置样本为白样本，如果评级结果为0，则该位置样本为黑样本；并且，将上述位置特征与交易特征作为该位置样本的特征值。

S106：根据所构成的若干位置样本，通过机器学习算法训练选址模型。

【权利要求】

一种选址模型构建方法，该方法包括：

确定用于训练模型的若干商户，针对每个商户：

获得针对该商户经营情况进行评级的结果；

获得该商户的位置信息，根据所述位置信息，确定该商户的目标地理范围内包括的预设位置特征；

根据以下提取交易特征的方法，提取该商户对应位置的交易特征：根据所述位置信息，确定该位置的目标地理范围内包括的参考商户；获得所述参考商户的交易数据，根据所获得的交易数据提取该位置的交易特征；

将所述评级结果作为标签值，并将所述位置特征与交易特征作为特征值，构成该商户对应的位置样本；

根据所构成的若干位置样本，通过机器学习算法训练选址模型。

【案例分析】

现有技术中，商家对餐饮店、零售店或自动贩卖机等类型的商户进行选址时，一般是通过人工线下采集数据（如人工统计客流量）的方式，来判断与选择合适开设店铺或投放设备的位置，这种方式往往需要大量的人力与时间投入，选址效率较低。

为了给即将开设的店铺或设备更高效地推荐选址，本申请提供了一种选址模型的构建方法，其中通过确定用于模型训练的若干商户样本，并针对确定的多个商户的真实交易情况进行评级，获取商户地址特征以及商户一定范围内影响的位置特征，通过商户评级结果、位置特征与交易特征构成机器学习的样本数据以训练选址模型。本申请请求保护的方案实质上通过数据分析处理候选地址中对应若干相似商户的真实经营交易情况及周围影响客流的其他设施，利用机器学习训练得到选址模型，其实质上反映的是对现有的候选地址范围内真实商户的经营情况的分类量化以用于后续的数据分析处理，并非是纯主观的人为设定，通过对候选地址范围内相似商户的经营情况、客观存在的影响人流的其他设施等相关数据分析和处理，用以预测未来该地址设置商户的经营情况，进而进行选址推荐，这些数据之间的内在关联关系是符合自然规律的，据此解决了提高地址推荐准确性的技术问题，并能够获得相应的技术效果。因此，权利要求请求保护的方案构成《专利法》第 2 条第 2 款规定的技术方案，属于专利保护的客体。

第五节　如何判断彼此相互支持、存在相互作用关系

一、现有规定及困惑

在前面的章节中，我们已经对客体判断所涉及的几大难点热点问题进行了分析，包括如何判断算法与技术领域的松紧耦合、何为有确切技术含义的数据、哪些情形属于计算机系统内部性能的改进，以及如何理解符合自然规律的内在关联关系。接下来，我们就要对创造性审查中大家关注的一些问题进行探讨。

2020 年 2 月实施的《指南》第二部分第九章第 6.1.3 节规定：对既包含技术特征又包含算法特征或商业规则和方法特征的发明专利申请进行创造性审查时，应将与技术特征功能上彼此相互支持、存在相互作用关系的算法特征或商业规则和方法特征与所述技术特征作为一个整体考虑。"功能上彼此相互支持、存在相互作用关系"是指算法特征或商业规则和方法特征与技术特征紧密结合、共同构成了解决某一技术问题的技术手段，并且能够获得相应的技术效果。例如，如果权利要求中的算法应用于具体的技术领域，可以解决具体技术问题，那么可以认为该算法特征与技术特征功能上彼此相互支持、存在相互作用关系，该算法特征成为所采取的技术手段的组成部分，在进行创造性审查时，应当考虑所述的算法特征对技术方案作出的贡献。

此规定旨在强调对于大数据、人工智能领域的解决方案，当技术特征和诸如算法特征及商业规则和方法特征之类的非技术特征交织在一起时，当算法特征及商业规则和方法特征能够与技术特征一起，使方案整体上解决技术问题，或者对要解决的技术问题产生影响，那么这部分特征也能构成技术手段，在创造性评判时一并需要考虑其技术贡献。

但是，对于具体的判断方式未有更加详细的规定。加之，随着新领域、

新业态专利申请呈现的新情况，当方案中不存在技术特征，仅以数学模型、指标模型等构建的手段出现时，如何进行考量成为一大难点。

二、整体判断思路

首先，我们需要考虑如何判断算法特征、商业规则和方法特征等非技术特征与技术特征之间功能上彼此相互支持、存在相互作用关系。按照《指南》第九章中的解释，"功能上彼此相互支持、存在相互作用关系"是指非技术特征与技术特征两者紧密结合、共同构成了解决某一技术问题的技术手段，并且能够获得相应的技术效果。比如，算法应用于某一具体技术领域，能够解决某一具体技术问题（必然能够带来相应的技术效果）时，那么该算法特征就构成技术手段。再比如，商业规则和方法特征的实施需要借助技术手段的调整和改进。

在创造性审查时，应将与技术特征功能上彼此相互支持、存在相互作用关系的非技术特征与技术特征整体考虑，特别是要避免在客体判断时已经被认定为构成技术手段的算法特征、商业规则和方法特征等非技术特征，在创造性判断时重新被割裂考虑，而认为其对创造性没有带来技术贡献。也就是说，当判断出算法特征、商业规则和方法特征等非技术特征与技术特征相互支持、存在相互作用关系后，要按照创造性显而易见性的一般标准，判断现有技术中是否存在相应的技术启示。

需要说明的是，作为程序流程执行载体的计算机设备，在执行该程序流程所涉及的商业规则和方法特征时，不会因为该商业规则和方法特征对该计算机设备的硬件或性能作出调整和改进，因此，仅作为执行载体的计算机设备的硬件特征与商业规则和方法特征并非《指南》所说的"功能上彼此相互支持、存在相互作用关系"。故而，与方法权利要求对应一致的程序模块构架类装置权利要求、包括处理器和存储器的计算机系统的产品权利要求，其中虽然涉及硬件，但当区别涉及商业规则和方法特征时，方案所要解决的问题应该由这些设备所执行的程序流程在方案中的作用得出，而并非在于该设备对数据的自动化处理和数据交互、存储等。如果对比文件同样公开了实施该方法的系统，那么硬件上的区别并不存在，倘若对比文件仅公开方法，特征对比时将硬件实现作为区别特征之一，那么由于计算机设备属于公知设备，因此，当商业规则和方法特征无法使方案整体上解决技术问题时，仍无法给方案的创造性带来技术上的贡献。

三、典型案例

● **案例 2-5-1 订单数决定装置**

【背景技术】

作为库存管理的方法，有定量订购点方式和定期订购点方式。在定量订购点方式中，在库存成为某数量的情况下进行一定量的订购。在定期订购点方式中，每隔一定期间进行预测为所需的量的订购。在现有技术中，有两种订购方式：（1）将物品分为需要量多的物品和需要量少的物品，对需要量多的物品，将通过 MRP（Materials Requirements Planning，物资需求规划）计算出的所需数设为订购数，对需要量少的物品，通过定量订购点方式进行订购；（2）为订购量设置下限和上限，对订购量低于下限的情况和超过上限的情况修正订购量。

【问题及效果】

上述现有技术中没有考虑稳定制造商的负荷，订购量会发生变动。因此，制造商的负荷会发生变动，从而担心按时交货率下降。另外，在制造商的作业中产生浪费，担心成本增加。本申请的目的在于，实现采购的稳定化和过剩库存的抑制，并且使订购量均衡化。

【具体实施方式】

本申请的订单数决定装置 20 具备对象物品选择部 21、抽取模式决定部 22、均衡化数计算部 23、库存决定部 24、订单数决定部 25 以及存储装置 26。存储装置 26 具备对象物品存储部 261、对象期间存储部 262 以及库存存储部 263。订单数决定装置 20 的处理分为均衡化处理和订购处理。

均衡化处理例如在每年、每季、每月等期间被执行。对象物品选择部 21 选择多个物品中的将订单数均衡化的对象物品。对象物品选择部 21 将选择出的对象物品的识别信息存储在对象物品存储部 261 中。

对象物品选择部 21 根据使用实绩存储部 11 存储了的各物品的使用实绩，将所需量多且每年的使用数的变动小的物品选择为对象物品。抽取模式决定部 22 对每个对象物品决定每年的使用数的变动小的数据的抽取模式。

均衡化数计算部 23 对每个对象物品计算均衡化订单数。均衡化数计算部 23 按照抽取模式决定部 22 决定的对象物品的抽取模式，从使用实绩存储部 11 抽取对象物品的过去 m 年度的使用数的数据。均衡化数计算部 23 根据抽取到的数据计算 1 年内的使用数的平均。然后，均衡化数计算部 23 将计算出的平均除以 1 年的采购次数来计算均衡化订单数。均衡化数计算部 23 将计算出的均衡化订单数存储在采购周期存储部 15 中。

订购处理例如在每月、每周、每日等期间被执行。另外，根据使用者的指示以任意的定时被执行。订购处理将各物品按顺序作为处理对象来执行。

S21：对象判定处理。

订单数决定部 25 参照对象物品存储部 261 对处理对象的物品判定是均衡化订单数的对象物品还是非对象物品的库存补充品。在是对象物品的情况下，处理进入 S22。另一方面，在是库存补充品的情况下，处理进入 S25。

S22：库存判定处理。

订单数决定部 25 判定采购期间后的处理对象的对象物品的预想库存数是否为该对象物品的下限库存数以上且为上限库存数以下。采购期间后的对象物品的预想库存数是通过 MRP16 来计算的。在预想库存数为下限库存数以上且为上限库存数以下的情况下，处理进入 S23。另一方面，在预想库存数不是下限库存数以上且上限库存数以下的情况下，处理进入 S24。

S23：订单数决定处理（1）。

订单数决定部 25 将处理对象的对象物品的均衡化订单数决定为订单数。

S24：订单数决定处理（2）。

订单数决定部 25 修正处理对象的对象物品的均衡化订单数来决定为订单数。订单数决定部 25 在预想库存数小于下限库存数的情况下，将从下限库存数减去预想库存数所得到的数加到均衡化订单数来计算下限订单数，将下限订单数决定为对象物品的订单数。另外，订单数决定部 25 在预想库存数大于上限库存数的情况下，从均衡化订单数减去从预想库存数减去上限库存数所得到的数来计算上限订单数，将上限订单数决定为对象物品的订单数。

S25：订单数决定处理（3）。

订单数决定部 25 将至下次订购为止的期间内的处理对象的物品的所需量设为订单数。

【权利要求】

一种订单数决定装置，其特征在于，具备：

均衡化数计算部，将作为对象物品的过去使用实绩中的使用数的变动数最小期间的过去的基准期间内的对象物品的使用数除以所述基准期间内的所述对象物品的采购次数来计算均衡化订单数；

库存存储部，存储作为所述对象物品的库存的下限值的下限库存数以及作为上限值的上限库存数；以及

订单数决定部，在从订购所述对象物品起至交货为止的采购期间后的所述对象物品的预想库存数为所述库存存储部所存储的下限库存以上且为上限库存以下的情况下，将所述均衡化数计算部计算出的均衡化订单数决定为所述对象物品的订单数；

所述订单数决定部在所述预想库存数小于所述下限库存数的情况下，将从所述下限库存数减去所述预想库存数所得到的数加上所述均衡化订单数而得到的下限订单数决定为所述对象物品的订单数，在所述预想库存数多于所述上限库存数的情况下，将从所述均衡化订单数减去从所述预想库存数减去所述上限库存数所得到的数而得到的上限订单数决定为所述对象物品的订单数。

【案例分析】

该权利要求请求保护一种订单数决定装置，通过对库存设定上限和下限，在采购期间后的预想库存数为下限库存与上限库存之间的情况下，设定均衡化订单数为所述对象物品的订单数，并在预想库存数小于下限库存或多于上限库存时，利用均衡化订单数对所述对象物品的订单数进行调节，从而使得订购量均衡化，防止库存过剩或不足。

对比文件公开了一种库存管理系统及方法，其中客户信息系统可先对每一货物的使用情况，即综合客户的生产排程及货物使用的历史记录等因素设置一安全存货水准，即在仓库中对该货品的库存一般维持在某一特定的水平（如存货数量的最大值与最小值）；仓库控制装置会按一时间周期定时计算每一种货物的当前存货水准，即每一种货物的在库量和在途量，其中所述时间周期可依具体情况进行设置，如半天、一天或三天不等（步骤S61）；库存控制装置然后比较该货物的当前存货水准是否在预定的安全存货水准范围之内（步骤S62）；如果在预定的安全存货水准范围之内，则返回步骤S61，等待下一时间周期，重新计算该货物的当前存货水准；如果超出预定的安全存货水准范围（过多或过少），则库存控制装置会生成一库存预警报表；供货商信息系统接收该库存预警报表后，即会利用它对其补货动作进行调整。例如，当仓库中某类货物当前库存水准超出预定的安全存货水准的最大值时，则会放缓向仓库对该类货物发货的频率；当仓库中某类货物当前库存水准低于预定的安全存货水准的最小值，则会加快向仓库对该类货物发货的频率，即使没

有接到该类货物的订单，亦会如此，以保证客户对该类货品的临时性需要。由此可见，对比文件公开了对上限和下限库存数进行存储，以及对预想库存数低于下限库存或高于上限库存时分别增加或减少订单频率，在预想库存数介于下限库存和上限库存之间时则订单数不变的特征。

该权利要求请求保护的技术方案与对比文件所公开的内容相比，区别特征在于：均衡化数计算部，将作为对象物品的过去使用实绩中的使用数的变动数最小期间的过去的基准期间内的对象物品的使用数除以所述基准期间内的所述对象物品的采购次数来计算均衡化订单数；以及利用该均衡化订单数计算不同情况下对象物品的订单数。

基于本申请的实施方式可知，均衡化数计算部的计算过程以及利用计算出的均衡化订单数对预想订单数处于上限、下限订单数不同情况时对所述订单数进行的增减调节都是基于商业管理规则进行的计算，与存储等技术特征在功能上并不存在技术上的关联和相互作用，计算机系统的内部结构也没有为此作出任何调整或改进。因此，基于该区别特征可以确定方案实际解决的问题是：利用订单的调整实现采购及库存的均衡和稳定。而该问题并非是技术问题，该区别特征并不能对权利要求请求保护的方案作出技术上的贡献。因此，该权利要求不具有突出的实质性特点和显著的进步，不符合《专利法》第 22 条第 3 款有关创造性的规定。

● 案例 2-5-2　用于无人驾驶车的障碍物检测结果评估方法

【背景技术】

随着计算机、控制论、人工智能和仿生学等多学科的发展，无人驾驶车技术获得了突飞猛进的发展。无人车是利用车载传感器感知车辆周围环境，并根据感知所获得的道路、车辆位置和障碍物信息控制车辆的转向和速度，从而使车辆能够安全、可靠地在道路上行驶。

【问题及效果】

现有的用于无人驾驶车的障碍物检测结果评估方法通常是依据无人驾驶车对障碍物的感知区域与障碍物的真实区域的交集区域面积与并集区域面积的比值得到障碍物的感知区域与真实区域的匹配度，然而，在无人驾驶车行驶的过程中，经常要面临大量不同类型的障碍物，现有的障碍物检测结果评估方法考虑的因素较少，不能准确地评估障碍物检测结果。

本申请提出一种改进的用于无人驾驶车的障碍物检测结果评估方法。首先通过对获取到的无人驾驶车感知到的障碍物的感知图像求取最小外接矩形，得到感知区域；再获取上述障碍物的真实图像，并求取上述真实图像的最小外接矩形，得到真实区域；而后通过上述感知区域的面积和真实区域的面积求取重合率，通过上述感知区域的中心点位置和真实区域的中心点位置求取中心点距离，通过上述感知区域的面积、真实区域的面积、感知区域的长宽比和真实区域的长宽比，求取图形相似度；最后通过得到的重合率、中心点距离和图形相似度计算上述感知区域和真实区域的匹配度，并将匹配度发送给上述无人驾驶车，从而有效地利用了感知区域和真实区域的中心点和长宽比等因素，实现了更加准确的障碍物检测结果的评估。

【具体实施方式】

本申请的用于无人驾驶车的障碍物检测结果评估方法，包括以下步骤：

步骤201：获取无人驾驶车感知到的障碍物的感知图像和障碍物的真实图像，分别对感知图像和真实图像求取最小外接矩形，得到障碍物的感知区域和真实区域。

无人驾驶车在行驶的过程中，可以通过摄像头采集图像中障碍物的数据。之后，无人驾驶车利用预先设定的感知算法对上述采集到的数据进行处理，得到无人驾驶车对上述障碍物的感知图像的轮廓和位置。在得到从无人驾驶车获取到的障碍物的图像信息之后，上述电子设备可以通过视觉传感器、激光雷达等获取障碍物的图像信息并进行处理，得到上述障碍物的真实图像的轮廓和位置，上述电子设备也可以通过人工标注的方法获取上述障碍物的真实图像的轮廓和位置。

步骤202：根据感知区域与真实区域的交集区域的面积和并集区域的面积，计算感知区域与真实区域的重合率。

首先按照感知区域的位置和真实区域的位置将感知区域和真实区域放置在同一平面内。之后，计算上述感知区域的面积和真实区域的面积。然后，获得上述感知区域与上述真实区域的交集区域（重合区域），计算上述交集区域的面积，利用感知区域与真实区域的面积之和与上述交集面积的差作为并集区域的面积。最后，根据上述交集区域的面积与上述并集区域的面积计算上述感知区域与上述真实区域的重合率。通常，重合率越大，上述感知区域与上述真实区域的匹配度越高。

步骤203：根据感知区域的中心点位置与真实区域的中心点位置，计算感知区域与真实区域的中心点距离。

电子设备可以根据感知区域的中心点位置与真实区域的中心点位置计算上述感知区域与上述真实区域的中心点距离。其中，中心点位置可以是区域的两条对角线的交点，也可以是分别垂直于区域的两条相邻边长并且与两条相邻边长的中点相交的两直线的交点。通常，中心点距离越小，上述感知区域与上述真实区域的匹配度越高。

步骤204：根据感知区域的面积、真实区域的面积、感知区域的长宽比和真实区域的长宽比计算感知区域与真实区域的图形相似度。

根据上述感知区域的面积和真实区域的面积、上述感知区域的长宽比和上述真实区域的长宽比，电子设备可以计算上述感知区域与上述真实区域的图形相似度。通常，图形相似度越小，上述感知区域与上述真实区域的匹配度越高。

步骤205：基于重合率、中心点距离和图形相似度计算感知区域和真实区域的匹配度，并将匹配度发送给无人驾驶车。分别基于步骤202、步骤203和步骤204得到的重合率、中心点距离和图形相似度，电子设备可以计算上述感知区域与上述真实区域的匹配度，并可以通过全球定位系统或者无线连接方式将上述匹配度发送给上述无人驾驶车。

匹配度 $= w_1 \times$ 重合率 $- w_2 \times$ 中心点距离 $- w_3 \times$ 图形相似度

式中，w_1、w_2 和 w_3 的取值均为 $0 \sim 1$。

通过所提供的方法基于感知区域与真实区域的重合率、中心点距离和图形相似度来计算感知区域和真实区域之间的匹配度的方法，实现了更加准确的障碍物检测结果的评估效果。

【权利要求】

一种用于无人驾驶车的障碍物检测结果评估方法，其特征在于，所述方法包括：

获取无人驾驶车感知到的障碍物的感知图像和所述障碍物的真实图像，分别对所述感知图像和所述真实图像求取最小外接矩形，得到所述障碍物的感知区域和真实区域；

根据所述感知区域与所述真实区域的交集区域的面积和并集区域的面积计算所述感知区域与所述真实区域的重合率；

根据所述感知区域的中心点位置与所述真实区域的中心点位置计算所述感知区域与所述真实区域的中心点距离；

根据所述感知区域的面积、所述真实区域的面积、所述感知区域的长宽比和所述真实区域的长宽比计算所述感知区域与所述真实区域的图形相似度；

基于所述重合率、所述中心点距离和所述图形相似度计算所述感知区域和所述真实区域的匹配度，并将所述匹配度发送给所述无人驾驶车。

【案例分析】

该权利要求请求保护一种用于无人驾驶车的障碍物检测结果评估方法，该方法通过对感知区域和真实区域的重合率、中心点距离、图形相似度三个指标的计算，得到感知区域和真实区域之间的匹配度，并发送给所述无人驾驶车，从而提高无人驾驶过程中障碍物检测结果评估的准确性，提升驾驶安全。

对比文件公开了一种无人车前方障碍物检测方法，该方法通过图像分割得到各个区域内的障碍物边缘信息，计算出各个障碍物的宽度和高度。通过激光雷达检测出各个障碍物的宽度和高度。通过宽度与高度计算出两个传感器感知到的障碍物面积与位置，将两个传感器获得的障碍物按照位置进行匹配，计算出同一障碍物对应的两个传感面积的相似度作为匹配距离。面积相似度是每个传感面积相对于两个传感面积的重合部分计算的。所述重合部分既可以是两个传感面积同时感测到的面积，也可以是两个传感面积叠加感测到的面积。以面积相似度作为匹配距离，如果高于阈值，则检测为障碍物。

该权利要求请求保护的技术方案与对比文件公开的内容相比，区别特征在于：根据所述感知区域的中心点位置与所述真实区域的中心点位置，计算所述感知区域与所述真实区域的中心点距离；根据所述感知区域的面积、所述真实区域的面积、所述感知区域的长宽比和所述真实区域的长宽比，计算所述感知区域与所述真实区域的图形相似度；基于所述重合率、所述中心点距离和所述图形相似度，计算所述感知区域和所述真实区域之间的匹配度，并将所述匹配度发送给所述无人驾驶车。

基于本申请实施方式可知，本申请的技术方案在重合率的基础上还考虑了感知区域与真实区域的中心点距离和图形相似度，一共采用三个参数进行障碍物检测结果的评估，从而提高无人驾驶过程中障碍物检测结果评估的准确性，提升驾驶安全。中心点距离和图形相似度的计算都与所述感知区域和所述真实区域的匹配度的计算相关，进而将所述匹配度发送给所述无人驾驶车，用于障碍物的检测结果评估。也就是说，上述算法特征应用于无人驾驶技术领域，能够解决具体的技术问题，并获得相应的技术效果，因此其与"获取真实图像""发送匹配结果"等技术特征在功能上彼此相互支持、存在相互作用关系。

因此，基于上述区别特征确定权利要求的技术方案实际解决的技术问题是提高障碍物检测结果评估的准确性。根据感知区域与真实区域的中心点距离和图形相似度进行无人驾驶的障碍物的识别并非本领域公知常识，并且基于上述区别特征，该技术方案能够提高障碍物检测结果评估的准确性，提升驾驶安全。本领域技术人员在现有技术的基础上得到该权利要求的技术方案并非显而易见，因此该权利要求具有突出的实质性特点和显著的进步，具备《专利法》第 22 条第 3 款规定的创造性。

◉ 案例 2-5-3　基于区块链的互助保险和互助保障运行方法

【背景技术】

互助保险和互助保障领域通常存在以下问题：

（1）信息安全问题：黑客篡改数据作弊，存储的数据无法进行交叉验证和全民监督。

（2）公平公正问题：系统组织者如何自证公平性是很大的难点，如果数据库控制者偷偷将患者信息放入数据库，而私下收取费用，其他会员并不能察觉。过去，往往需要通过政府部门背书，或者专业公司来审计。但是这不仅成本很高，而且对于普通人来说也非完全透明。加之近几年屡屡出现的捐款去向不明、P2P 理财平台跑路等恶性社会事件更是充分暴露了人们在当前社会信任感严重缺失的环境下的无力感。

（3）规则修改问题：互助保险和互助保障规则及赔付执行流程主要由组织者制定、颁布和修改，其中不可避免地包含人的主观因素，如何保证加入用户的利益，尤其在对规则进行修改时，是一个不得不重视的问题。

（4）资金安全问题：如何保证组织者始终不接触资金，完全没有专门的资金池，更没有理财的模式，所有的资金全部通过第三方渠道直接支付给需要保障金的会员，确保所有支付记录可以查询。

【问题及效果】

传统解决方案主要有以下几个方面：银行托管、第三方审计、国家机构信用背书、网络系统安全投资。但是这些解决方案都导致另一个问题，就是推高整个运行平台的成本，使得加入用户的利益无法得到保证。

鉴于以上所述现有技术的缺点，本申请的目的在于提供一种基于区块链的互助保险和互助保障运行方法，用于解决现有技术中互助保险和互助保障领域的信息不安全、执行不公平、运行成本高等问题。本申请的解决方案运行成本低，将信息存储于区块链中，信息存储的安全性更高，并且通过智能合约自动获取赔偿额，排除人为因素，确保执行公平。

【权利要求】

一种基于区块链的互助保险和互助保障运行方法，其特征在于，所述方法运行于预设的网络平台，所述方法包括：

将预设的核心内容和预设的规则写入一个智能合约中，所述预设的核心内容至少包括以下项目中的一种：最低加入金额、每次均摊金额规则及最高互助金额；

接收注册用户的注册信息，并将注册信息保存至所述区块链中；

获取所述注册用户的缴费信息，并将所述缴费信息存入所述区块链中；

当从所述网络平台接收到所述注册用户的赔付申请时，从所述网络平台中获取所述注册用户的信息，并将从所述网络平台中获取的所述注册用户的信息与所述区块链中保存的注册信息进行交叉验证；

当所述交叉验证通过时，将所述赔付申请写入所述智能合约中，并根据所述预设的规则输出相应的赔偿额度。

【案例分析】

该权利要求请求保护一种基于区块链的互助保险和互助保障运行方法，所述方法能够解决提高信息安全性以及防止规则被篡改的技术问题，方案中记载的技术手段包括利用区块链存储相关信息，利用智能合约存储预设规则并对存储的信息进行验证，并获得相应的技术效果。

对比文件公开了一种在区块链上的投票及 CA 证书的管理方法，并具体公开了如下内容：在区块链的创世块中记录最初一批具有投票权的公钥地址和每个公钥的投票数，在区块链上规定投票人签名投票超过一定比例的票数可使提案生效并写入区块链；区块链上的公钥地址的权限是通过与其关联的 CA 证书来规定的，在与公钥地址发生交易时，只有符合 CA 证书允许的权限范围内的行为才会被写入区块链上生效；投票人可以通过投票直接规定区块链各种功能的服务器的访问权限，将可访问的地址加入白名单 CA 关联到服务器的公钥，写入区块链，把不可访问的公钥地址加入黑名单，写入区块链；可在区块链上提供查询接口，用户可通过接口查询投票提案、投票公钥的投票权票数、各级 CA 中心证书的列表和权限、不同公钥地址作为服务器的功能权限、白名单或黑名单列表等。

该权利要求请求保护的技术方案与对比文件公开的内容相比区别特征在于：本申请存入区块链的是用户的注册信息和缴费信息，智能合约存储的是最低加入金额、每次均摊金额规则或最高互助金额及预设规则；从网络平台接收的用户申请为赔付申请，交叉验证通过时将赔付申请写入智能合约并根据预设的规则输出相应的赔偿额度。由此，本申请实际要解决的问题是提高保险理赔的公平性和公正性，进而降低运行成本。

对比文件已经公开了如何通过在分布式服务器上存储区块链数据从而防止信息被篡改、通过投票机制防止规则被随意修改的技术手段，本申请的解决方案是将已有的区块链技术的数据防篡改手段应用于保险理赔服务中，从而解决保险理赔中不公正、不公平并且容易按人的主观因素修改规则的问题。因此，该方案的实施并不涉及对上述技术手段的调整或改进，即上述区别特征与存储、交叉验证等技术特征之间不存在功能上彼此相互支持、相互作用的关系。而本申请实际要解决的上述问题并非是技术问题。为解决上述问题，上述区别特征所涉及的手段也仅仅是将与保险理赔相关的缴费信息、赔付额度等内容作为存入区块链中的数据，将赔付规则和互助收费标准存储在合约中，并在提出赔付申请时输出赔偿额度，上述区别特征不会给本申请的解决方案带来任何技术上的贡献。因此，该权利要求请求保护的解决方案不具有突出的实质性特点和显著的进步，因而不具备《专利法》第22条第3款规定的创造性。

● 案例 2-5-4　基于改进凝聚层次聚类的景区村落地下水采样点优选方法

【背景技术】

在生态环境的采样过程中，如何合理选择采样点是获得准确而可靠的环境监测数据时要面对的问题。当前的采样点选取只是简单的依循采样点选取原则进行随意选取，这些文字上的原则无所谓优选和代表性，无法对大量的符合采样原则的采样点做进一步的精选，从而导致多数情况下采样点选取过于随意，仅仅满足原则就行。一些被选上的采样点不具有典型特征，不能反映所在区域的普遍共性，由此从该采样点得出的采样数据也变得缺乏意义。因此，环境监测采样点的优选是生态环境监测中一个重要的环节，要在有限的条件下获得最为理想的生态环境数据就必须进行合理的采样点优选。

【问题及效果】

本申请的目的在于针对已有技术存在的不足，提供一种基于改进凝聚层次聚类的景区村落地下水采样点优选方法。为达到上述目的，本申请的构思如下：在景区村落地下水采样点的选择上，利用基于改进凝聚层次的聚类算法对符合采样原则的采样点进行进一步优选，以选取出最具特征性的代表性采样点。整个处理过程简单有效，对于较大规模的生态环境监测采样点的优选具有现实意义。

【具体实施方式】

本实施方式的基于聚类的景区村落地下水生态环境监测采样点优选方法包括以下步骤：

步骤1：景区村落地下水生态环境监测数据样本集标准化处理，使用数据标准化技术对景区村落地下水采样点的生态环境监测数据样本集进行标准化处理，建立起具有独立性且属性权重适当的景区村落地下水生态环境标准化度量数据矩阵。

步骤2：计算出景区村落地下水生态环境监测采样簇的数目和采样簇的中心，在景区村落地下水生态环境标准化度量数据矩阵的基础上，通过基于改进凝聚层次聚类方法计算出景区村落地下水生态环境监测采样簇的数目和采样簇的中心。

步骤3：确定并输出景区村落地下水生态环境监测优选采样点的位置，通过计算新的景区村落地下水生态环境监测采样簇中最靠近簇中心的景区村落地下水采样点，确定并输出景区村落地下水生态环境监测优选采样点的位置。

步骤2基于改进凝聚层次聚类方法计算出景区村落地下水生态环境监测采样簇的数目和采样簇的中心具体包括以下步骤：

2.1：景区村落地下水生态环境标准化度量数据矩阵的每行代表着一个景区村落地下水生态环境监测采样初始簇，即，景区村落地下水生态环境标准化度量数据矩阵的 n 行代表着 n 个景区村落地下水生态环境监测采样初始簇。

2.2：计算得到景区村落地下水生态环境标准化度量相异度矩阵，在确定 n 个景区村落地下水生态环境监测采样初始簇的基础上，计算出 n 个景区村落地下水生态环境监测采样初始簇相互之间的明考斯基距离，表示为 n 个景区村落地下水生态环境监测采样初始簇相互之间的特征相异度 S_{ij}，进而得到景区村落地下水生态环境标准化度量相异度矩阵。

2.3：计算得到景区村落地下水生态环境监测采样簇相异度三元组，对 n 个景区村落地下水生态环境监测采样初始簇相互之间的特征差异度值 S_{ij} 按升序进行 Heap 堆排序，并组成相应的景区村落地下水生态环境监测采样簇相异度三元组(C_i, C_j, S_{ij})，其中$i \geq j$，且采样簇C_i和采样簇C_j的差异度为S_{ij}。

2.4：移除景区村落地下水生态环境监测采样簇差异度三元组中相异度排序后最大的40%的三元组，由于景区村落地下水生态环境监测指标误差的存在，且相异度高于平均值将难以在同一个景区村落地下水生态环境监测采样簇中出现，因此需要移除景区村落地下水生态环境监测采样簇相异度三元组中相异度S_{ij}排序后最大的40%的三元组。

2.5：合并两个景区村落地下水生态环境监测采样簇得到新的景区村落地下水生态环境监测采样簇，取出景区村落地下水生态环境监测采样簇相异度三元组排序中最小的三元组(C_i, C_j, S_{ij})，对其中的采样簇C_i和采样簇C_j进行合并，合并之后新的景区村落地下水生态环境监测采样簇记为簇N_p，其中p初始值等于1，然后p自增1。

2.6：重复合并景区村落地下水生态环境监测采样簇相异度三元组排序中最小的两个采样簇，取出景区村落地下水生态环境监测采样簇相异度三元组排序中最小的三元组(C_i, C_j, S_{ij})，对其中的采样簇C_i和采样簇C_j进行合并。如果采样簇C_i和采样簇C_j都没有出现在新簇中，那么合并采样簇C_i和采样簇C_j并组成新簇N_p，p自增1；如果采样簇C_i和采样簇C_j都出现在新簇N_p中，执行步骤2.7；如果采样簇C_i和采样簇C_j其中一个已被合并在新簇中，则另一个采样簇也被合并到该新簇中；如果采样簇C_i和采样簇C_j分别被合并在不同的新簇中，则合并采样簇C_i和采样簇C_j并组成新簇N_p，p自增1。

2.7：如果景区村落地下水生态环境监测采样簇相异度三元组堆排序中没有三元组，则计算结束，返回p个新的景区村落地下水生态环境监测采样簇，否则执行步骤2.6。

【权利要求】

一种基于改进凝聚层次聚类的景区村落地下水采样点优选方法，其特征在于，具体步骤如下：

步骤1：景区村落地下水生态环境监测数据样本集标准化处理，使用数据标准化技术对景区村落地下水采样点的生态环境监测数据样本集进行标准化处理，建立起具有独立性且属性权重适当的景区村落地下水生态环境标准化度量数据矩阵。

步骤2：计算出景区村落地下水生态环境监测采样簇的数目和采样簇的中心，在景区村落地下水生态环境标准化度量数据矩阵基础上，通过基于明考斯基距离和采样簇相异度三元组的改进凝聚层次聚类方法计算出景区村落地下下水生态环境监测采样簇的数目和采样簇的中心。

步骤3：确定并输出景区村落地下水生态环境监测优选采样点的位置，通过计算新的景区村落地下水生态环境监测采样簇中最靠近簇中心的景区村落地下水采样点，确定并输出景区村落地下水生态环境监测优选采样点的位置。

上述的步骤2中，所述的通过基于明考斯基距离和采样簇相异度三元组的改进凝聚层次聚类方法计算出景区村落地下水生态环境监测采样簇的数目和采样簇的中心步骤如下：

……

（步骤2.1~步骤2.7，略）。

【案例分析】

该权利要求请求保护一种基于改进凝聚层次聚类的景区村落地下水采样点优选方法，该方法利用数据预处理技术对生态环境监测数据样本集进行处理之后，再利用改进的凝聚层次聚类方法对环境监测数据进行聚类，最后选出距离聚类中心最近的采样点作为优选采样点。

对比文件公开了一种近岸海域水质采样点优化装置及优化方法，其中包括：采集进行近岸海域水质数据；基于距离的聚类分析方法对采样点的水质数据进行聚类；对聚类结果进行分析，以确定最终采样点（即确定并输出水生态环境监测优选采样点的位置）。

该权利要求请求保护的技术方案与对比文件1公开的内容相比区别特征在于：①本申请是对景区村落地下水生态环境监测采样点的聚类优化，而对比文件1是对近岸海域水生态环境监测采样点的聚类优化；②步骤1，景区村落地下水生态环境监测数据样本集标准化处理，使用数据标准化技术对景区村落地下水采样点的生态环境监测数据样本集进行标准化处理，建立起具有独立性且属性权重适当的景区村落地下水生态环境标准化度量数据矩阵；步骤2，在景区村落地下水生态环境标准化度量数据矩阵的基础上，通过基于明考斯基距离和采样簇相异度三元组的改进凝聚层次聚类方法计算出景区村落地下水生态环境监测采样簇的数目和采样簇的中心，以及步骤2.1~步骤2.7。基于上述区别特征确定权利要求1实际所要解决的问题是：如何实现景区村落地下水生态环境采样点的优选。

本申请的方案是将算法与具体的应用场景相结合，由于算法不再属于抽象的算法，同时其解决了实现景区村落地下水生态环境采样点的优选的技术问题，并能够获得相应的技术效果，因此，算法特征就构成了为解决所述技术问题的技术手段。在创造性判断时，不应将作为区别特征的算法特征视为非技术特征而认为其不能对创造性做出技术贡献，否则就出现了客体判断与创造性判断时对相同特征认定不一致的问题。

就某一个算法而言，即便该算法本身是公知的，但应用该算法解决某一具体应用领域的技术问题并不必然是公知的。本申请是基于明考斯基距离和基于采样簇相异度三元组的改进凝聚层次聚类分析方法，对比文件公开的是基于距离的聚类分析的采样点优化方法，其仅给出了聚类分析所需的欧几里得距离计算公式，既没有给出水生态环境监测数据样本集标准化处理的步骤以及监测采样簇的数目和采样簇的中心计算步骤，也没有给出水生态环境监测优选采样点的位置计算步骤。也就是说，对比文件没有给出应用上述区别特征以解决上述技术问题的技术启示。此外，聚类算法虽然是公知的，但是本申请针对大规模的生态环境监测采样点的数据特征，选择了合适的聚类算法，并在此基础上进行改进，将其应用于所述景区村落地下水生态环境监测采样点的优选中，这种结合形成的针对所述景区村落地下水生态环境的改进的聚类分析方法并不属于本领域的公知常识。基于上述区别特征，本申请能够获得更优的采样点优选方案，保证优选采样点的代表性和可靠性，具有有益的技术效果。

因此，该权利要求相对于对比文件和本领域公知常识的结合具有突出的实质性特点和显著的进步，具备《专利法》第22条第3款规定的创造性。

第六节　如何考量用户体验改进带来的技术效果

一、现有规定及困惑

当前，新兴领域技术发展较快，尤其是人工智能、大数据、"互联网+"等领域，很多发明专利申请从传统的工业制造领域迅速扩展到与人类社会生活密切相关的领域，这些发明专利申请要解决的问题和实现的效果常常涉及提升用户体验，如加强与用户的情感交互、提升用户的满意度、增强用户黏性等，在创造性审查中如何考虑这些与提升用户体验相关的效果，在当前的审查实践中存在不同的认识，这为相关领域专利的创造性审查带来了新的挑战。

在审查实践中，部分观点认为在创造性的审查中应当考虑依托于技术效果的实现而实现的提升用户体验的效果，也有部分观点认为提升用户体验的效果不是技术效果，不应当被考虑，这种情形导致审查实践中存在创造性审查标准执行不一致的问题。也有创新主体呼吁，用户体验提升的效果应当直接被认可为技术效果。

2021 年《指南》最新修改草案在第二部分第九章对这一问题进行了明确，指出基于技术特征带来或者产生的，或者由技术特征和与其功能上彼此相互支持、存在相互作用关系的算法特征或商业规则和方法特征共同带来或产生的用户体验提升的效果，在创造性审查时应当予以考虑。

这一修改内容明确了用户体验提升效果与技术特征之间的关联性，不是所有的用户体验提升效果都属于技术效果，如果脱离了技术特征而仅由非技术特征或其他因素带来或产生的用户体验提升效果，通常都不能作为创造性判断的依据。当然，我们不能因为方案中提到用户体验提升的效果，就一概否定其可能带来的有益效果，而应当从其产生的根源分析其与技术特征之间的关系。

二、判断思路

"用户体验"是个体的感官认知，单从效果或者问题的角度强调"提升用户体验"，类似于讨论"节油"是否构成技术问题一样，离开具体的实现手段是无法直接、准确判定的。具体而言，如果是通过改进发动机的技术手段来解决节油的问题，那么，这样的解决方案构成技术方案，并且能够获得相应的节油的技术效果。但是，如果是通过利用步行来代替车行的非技术手段来解决节油的问题，那么，由此形成的方案不会构成技术方案，所能获得的节油的效果亦非技术效果。对于申请文件或意见陈述中强调的"提升用户体验"的效果是否可作为技术效果进行考虑，要看方案是否采用了技术手段来解决该问题。当方案通过技术手段获得提升用户体验的效果时，那么在创造性评判时应予以考虑。

对于涉及大数据、人工智能等新领域、新业态的专利申请来说，与技术特征功能上彼此相互支持、存在相互作用关系的算法特征以及商业规则和方法特征亦可构成技术手段。因此，对于提升用户体验的效果进行判断时，也需要结合方案中体现该效果的技术特征以及与其功能上彼此相互支持、存在相互作用关系的算法特征以及商业规则和方法特征来考量。

当该用户体验提升效果是直接由技术特征带来的，或者是由彼此相互支持、存在相互作用关系的技术特征和非技术特征共同带来的，则在创造性审查时应当认可该用户体验提升效果属于一种有益效果，可以作为创造性判断的依据。

三、典型案例

◉ 案例 2-6-1 应用程序下载途径的评价方法

【背景技术】

在互联网时代，用户可以通过不同的下载途径下载使用同一款应用程序（App）。对于 App 生产商来说，由于通过不同应用程序下载途径获取的用户质量往往千差万别，在留存、观看时长、付费等用户表现上也大相径庭，因此，如何选择出高质量的下载途径进行预算投放和合作，有着重大的意义，一定程度上直接奠定了 App 平台新用户的质量以及后续平台成长和运营的基础。

市场投放人员在进行下载途径选择以及预算控制时，往往会结合考虑下载途径的成本和质量。但对于一个公司而言，提供给用户的下载途径较多，同时评价这些下载途径的指标也较多，如何从庞杂的数据中建立一套评价标准成为市场投放人员需要解决的重要问题。

【问题及效果】

本申请通过获取与至少两个待评价的下载途径分别对应的至少两项评价指标的指标值，根据各下载途径在同一评价指标下的不同指标值，确定对应的无量纲评价因子，进而根据该无量纲评价因子确定各下载途径对应的综合评价数据，通过给出明确的下载途径综合评价逻辑，为众多的下载途径及评价指标构建一套合理的评价标准，实现了对应用程序下载途径的量化评价，为众多下载途径及指标建立了一套合理的标准，给后续下载途径选择迭代优化和监控提供了良好的基础，从而大大提升了用户投放 App 的体验。

【具体实施方式】

本申请提供一种应用程序下载途径的评价方法，该方法具体包括如下步骤：

S110：获取安装有目标应用程序的至少两个终端的应用使用数据，所述终端与目标应用程序的下载途径关联。

为了评价通过不同下载路径获取该目标应用程序的用户的表现情况，可获取多个终端上目标应用程序对应的应用使用数据，通过该应用使用数据来评价从该下载途径下载目标应用程序的用户的质量，从而对现有下载途径进行优化。其中，应用使用数据包括但不限于终端上目标应用程序中的用户注册信息、下载信息、删除信息、使用信息、登录信息等。

S120：根据应用使用数据，计算与至少两个下载途径分别对应的至少两项评价指标的指标值。

评价指标可以是能够表征下载途径的特定方面的历史表现的评判标准。其中，对下载途径的评价可以是多维度的，通过设置多个评价指标，对多个待评价的下载途径从不同方面不同角度进行评价。可选地，至少两项评价指标可以包括：用户留存率、人均使用时长、人均消费金额、注册率以及登录率中的至少两项。

其中，用户留存率可以是，通过该下载途径下载目标 App 后留存该 App 的用户数量占获取该目标 App 的用户总量的比例；人均使用时长可以是，通过该下载途径下载该目标 App 的所有用户在预设周期内使用该目标 App 的平均时长；人均消费金额可以是，通过该下载途径下载该目标 App 的所有用户在预设周期内使用该目标 App 时的平均消费金额；注册率可以是，通过该下载途径下载该目标 App 后进行注册的用户数量占获取该目标 App 的用户总量的比例；登录率可以是，通过该下载途径下载该目标 App 的所有用户在预设周期内登录该目标 App 的频率。

S130：根据各下载途径在同一评价指标下的不同指标值，确定各下载途径在同一评价指标下的无量纲评价因子。

由于不同的评价指标可对应于不同的量纲，其所代表的意义也不尽相同，因此，无法对不同评价指标之间的指标值直接进行比较。本实施方式中，可对不同评价指标下的指标值进行消量纲处理，也即将各评价指标的指标值进行去单位化，换算为统一量纲下的值，作为各下载途径在同一评价指标下的无量纲评价因子。示例性地，可将留存率、人均使用时长以及人均付费金额等评价指标的指标值换算为统一的无量纲的百分制数值，例如，将按照预设换算标准或公式，将 7 日留存率 50% 换算为 50、7 日内人均使用时长 5 小时换算为 60、7 日内人均付费金额 20 元换算为 30 等。

S140：根据各下载途径在对应的至少两项评价指标下的无量纲评价因子，确定与各下载途径对应的综合评价数据。

各下载途径对应的综合评价数据可以是，对应的各项评价指标下的无量纲评价因子进行加和等运算后，所得到的综合评价数据。

【权利要求】

一种应用程序下载途径的评价方法，其特征在于，包括：

获取安装有目标应用程序的至少两个终端的应用使用数据，所述终端与所述目标应用程序的下载途径关联；

根据所述应用使用数据，计算与至少两个下载途径分别对应的至少两项评价指标的指标值；

根据各所述下载途径在同一评价指标下的不同指标值，确定各所述下载途径在所述同一评价指标下的无量纲评价因子；

根据各所述下载途径在对应的至少两项评价指标下的无量纲评价因子，确定与各所述下载途径对应的综合评价数据；所述综合评价数据用于表征下载途径的质量。

其中，所述至少两项评价指标包括：用户留存率、人均使用时长、人均消费金额、注册率以及登录率中的至少两项。

【案例分析】

该权利要求请求保护一种应用程序下载途径的评价方法，该方法通过获取相应的指标数据，对某一 App 不同下载途径的质量进行评价，以使 App 的生产商更有针对性地投放 App。数据的获取、分析方法与应用领域紧密结合，共同解决了如何更有针对性地投放 App 的技术问题，从而提升了用户投放 App 的体验，属于算法与技术特征在功能上彼此相互支持、存在相互作用关系的情况，因此，权利要求的内容应当整体考虑。同时，该用户体验提升的效果是由所述算法与技术特征共同带来的，在创造性评价时应当予以考虑。

对比文件公开了一种订阅主播的评价方法，获取用户对订阅主播的用户行为数据，根据用户行为数据，计算至少两个订阅主播分别对应的至少两项评价指标的指标值，根据各订阅主播在同一评价指标下的不同指标值，确定各订阅主播在同一评价指标下的无量纲评价因子，根据各订阅主播在对应的至少两项评价指标下的无量纲评价因子，确定与各订阅主播对应的综合评价数据；综合评价数据用于表征订阅主播的质量。

该权利要求请求保护的技术方案与对比文件公开的内容相比区别特征在于：本申请评价对象是应用程序下载途径，指标是下载途径对应的指标，对比文件的评价对象是订阅主播，指标是订阅主播对应的指标；本申请获取的数据是获取安装有目标应用程序的至少两个终端的应用使用数据，终端与目标应用程序的下载途径关联；对比文件获取的是用户在直播平台对订阅主播的行为数据，用户行为数据是用户分别对各订阅主播执行的动作及相应的数据；该权利要求中至少两项评价指标包括：用户留存率、人均使用时长、人均消费金额、注册率以及登录率中的至少两项；对比文件中的评价指标包括：订阅距离天数、付费金额、是否最新观看、观看时长、观看距离天数、观看天数、弹幕次数、付费天数和是否付费；付费金额为最近 30 天内用户对当前订阅主播的付费金额。基于上述区别特征可以确定，该权利要求所要求保护的方案实际解决的问题是：如何实现对应用程序下载途径的评价。

对比文件要解决的技术问题是对某一直播平台上的主播进行评价，从而向用户更好地推荐主播。应用领域和解决问题的不同导致采用的技术手段不同，具体为：本申请是对 App 下载途径的质量评价，其中一个 App 对应至少两个下载途径；而对比文件是对网络直播平台的不同主播的评价，不涉及对不同途径质量的评价。尽管从原理来讲，本申请和对比文件都属于挖掘用户行为数据，设计一些评价指标，从而获得对对象的整体评价这一类型，但是这属于对两者发明原理的抽象概括。对于本领域技术人员来说，对不同应用程序下载途径的评价与对同类主播的排序的应用领域不同，评价对象也存在较大差距，本申请的综合评价数据表征的是下载途径的质量，而对比文件是基于订阅主播的分值对其进行排序。

从细节上看，本申请和对比文件具体的评价指标差别也比较明显。本申请中获取的是终端的应用使用数据，如用户留存率、人均使用时长、人均消费金额、注册率、登录率等；对比文件中获取的是用户在直播平台对订阅主播的用户行为数据，例如是否最新观看、观看时长、观看距离天数、弹屏次数、付费天数、是否付费这些指标。虽然对比文件也涉及使用时长、付费金额等，但是其含义与本申请并不相同，不能简单地转用，涉及的评价指标也不适于直接认定为公知常识。并且，该权利要求的方案能够取得如何更有针对性地投放 App，从而提升用户投放 App 的体验的有益效果。因此，以该对比文件作为最接近的现有技术，即使结合公知常识也不容易得到该权利要求的技术方案。

综上所述，该权利要求请求保护的技术方案相对于对比文件与本领域公知常识的结合是非显而易见的，其具有突出的实质性特点和显著的进步，具备《专利法》第 22 条第 3 款规定的创造性。

● 案例 2-6-2　在线客服的实现方法

【背景技术】

随着电子商务的迅速发展，在线客服承载着大量的客户投诉、咨询等的受理业务。为了缓解人工客服的压力，目前一些大型电商开始通过机器人客服来处理一些在线客服任务。现有技术通常通过在界面上设置人工客服和机器人客服的点击按钮，然后根据用户选择的人工客服或者机器人客服来处理用户的请求；或者统一通过机器人客服处理用户的请求。然而，如果统一通过机器人客服处理用户的请求，则可能会导致存在较多处理结果不符合用户的预期；如果通过用户选择的客服方式处理用户的请求，对于很常见的问题，许多用户一般也会选择人工客服进行服务，从而导致机器人客服资源没有被合理的利用，并且增加了人工客服的处理压力。

【问题及效果】

本申请的目的在于提出一种在线客服的实现方法，来解决以上背景技术部分提到的技术问题。本申请根据用户的特征信息，通过预先训练出的分类模型，获得所述用户不满意机器人客服服务的概率，并在该概率大于预定的概率阈值时，通过在线客服实现人工客服与所述用户之间的通信，在减少不符合用户预期的处理结果的前提下，更加充分地利用了机器人客服资源，并且缓解了人工客服的处理压力。同时，减少了用户的等待时间，提升了用户体验。

【具体实施方式】

本实施方式的在线客服的实现方法包括以下步骤：

步骤 201：接收用户的客服服务访问请求。

在本实施方式中，在线客服的实现方法运行于其上的电子设备可以通过有线或无线的方式接收用户的客服服务访问请求。其中，用户可以通过在终端设备上点击预定的按钮（如在线客服按钮）、菜单或触发快捷键来发出客服服务访问请求，该客服服务访问请求可以包括用户名等信息。

步骤 202：在获取到预定指示时，获取上述用户的特征信息。

在本实施方式中，服务器可以通过读取数据库或其他存储介质中的信息来获取上述用户的特征信息。其中，上述预定指示可以在接收到上述客服服务访问请求时发出。上述特征信息包括上述用户的至少一种历史行为信息，如投诉信息、订单操作信息等。

步骤 203：根据上述用户的特征信息，通过预先训练出的分类模型，获得上述用户不满意机器人客服服务的概率。

在本实施方式中，服务器可以首先根据上述用户的特征信息生成一个特征向量，例如，假设特征信息包括：近一周是否投诉、近一周是否有取消订单行为、近一周是否在移动端下单、近一周是否在 PC（个人电脑）端下单、近一周是否购买过 3C 产品（信息家电），如果用户近一周没有投诉、有取消订单行为、在移动端下了单、在 PC 端没有下单、购买过 3C 产品，则生成的特征向量可以为(0,1,1,0,1)。然后，基于该特征向量和上述分类模型，通过逻辑回归算法或者其他分类算法，获得上述用户不满意机器人客服服务的概率。

步骤 204：如果上述概率大于预定的概率阈值，则通过在线客服技术实现人工客服与上述用户之间的通信。

在本实施方式中，服务器可以先获取上述预定的概率阈值，上述预定的概率阈值可以是预先由人工设定的，然后将步骤 203 得到的概率值与上述预定的概率阈值进行比较，如果上述概率大于预定的概率阈值，则通过在线客服技术实现人工客服与上述用户之间的通信。其中，在线客服技术是一种以网站为媒介，向互联网访客与网站内部员工提供即时沟通的通信技术。服务器可以通过接收用户输入的内容并将该内容转发到人工客服所使用的终端，并接收人工客服输入的内容并将该内容转发到用户所使用的终端来实现人工客服与上述用户之间的通信。

在本实施方式的一些可选的实现方式中，所述在线客服的实现方法还可以包括：如果上述概率小于或等于上述概率阈值，则根据记录的人工客服服务的访问计数值和机器人客服服务的访问计数值，确定当前人工客服服务的访问比例是否超过预设的比例阈值；如果确定当前人工客服服务的访问比例超过预设的比例阈值，则通过机器人客服与上述用户进行通信，否则通过在线客服技术实现人工客服与上述用户之间的通信。其中，上述人工客服服务的访问计数值和机器人客服服务的访问计数值是在通过对应的客服方式与用户进行通信时累加并记录的。具体地，设人工客服服务的访问计数值为 m，机器人客服服务的访问计数值为 n，则上述当前人工客服服务的访问比例 $r = m/(m+n)$，其中，m、n 为正整数；如果 r 大于上述预设的比例阈值，则通过机器人客服与上述用户进行通信，否则通过在线客服技术实现人工客服与上述用户之间的通信。其中，预设的比例阈值可以由人工根据实际情况进行设置。通过该实现方式，可以使服务器在判断用户不满意机器人客服服务时，根据当前人工客服服务的访问比例来确定通过哪种客服方式与上述用户进行通信，更合理地分配了用户的客服服务请求，提升了用户体验。

【权利要求】

一种在线客服的实现方法，其特征在于，所述方法包括：

接收用户的客服服务访问请求；

在获取到预定指示时，获取所述用户的特征信息，其中，所述特征信息包括所述用户的至少一种历史行为信息；

根据所述用户的特征信息，通过预先训练出的分类模型，获得所述用户不满意机器人客服服务的概率；

如果所述概率大于预定的概率阈值，则通过在线客服技术实现人工客服与所述用户之间的通信；

根据记录的人工客服服务的访问计数值和机器人客服服务的访问计数值，获取人工客服服务的访问比例，其中，所述人工客服服务的访问计数值和机器人客服服务的访问计数值是在通过对应的客服方式与用户进行通信时累加并记录的；

确定所述人工客服服务的访问比例与预设的比例阈值之差的绝对值是否小于预设的差异阈值；

如果所述绝对值不小于所述差异阈值，则更新所述人工客服服务的访问计数值和机器人客服服务的访问计数值为一个相同的预定自然数；

根据更新后的人工客服服务的访问计数值和机器人客服服务的访问计数值，获取新的人工客服服务的访问比例；

确定所述新的人工客服服务的访问比例与所述比例阈值的比值是否大于预设的系数；

如果所述比值大于所述系数，则通过机器人客服与所述用户进行通信。

【案例分析】

该权利要求请求保护的在线客服的实现方法，根据用户的特征信息，通过预先训练出的分类模型，获得所述用户不满意机器人客服服务的概率，并在该概率大于预定的概率阈值时，通过在线客服技术实现人工客服与所述用户之间的通信，据此充分利用机器人客服资源，缓解人工客服压力。

对比文件1公开了一种根据客服满意度进行服务的方法，以训练人机会话的会话特征作为训练样本，以对应的满意度结果作为目标值进行分类模型训练，得到分类模型；会话特征包括实际人机会话对应用户的历史行为特征；获取实际人机会话，提取实际人机会话的会话特征，将所述实际人机会话的会话特征输入所述分类模型得到经过分类模型预测的满意度结果，当满意度结果满足预设的警告条件时，则在人工客服告警装置中发出告警信息，提醒人工客服辅助机器人服务客户。由此可见，对比文件1公开了获取所述用户的特征信息，所述特征信息包括所述用户的至少一种历史行为信息；根据所述用户的特征信息，通过预先训练出的分类模型，获得所述用户对机器人客服的满意度结果，满足预设条件时通过在线客服技术实现人工客服与所述用户之间的通信。

该权利要求请求保护的技术方案与对比文件1公开的内容相比区别特征为：（1）接收用户的客服服务访问请求；获得所述用户不满意机器人客服服务的概率；如果所述概率大于预定的概率阈值则转人工客服；（2）根据人工客服服务的访问计数值和机器人客服服务的访问计数值获取人工客服服务的访问比例，基于预设的差异阈值更新人工客服服务的访问计数值和机器人客服服务的访问计数值，并获取新的人工客服服务的访问比例，根据更新后的访问比例进一步判断是否通过机器人客服与用户进行通信。该权利要求相对于对比文件1实际所要解决的问题是：如何在机器人客服与人工客服之间更合理地分配用户的客服服务请求。

对于区别特征（1），对比文件1已经公开了用户不满意机器人客服则转人工客服的构思，以减少不符合用户预期的处理结果，提高用户的满意度。在此情况下，本领域技术人员容易想到基于用户的客服访问请求获取用户不满意机器人客服服务的概率。同时，设置预定阈值作为转接条件也属于本领域的惯用手段。

对于区别特征（2）：该区别特征涉及依据何种条件来判断是否要切换到机器人客服，该条件具体为根据人工客服及机器人客服访问计数值获取并更新人工客服服务的访问比例，更新后的人工客服服务的访问比例与比例阈值之间的比值是否大于预设的系数，虽然其主要涉及具体算法，但是上述特征与方案中的技术特征（如接收用户的客服服务访问请求、根据所述用户的特征信息，通过预先训练出的分类模型，获得所述用户不满意机器人客服服务的概率等）彼此相互支持、存在相互作用关系，从而共同提升了用户体验，提高了用户满意度。因此，在创造性审查时应当考虑该区别特征对技术方案作出的贡献以及由此带来的有益效果。对比文件2公开了一种实现与在线客服聊天的方法，具体公开了如下技术特征：在选择人工客服平台通信优先方式时，客户端先选择人工客服平台并由该人工客服平台提供服务，系统自动查看人工座席接待是否已达上限及是否有排队等待。如果显示正在排队，则直接切换到智能机器人客服平台完成应答服务；如果没有排队，则直接由该人工客服平台完成应答服务。当人工客服忙不过来时即可切换到智能机器人客服平台，对智能机器人的解答不满意时即可切换至人工客服，之间可来回切换多次，直到帮用户解决问题完毕。由此可见，对比文件2公开了：只有机器人（方式一）、机器人客服优先（方式二）、人工客服优先（方式三）三种方式的自由选择和切换；客户端在所述人工客服平台与智能机器人客服平台之间可自由转换多次；方式二中，人工客服平台将向客户端显示是否已达人工接待上限、是否有排队等待以及当前排队人数等相关信息，如有（表示已达人工接待上限或者存在排队人数），则显示当前排队顺序，并自动转接至智能机器人客服平台，由所述智能机器人客服平台继续与客户端连接；如否（表示未达人工接待上限并且不存在排队等待），则自动切换至人工客服平台，由所述人工客服平台与所述客户端实现应答服务。然而，对比文件2判断人工客服是否繁忙的依据是"是否已达人工接待上限、是否有排队等待"，这与该权利要求中基于访问比例的方式并不相同。对比文件2主要基于用户选择进行切换，这与该权利要求根据系统权衡后进行自动切换不同，并且该权利要求的方案减少了用户的等待时间，也给了用户更多的选择。基于上述理由，对比文件2并不能提供相应的启示，且区别特征（2）也不属于本领域公知常识。该权利要求的方案能够取得在机器人客服与人工客服之间更合理地分配用户的客服服务请求的有益效果，同时，能够节省用户等待时间，提升用户体验效果。因此，该权利要求的方案具有突出的实质性特点和显著的进步，具备《专利法》第22条第3款规定的创造性。

● 案例 2-6-3　触摸键盘动态生成方法

【背景技术】

多点触摸技术，通常只能支持两个手指同时操作，最大极限能支持五个手指。因此，在硬件的限制下，利用触摸屏实现键盘输入具备很大的局限性。一般都是在触摸屏的一个固定区域以固定的形式进行显示，然后由用户单手点击完成键盘输入。

【问题及效果】

本申请的主要目的在于提供一种触摸键盘动态生成和输入的方法，能够解决现有触摸屏键盘输入过于局限的问题，即都是在固定的区域以固定的形式显示输入用的键盘，从而使得用户使用本申请的动态生成的键盘更加舒适，能够更好地提升用户体验。

【具体实施方式】

本申请的触摸键盘动态生成和输入的方法，具体包括以下步骤：

步骤101：根据触点的数量和位置信息，动态生成键盘的定位点。

具体地，当手指放于触摸屏上时，触摸屏会检测到触点的数量和位置信息。所述动态生成键盘的定位点的条件是当触点的数量符合阈值的规定，且触点的相互之间的位置信息符合预先设定的规律时，才能够确定此时用户希望生成键盘，进而实现输入操作。其中，所述触点的数量的阈值可以根据用户的使用习惯以及应用终端的屏幕大小，按照单手输入和/或双手输入分别设定。当应用终端的屏幕足够大时，可以选择既支持单手输入，也支持双手输入；当应用终端的屏幕不够大时，可以只选择支持单手输入。所述触点的相互之间的位置信息预设的规律，按照人机工程学中，单手或双手输入时手指摆放的间距和相对位置完成预设，其目的是确认用户此时需要进行输入操作。

所述动态生成键盘定位点是指，在触点的数量符合阈值的规定，并且触点的位置信息符合预先设定的规律时，将触点作为生成键盘的定位点。所述键盘定位点可以根据用户常用的输入方法进行预设。

示例性地，所述动态生成的键盘定位点是指：左手小拇指触点对应按键A；左手无名指触点对应按键S；左手中指触点对应按键D；左手食指触点对应按键F；右手食指触点对应按键J；右手中指触点对应按键K；右手无名指触点对应按键L；右手小拇指触点对应按键Enter。

步骤102：根据定位点生成并调整键盘各字符的输入区域。

具体地，根据定位点生成键盘各字符的输入区域包括：根据定位点按照预设的键盘格式生成其他字符的输入区域。示例性地，其他字符的输入区域是指除了按键A、S、D、F、J、K、L和Enter以外的其他按键，按键的输入区域采用常用的正方形，但实际应用中，可以采用其他形状替代，例如，圆形。所述调整键盘各字符的输入区域包括：按照人机工程学，将键盘各字符的输入区域按照触摸的手型进行旋转，使得用户使用本申请所述动态生成的键盘更加舒适。

步骤103：点击输入区域实现输入操作，直至输入结束。

具体地，在输入过程中，快速点击触摸屏的某个按键的输入区域，在预设的时间内离开触摸点，并且触摸的力度大于预设的阈值，则认定为点击输入区域所对应的按键，实现了输入操作。需要说明的是，在输入的过程中，手指必须离开原来的定位点进行点击操作，此时之前生成的键盘各字符的输入区域应当一直保留，才能点击所述输入区域完成输入操作。进一步，每个手指离开定位点点击其他按键之后，回到定位点时，可以按照这个新的触点重新生成和调整这个手指负责的相关按键的输入区域，具体的生成和调整方式与步骤 102 相同。

【权利要求】

一种触摸键盘动态生成和输入的方法，其特征在于，所述方法包括：

根据触点的数量和位置信息，动态生成键盘的定位点；

根据定位点生成并调整键盘各字符的输入区域；

点击输入区域实现输入操作；

所述实现输入操作的过程中，还包括：手指离开定位点点击其他按键之后，回到定位点时，按照新的触点重新生成和调整该手指负责的相关按键的输入区域；

所述根据触点的数量和位置信息，动态生成键盘的定位点，具体为：当触点的数量符合阈值的规定，且触点的相互之间的位置信息符合预先设定的规律时，动态生成键盘的定位点。

【案例分析】

该权利要求请求保护一种触摸键盘动态生成和输入的方法，根据触点的数量和位置信息动态生成键盘的定位点，根据定位点生成并调整键盘各字符的输入区域，手指离开并再次回到定位点时，按照新的触点重新生成和调整该手指负责的相关按键的输入区域。

对比文件公开了一种输入装置及产生触控键盘的方法，当使用者将双手置放于触控面板上时，触控面板会产生相对应的多个触碰信号；处理模块则根据触碰信号计算相对应的多个触碰面积以及触碰信号之间的多个间隔距离；接着，依据触碰信号于触控面板上显示具有多个触控按键的触控键盘，并且根据触碰面积中的一最大触碰面积调整触控按键的大小；其中，处理模块根据这些间距距离决定触控按键之间的间隔距离，以及根据触碰信号的分布位置计算相对应的多个手指位置以决定触控键盘的显示位置，显然生成触控键盘后点击即可实现输入操作。可见，对比文件公开了根据触点动态生成键盘的定位点、根据定位点生成并调整键盘各字符的输入区域、点击输入区域实现输入操作的特征。

　　该权利要求请求保护的技术方案与对比文件公开的内容相比区别特征在于：（1）根据触点的数量和位置信息，动态生成键盘的定位点，具体为：当触点的数量符合阈值的规定，且触点的相互之间的位置信息符合预先设定的规律时，动态生成键盘的定位点；（2）输入操作过程中，手指离开定位点点击其他按键之后，再回到定位点时，按照新的触点重新生成和调整该手指负责的相关按键的输入区域。基于上述区别特征，可以确定该权利要求请求保护的技术方案实际所要解决的技术问题是：（1）如何准确确定定位点；（2）如何根据用户手指变化实时更新键盘以及如何确认用户确实需要输入操作，从而提升用户体验。

　　对于上述区别特征（1），对比文件中虽然没有记载关于触点数量的阈值，触点的相互之间的位置信息符合预先设定的规定时动态生成键盘定位点的内容，然而对比文件公开了以下内容：处理模块根据触碰信号的分布计算相对应的多个手指位置时，对于手指位置及按键位置有如下说明：手指位置所对应的手指例如是食指、中指、无名指及小指，其中左手食指、中指、无名指及小指的摆放位置分别用以决定触控按键中的F按键、D按键、S按键、A按键的显示位置，而右手食指、中指、无名指及小指的摆放位置分别用以决定J按键、K按键、L按键以及分号按键的显示位置，此处公开了手指触点的数量可以是8，而手指触点的位置与按键的位置一一对应，这也是一种较为常见的触控按键的设计。本领域技术人员从对比文件公开的内容中容易想到利用触点的数量符合一定的阈值以及触点的位置信息符合预定的规律来实现动态生成键盘的定位点，以确定触控按键输入操作。

　　对于上述区别特征（2），该特征与该权利要求中的其他技术特征共同作用提升了用户体验，因此，在创造性判断时应当考虑该用户体验提升的效果。对比文件公开了左右两个不同高度的输入区是根据手指摆放位置而生成。然而，对比文件还公开了以下内容：产生触控键盘的方法主要包括下述步骤：首先判断键盘产生模式是否使能，使用者可以经由应用程序或硬件来使能键盘产生模式，使输入装置进入键盘产生模式以产生使用者所需的触控键盘；一旦当所有的键盘参数都设定完成后，可将这些设定参数存储至数据库中，以方便再次使用；在下次使用时，处理模块可依据数据库中的各项设定参数，而对应显示先前设定过的触控按键，如此一来，使用者可以拥有专属个人的触控键盘。由上述公开内容可知，针对左右两个输入区，其是在键盘产生模式下生成的，虽然对于不同的使用者可以有不同的设定，但一旦键盘设定完成，对于同一个使用者而言就不必再做更改。也就是说，在键盘产生完成后进行输入操作的过程中，对比文件的键盘本身是固定的，并不会随着使用者的手指移动而进行动态调整，其没有公开键盘实时跟随手动而调整的手段，也没有解决在输入时实时更新输入区域的问题，本领域技术人员在对比文件的基础上，无法容易地想到上述区别特征（2），上述区别特征（2）也不是本领域的公知常识。通过上述区别特征（2），为该权利要求请求保护的技术方案带来了可以在输入过程中实时调整键盘设置更加适用用户输入，从而有效提升用户体验的有益效果。

综上所述，该权利要求请求保护的技术方案相对于对比文件与本领域公知常识的结合是非显而易见的，其具有突出的实质性特点和显著的进步，因而具备《专利法》第 22 条第 3 款规定的创造性。

第一节　知识图谱

　　知识是智力的基础，人类的智力活动主要是获得并运用知识。计算机必须具有知识，才能使其具有智能，能够模拟人类的智力行为，知识需要用适当的模式表示出来才能存储到计算机中。传统的知识存储模式包括文本文档、结构化数据库等。但是由于互联网信息暴增且杂乱无章，为了使机器可以像人一样理解海量的网络信息，知识图谱（Knowledge Graph）应运而生。

　　知识图谱又称为科学知识图谱，是知识域可视化或知识领域映射地图，是显示知识发展进程与结构关系的一系列不同的图形，用可视化技术描述知识资源及其载体，挖掘分析构建绘制和显示知识及它们之间的相互联系。

　　知识图谱是机器大脑中的知识库、人工智能应用的基础设施，旨在利用图结构建模知识，并实现识别、发现和推理事物、概念之间的复杂关系，是事物关系的可计算模型。构建知识图谱的核心任务之一是从海量资源中自动抽取新知识，并将它们与图谱中已有知识相融合。

　　由于知识图谱的以上特点，在知识图谱相关专利申请客体判断方面，就会存在以下问题：

　　1）知识图谱是某类事物、某个领域知识的图形化表示，那么知识图谱的构建是否属于《指南》中规定的"信息表述方法"，而被排除在客体之外？

　　2）抽象的知识图谱构建方法，与具体领域的知识图谱构建方法，在专利保护客体的判断上是否存在不同？

　　3）什么样的知识图谱相关发明专利申请才能构成专利保护的客体？

　　本节通过以下涉及知识图谱的典型案例来阐明上述问题。

● 案例 3-1-1 药品说明书的知识图谱构建方法

【背景技术】

药品说明书是临床医生和临床药师在为患者提供药物治疗方案时最重要的循证证据。随着医学信息化的发展，各大三甲医院广泛使用的处方前置审核系统不但可以方便查找药品说明书，还可以依据药品说明书的配伍禁忌、特殊人群、禁忌证、相互作用等自动提示临床医生和临床药师该患者处方的问题。这对保障患者的合理安全用药有非常重要的意义。

在目前，药品说明书内容是按照医院处方审核的要求，按照药品说明书的适应证、配伍禁忌、用法用量、年龄、人群、禁忌证、相互作用等不同字段存储在关系型数据库中的，在使用的过程中也是通过字段匹配来查找相应内容的。通过患者处方上提供的性别、年龄、临床诊断、药品名称、用法用量等，寻找数据库中与查找内容完全相符的信息。

【问题及效果】

现有技术中，无法处理较为复杂的查询要求，查询效率低，只能发现患者处方不合理的问题，但无法提供解决方案。本申请提供的药品说明书的知识图谱构建方法，通过依据药品说明书数据库构建药品说明书知识图谱，对药品说明书进行多维度描述，更贴近临床医生和临床药师对药品说明书的理解方式，也提高了检索效率，为临床医生和临床药师提供了临床辅助决策，为患者提供了更合理安全的用药方案。

【权利要求】

一种药品说明书知识图谱构建方法，其特征在于，药品说明书知识图谱的三元组形式为：<实体>，<关系>或<属性>，<实体>；

其中，实体的内容包括药品名称、适应证名称、禁忌证名称、检验检查项、症状、不良反应和病史；

实体的关系包括：

映射关系，定义一种实体是另一个实体的一个实例；

分类关系，定义一个实体是一类实体的成员；

属性关系，定义一个实体与属性之间的关系；

聚合关系，定义一个实体与全部实体之间的关系；

时间关系，定义不同实体产生的先后顺序；

相近关系，定义不同实体药理近似的关系；

实体的属性包括详细描述实体的维度或者设定条件的维度，具体包括药品的剂量、剂型、生产厂家、药品毒副作用、不良反应临床试验时间、不良反应发生率、不良反应处理和根据不良反应调整给药频次值。

【案例分析】

知识图谱三元组的定义和表达类似于数据结构的定义和表达。单纯的数据结构因属于信息表达的方法，从而属于智力活动的规则和方法，不能被授予专利权。

针对某个具体应用领域的知识图谱的三元组定义和表达，如果方案只涉及对三元组（实体、关系和属性）的定义，仍属于信息表述方法，无法获得专利保护。

具体到本申请，方案虽然涉及药品说明书的知识图谱构建，但是仅仅是定义了实体的内容包括药品名称、适应证名称、禁忌证名称、检验检查项、症状、不良反应和病史；关系的内容包括映射、分类、属性、聚合、时间等；属性包括药品的剂量、剂型、生产厂家、药品毒副作用、不良反应临床试验时间、不良反应发生率等。

显然，上述内容仅涉及对三元组本身的定义，仍属于信息的表述方法，因此，属于《专利法》第25条第1款第（二）项规定的智力活动的规则和方法，不属于专利保护的客体。

综上，对于有具体应用领域的知识图谱的解决方案，如果方案仅是构建了该领域的知识图谱，例如只包括三元组的定义和表达，那么该方案无法构成专利保护的客体。

◉ 案例 3-1-2　基于模糊理论的知识图谱优化方法

【背景技术】

知识图谱的初衷是为了阐述现实世界中各种存在的实体之间、关系之间以及实体与关系的属性的联系，其利用三元组中的关系来描述"头实体"和"尾实体"所具有的具体联系，其主要实现的目标是改进搜索引擎，使其搜索结果的准确性和用户搜索体验得到提高，其中涉及分类和预测等多种具体应用。目前的知识图谱算法大多数都是基于三元组（头实体，关系，尾实体）形式的，实体是知识图谱中的最基本元素，不同的实体间存在不同的关系。目前这种三元组的表达方式越来越流行，例如，万维网联盟发布的资源描述框架技术标准。特别是在谷歌提出知识图谱的概念后，这种表达形式更是被广泛接受。

现有的知识图谱技术大多基于深度学习算法构建，并且将其中的每个向量中每一维的数据都孤立地看待，这就使得想要构建效果更好的知识图谱的过程往往需要更多的训练时间和更大规模的训练集。

【问题及效果】

基于现有技术的缺陷，本申请引入模糊理论的思想，提出一种基于模糊逻辑和模糊向量的模型，使用模糊向量的运算方法来对各维训练数据进行运算，将模糊逻辑中赋予数据的语义信息与深度学习理论相结合，减少了训练的复杂程度，缩短了训练时间。

【权利要求】

一种基于模糊理论的知识图谱优化方法，其特征在于，具体步骤如下：

步骤1：获取训练集三元组数据，并对所有三元组数据预处理，包括步骤1.1～步骤1.2。

步骤1.1：获取训练集三元组数据，将所有三元组随机初始化，将三元组随机初始化成两组不同的向量，一组用来构建三元组本身，另一组用来构建在模糊空间的三元组模糊投影，具体过程如下：

设有 p 个三元组 (h_i, r_i, t_i)；$i = 1, 2, \cdots, p$；h_i 表示头实体；r_i 表示关系；t_i 表示尾实体；(h_i, r_i, t_i) 表示 h_i 和 t_i 具有 r_i 关系；采用模糊矩阵的乘积的形式表示双重模糊集在模糊关系中的合成，即，对于模糊向量 l_t 和 f_r，l_t 在 f_r 上的投影表示为 $t_{f_r} = l_t \cdot f_r = \bigvee (l_t \wedge f_r)$，对于任意模糊变量 $a \in l_t$ 和 $b \in f_r$，设 $-1 \leqslant a \leqslant b \leqslant 1$ 时有：

$$\begin{cases} a \wedge b = a \\ a \vee b = b \end{cases}$$

对于每一个三元组 (h, r, t) 所对应的向量分别初始化：h 对应初始化为 h 和 h_m；r 对应初始化为 r 和 r_m；t 对应初始化为 t 和 t_m，其中，带有 m 下标的向量表示用来构建映射矩阵的元素，不带 m 下标的代表元素本身的向量；且 h 与 h_m 均 $\in R^k$，t 与 t_m 均 $\in R^k$，r 与 r_m 均 $\in R^n$，k 和 n 分别表示实体向量和关系向量的维度，$k = n$，且 h、h_m、t、t_m、r、r_m 均被设定为列向量。

步骤1.2：向量归一化；对 h、h_m、r、r_m、t 和 t_m 分别进行归一化操作，归一化公式为 $x = x / \|x\|$，其中，$X = h$ 或 h_m 或 r 或 r_m 或 t 或 t_m，归一化后的 h、h_m、r、r_m、t 和 t_m 数值范围如下：$h \leqslant 1$，$h_m \leqslant 1$，$r \leqslant 1$，$r_m \leqslant 1$，$t \leqslant 1$，$t_m \leqslant 1$。

步骤 2：基于模糊关系合成的知识图谱构建，获得知识图谱的模糊关系，包括步骤 2.1~步骤 2.2。

步骤 2.1：模糊投影。将归一化后得到的 h_m 和 t_m 分别对 r_m 进行模糊投影，得到两个模糊矩阵 F_{hr} 和 F_{tr}，具体过程和原理如下：

将 h_m 和 t_m 分别对 r_m 进行模糊投影，分别得到如下两个模糊矩阵 F_{hr} 和 F_{tr}：

$$F_{hr} = r_m \circ h_m^{\mathrm{T}} \bigvee I^{k \times n}; F_{tr} = r_m \circ t_m^{\mathrm{T}} \bigvee I^{k \times n}$$

其中，h^{T} 为 h 的转置，$X \circ Y$ 形似模糊矩阵的乘积，这里 X 为 r_m，Y 为 h_m 或者 t_m^{T}。

步骤 2.2：模糊关系合成。将两个模糊矩阵 F_{hr} 和 F_{tr} 分别与 h^{T} 和 t^{T} 进行模糊关系合成，在得到投影空间之后，通过分别计算对头实体和尾实体的模糊空间 F_{hr} 和 F_{tr} 的映射的方法来进行模糊关系合成，具体公式如下：

$$l_{hr} = F_{hr} \cdot h^{\mathrm{T}}; \quad l_{tr} = F_{tr} \cdot t^{\mathrm{T}}$$

其中，l_{hr} 为模糊空间 F_{hr} 与 h^{T} 的模糊关系，l_{tr} 为模糊空间 F_{tr} 与 t^{T} 的模糊关系。

步骤 3：基于损失函数，最小化目标优化函数，获得优化后的三元组向量，即为优化后的知识图谱的三元组集合。

【案例分析】

知识图谱通常基于三元组进行构建，实体是知识图谱中最基本元素，不同的实体间存在不同的关系。知识图谱最广泛的应用是搜索，即，增加搜索深度和广度，找到最想要的信息。知识图谱涉及对知识资源的挖掘、分析、构建、绘制和显示，融合了应用数学、图形学、信息可视化技术、信息科学等多门学科，涉及三元组构建的专利申请只是知识图谱相关专利申请中的一种，判断涉及知识图谱的专利申请的客体时，应结合具体案情，根据申请要解决的问题和记载的手段进行具体分析。

具体到本案，本案请求保护一种基于模糊理论的知识图谱优化方法。该方案利用两组不同的向量分别构建三元组本身和模糊空间下的三元组模糊投影，基于损失函数获得优化后的三元组集合。上述手段仅涉及对三元组结构的定义和依据设定规则的计算，其中算法特征的执行未体现出利用自然规律解决技术问题的过程，因而并非技术手段；所能解决的问题仅仅是三元组表达方式的优化，并非技术问题，优化三元组本身的表达获得的减少数据集训练时间的效果也并非技术效果。此外，虽然本申请声称"使用模糊向量的运算方法对各维训练数据进行运算，将模糊逻辑中赋予数据的语义信息与深度学习理论相结合"，但当前权利要求记载的手段中并未体现出对语义信息的利用和处理。因此，本申请请求保护的解决方案不属于《专利法》第 2 条第 2 款规定的技术方案，不属于专利保护的客体。

◉ **案例 3-1-3　一种基于关系注意力的知识图谱推理方法**

【背景技术】

知识图谱在许多自然语言处理应用中有非常重要的作用，例如问答系统、语义搜索等。但由于知识获取的不确定性，基于实体识别和关系抽取技术构建的知识图谱，会导致知识图谱的不完整，从而影响这些应用的性能。知识图谱推理技术指的是根据现有的知识图谱中的已知事实，推断出新的事实，使用知识图谱推理技术可以丰富知识图谱。现有技术中基于图注意力的模型在获取网络结构上取得了成功，但这种模型直接用于构建知识图谱是不合适的，因为它忽略了知识图谱里很重要的一部分信息——边，即在知识图谱里实体与实体之间的关系信息。

词嵌入是自然语言处理中语言模型与表征学习技术的统称。概念上而言，它是指把一个维数为所有词的数量的高维空间嵌入一个维数低很多的连续向量空间中，每个单词或者词组被映射为实数域上的向量。

【问题及效果】

为了克服知识图谱的知识获取的不确定性而导致的知识图谱错误，从而导致问答系统、语义搜索等应用返回结果不确定的问题，本申请提供了一种基于关系注意力的知识图谱的推理方法，通过构建包括知识图谱中目标节点与邻居节点集合的邻居子图，并在确定目标节点三元组得分时，结合考虑了目标节点嵌入表示、目标节点嵌入邻居子图中信息的邻居嵌入表示以及邻居子图的注意力分值等。根据以上方法得到的三元组得分来进行推理，则可以使得知识图谱的推理减少不确定性和返回结果错误，进而使得知识图谱的应用反馈的结果也更加准确。

【权利要求】

一种基于关系注意力的知识图谱推理方法，所述方法包括：

获取知识图谱中节点的初始嵌入表示，将所述初始嵌入表示转换到高维空间，得到高维嵌入表示；所述节点为知识图谱中的实体；所述知识图谱是对知识进行实体识别和关系抽取构建的；所述知识是问答系统、语义搜索中相关联的知识；所述实体是利用命名实体识别工具从自然语言文本中获取的文本数据，所述初始嵌入表示是所述文本数据通过所述词嵌入模型得到的向量；

获取所述知识图谱中目标节点的邻居节点集合，根据所述目标节点与所述邻居节点集合中邻居节点的关系类型，构建邻居子图；

根据所述目标节点的高维嵌入表示和所述邻居子图中邻居节点的高维嵌入表示，得到所述目标节点嵌入邻居子图中信息的邻居嵌入表示；

将所述目标节点的高维嵌入表示与所述邻居嵌入表示进行聚合，得到目标节点的聚合嵌入表示；

根据每个所述邻居子图的第一注意力分值，对所述聚合嵌入表示进行融合，得到所述目标节点的融合嵌入表示；

根据所述融合嵌入表示，计算所述目标节点对应三元组的得分，根据得分进行三元组推理。

【案例分析】

本申请请求保护基于关系注意力的知识图谱推理方法，该方法通过对问答系统、语义搜索中相关联的自然语言文本中进行实体识别和关系抽取构建知识图谱，从而进行知识图谱推理。

从具体步骤来看，本申请处理的对象是问答系统、语义搜索中的文本数据，所解决的是文本嵌入及语义搜索过程中如何丰富语义信息、提高知识图谱推理准确性的技术问题。为解决上述技术问题，本申请通过目标节点嵌入表示、目标节点嵌入邻居子图中信息的邻居嵌入表示以及邻居子图的注意力分值来确定目标节点三元组得分、根据得分来进行推理，体现了对具有确切技术含义的技术数据的具体处理过程，属于遵循自然规律的技术手段，获得了丰富语义信息、提高推理准确性的技术效果。因此，该发明专利申请的解决方案属于《专利法》第2条第2款规定的技术方案，属于专利保护的客体。

虽然本申请的解决方案也涉及三元组的构建和优化，但是，本申请中三元组的构建并非单纯的定义和信息表达，方案中明确记载了处理对象是自然语言中的文本数据或者语义信息等技术数据，采用了"对问答系统、语义搜索中相关联的知识等对象进行实体识别和关系抽取"等遵循自然规律的技术手段，解决了语义搜索及推理过程中如何能够使知识图谱推理更加准确的技术问题，能够获得丰富语义信息、提高推理准确性的技术效果。

● 案例 3-1-4　基于融合特征的知识图谱的水电机组故障诊断方法

【背景技术】

水轮发电机组的运行状态是否安全可靠，直接关系到水电站能否安全经济地提供可靠的电力，也直接关系到水电站本身的安全。随着大型水轮发电机组在整个电力系统中的比重越来越大，对水电设备的可用率、机组运行安全性、可靠性与经济性提出了更高的要求，事故停机造成的经济损失可能会更为严重，给水电设备的运行管理带来更多的挑战。随着科技发展，水轮发电机组的故障诊断正由人工诊断到智能诊断、由离线诊断到在线诊断、由现场诊断到远程诊断逐渐发展。

故障诊断的核心是特征提取，通过特征提取后用分类器进行故障分类。目前，在水力发电机组振动故障诊断领域中得以研究和应用的重点方法主要有故障树故障诊断方法、模糊诊断方法、小波分析、深度学习和神经网络等。

【问题及效果】

水电机组试验报告、大修报告、巡检记录等非结构文本数据中蕴含大量高价值故障知识，合理抽取文本故障知识对提高水电机组故障诊断效果具有重要意义。对水电机组的故障诊断文本进行知识抽取的关键问题在于，从异构的文本非结构化数据中抽取出有效的结构化信息，目前，其研究的重点在于针对故障、特征等命名实体进行识别与实体关系抽取。知识图谱推理诊断的目的是根据已有的知识图谱和当前的状态特征找到对应的设备故障。

本申请通过同时提取非结构化的振动数据和结构化的诊断报告文本数据，并进行异构数据融合，以融合特征作为水电机组故障诊断的依据，解决了水电机组故障诊断时真实故障数据缺乏、故障诊断不够准确的技术问题。

【具体实施方式】

本申请具体实施方式提供了一种基于融合特征的知识图谱的水电机组故障诊断方法，该方法包括以下步骤：

S1：根据水电机组振动数据，提取水电机组的结构化振动数据特征。其中，振动数据包括振动位移、速度和加速度传感器采集的原始数据；结构化振动数据特征包括传统特征和深度特征。

S2：根据水电机组多种诊断报告，提取水电机组诊断报告的非结构化文本数据特征。

S3：将所述水电机组的结构化振动数据特征和所述水电机组诊断报告的

非结构化文本数据特征进行异构知识融合，得到融合特征。

其中步骤 S3 还进一步包括：

将得到的两种异构故障知识的数据特征，根据资源描述框架格式定义知识的统一表示结构，即"特征名称−特征属性−故障名称"形式的三元组结构，其中，"特征名称"表示故障特征名称；"特征属性"包含了关系强度 Rb 和特征本身的数值描述，关系强度表示了三元组关系的可信程度；"故障名称"表示故障类型名称。

S4：根据融合特征，构建水电机组故障诊断知识图谱。

其中步骤 S4 还进一步包括：

S41. 从三元组融合特征中直接提取特征名称和故障名称，作为知识图谱的节点；

S42. 根据三元组融合特征包含的关系强度 Rb 和对三元组的统计量，计算节点间的关系强度，作为知识图谱的边。

S5：根据所述水电机组故障诊断知识图谱和水电机组当前状态特征，对水电机组当前状态进行推理诊断，推断出各种故障发生的可能性。

其中步骤 S5 具体为：

S501. 通过深度学习模型与传统特征提取，得到与图谱中对应的特征实体和属性值；

S502. 实时获取水电机组当前状态的数值数据、状态值和超限值；

S503. 通过深度提取模型对所述数值数据进行特征提取得到深度特征，以深度特征、状态值和超限值为目标，在知识图谱模式层中检索其名称并提取出图谱中的相关实体和边构成关系子图；

S504. 根据所述关系子图中节点和边的拓扑结构，建立贝叶斯概率网络模型，使用贝叶斯概率网络推导出故障的概率。

【权利要求】

一种基于融合特征的知识图谱的水电机组故障诊断方法，其特征在于，该方法包括以下步骤：

S1：根据水电机组振动数据，提取水电机组的结构化振动数据特征。

S2：根据水电机组多种诊断报告，提取水电机组诊断报告的非结构化文本数据特征。

S3：将所述水电机组的结构化振动数据特征和所述水电机组诊断报告的非结构化文本数据特征进行异构知识融合，得到融合特征。

S4：根据所述融合特征，构建水电机组故障诊断知识图谱。

S5：根据所述水电机组故障诊断知识图谱和实时获取的水电机组当前状态特征，对水电机组当前状态进行推理诊断，推断出各种故障发生的可能性。

其中，振动数据包括振动位移、速度和加速度传感器采集的原始数据；结构化振动数据特征包括传统特征和深度特征。

【案例分析】

本申请权利要求请求保护一种基于知识图谱的水电机组故障诊断方法，该方案通过对水电机组结构化振动数据和诊断报告的非结构化文本数据的特征提取和异构数据的知识融合，解决了水电机组故障诊断中存在的真实故障数据缺乏、故障诊断不够准确的技术问题；该方法中各步骤具体限定了处理的对象是有明确技术含义的数据，如水电机组诊断报告的非结构化文本数据等；为解决上述技术问题，本申请所采用的手段并非仅仅是构建知识图谱本身，而是涉及具体领域的知识图谱构建及其应用方法。具体而言，本申请根据水电机组故障诊断知识图谱和实时获取的水电机组当前状态特征，对水电机组当前状态进行推理诊断，推断出各种故障发生的可能性，采用的手段是遵循自然规律的技术手段，据此获得了提高故障诊断准确性的技术效果。因此，本申请权利要求的解决方案构成《专利法》第 2 条第 2 款规定的技术方案，属于专利保护的客体。综上所述，知识图谱相关发明专利申请，并不因为其涉及知识图谱构建或应用就必然构成技术方案，而要看其方案在整体上是否采用了遵循自然规律的技术手段，并解决相应的技术问题、获得相应的技术效果。

由以上案例可知，仅记载三元组定义或表达的解决方案，实质上是一种单纯的信息表述方法，属于智力活动的规则和方法，不构成专利保护的客体。如果方案仅涉及知识图谱本身的优化，未采用技术手段解决技术问题以获得符合自然规律的技术效果，则不构成技术方案。如果方案中用三元组表达的处理对象是语义信息、文本数据等技术数据，体现出对技术数据的具体处理过程，那么，这样的解决方案有可能构成技术方案。如果方案采用了自然语言处理、异构数据融合等手段解决具体应用领域的技术问题，并获得了相应的技术效果，则该方案属于技术方案。

第二节　用户画像

　　用户画像即用户的抽象化表达，是一种建立在获得知识数据之上的目标用户模型。用户画像作为一种刻画目标用户、联系用户诉求与设计方向的有效工具，在各个领域得到了广泛的应用。

　　用户画像最早是在电商领域得到应用的，在大数据时代背景下，用户的各种信息、行为都被记录在网络中，获取用户的这些信息和行为，并将其抽象化为标签，利用这些标签将用户形象具体化，从而为向用户提供更有针对性的服务打好基础。

　　用户画像的主要应用是如何向用户更有针对性地进行推荐、服务，很多这方面的申请都与商业场景有关；而用户画像是对用户按照其信息和行为进行分类、打标签；对用户进行画像准确性的提高又往往依赖于算法的改进。因此，对于涉及用户画像方法及画像应用的专利申请是否能得到专利法的保护，大家往往存在疑惑。

◉ 案例 3-2-1　用户画像构建方法

【背景技术】

　　推荐系统已经广泛应用于多个领域，并取得了很大成功。其中个性化推荐正在成为也终将成为推荐系统的主流。根据用户自己的购买记录、访问记录等信息，给用户推荐出更加符合他个人需求、兴趣的商品或者信息，称为个性化的推荐。目前个性化推荐通常的做法是，将用户的所有行为标签化，所有的标签构成了用户的画像，然后再推荐出与此画像最为接近的信息。然而基于标签的用户画像，在推荐时要严格依赖标签的匹配，导致同义或者近义词也很难匹配到，推荐效果差，同时传统的标签画像也无法刻画出语义级别的需求及兴趣。

【问题及效果】

　　如何完整、全面地刻画用户，是更准确地为用户推荐个性化信息的基础。本申请要解决的问题就是如何构建用户画像，使用户的画像能够刻画出语义级别的用户需求及兴趣。

　　根据本申请的用户画像构建方法，由用户的个性化数据出发，将所有特征数据进行向量化表达，词向量代表了一个词的语义信息，句子（或段落）的语义可用组成该句子（或段落）的词向量来描述，根据特征数据及特征数据的类型，构建数据画像，所有数据画像组成用户画像。从而实现将用户所有的个性化信息使用一个个的句子向量、文章向量来描述，弥补了文本标签刻画用户的不足，能够表达出语义级别的隐含信息，使得这个画像具有了语义的信息，更加全面、精准地刻画了用户。

【权利要求】

一种用户画像构建方法，其特征在于，包括：

获取用户的特征数据，确定所述特征数据的类型；

根据所述特征数据及所述特征数据的类型，构建数据画像；

根据所述数据画像构建所述用户画像；

所述根据所述特征数据及所述特征数据的类型，构建数据画像具体包括：

计算所述特征数据的词向量的平均值，通过所述词向量的平均值表达所述特征数据的语义；

根据所述特征数据的词向量的平均值，计算同一类型的所述特征数据的向量平均值，将所述向量平均值作为所述数据画像；

当所述特征数据包括一个或多个所述类型时，构建一个或多个所述数据画像；

其中，根据所述数据画像构建所述用户画像具体包括：将所述一个或多个数据画像对应的所述向量平均值组成向量矩阵，将所述向量矩阵作为所述用户画像；

所述特征数据为所述用户的基本信息和/或所述用户的行为信息；

所述特征数据的格式包括以下至少任一项或其组合：句子、段落、文章；所述特征数据的类型包括以下至少任一项或其组合：新闻、读书、服饰。

【案例分析】

本申请权利要求请求保护一种用户画像的构建方法。由于用户画像属于对用户的抽象化表达，很多有关用户画像的构建方法，就是对用户进行分类打标签，而涉及"抽象化表达"就会有该方法是不是属于《指南》中规定的"智力活动的规则和方法"的嫌疑。本申请是不是属于专利法的授权客体呢？

本申请权利要求请求保护的用户画像构建方法，其处理对象是用户的特征数据，该方法采用了计算特征数据的词向量的平均值以及基于该平均值和特征数据的类型，来构建用户的数据画像并进而构建用户画像，其中采用了自然语言处理等手段来获取语义级别的用户特征，该手段遵循了自然语言处理中有关语义分析的自然规律，因此该手段属于技术手段；该方法解决了如何更加完整、更加全面地刻画用户特性的技术问题，获得了更准确地刻画用户的需求和兴趣的技术效果。因此本案的解决方案属于《专利法》第2条第2款所述的技术方案。

◉ 案例 3-2-2　基于深度学习在线教育学生综合画像标签管理系统

【背景技术】

在线教育或称远程教育、在线学习。当前，需要加强网络教学资源体系建设。鼓励学生利用信息手段主动学习、自主学习，增强运用信息技术分析解决问题的能力。"互联网+教育"应运而生，移动学习作为在线教育的一种形式也迅猛发展。

埋点技术是网站分析的一种常用的数据采集方法，数据埋点是一种良好的私有化部署数据采集方式。它通过在网站页面关键位置植入多段代码，追踪用户在平台每个界面上的系列行为，例如点击行为，针对用户行为生成事件，事件之间相互独立。埋点技术可以用于采集用户在线行为，建立用户画像，还原用户行为模型。

目前现有技术中对在线教育学生的用户画像，一般都是基于学生的基本信息、历史选课信息及上课情况、课程成绩、对课程的评价等方面，关于学生的数据虽然繁多，但孤岛效应明显，缺乏系统地、多维度地对学生的刻画与评估，尤其缺少对学生上课时注意力程度、思维活跃程度等方面因素的综合考虑，造成对在线教育学生的用户画像刻画不全面、不准确。

【问题及效果】

为了解决现有技术中的上述问题，本申请提供了一种基于深度学习在线教育学生综合画像标签管理系统，其利用埋点技术、脑波采集技术、视点追踪技术等，实现了对学生线上、思维和视线全面资料的采集，采用文本挖掘技术、图像识别技术和深度学习技术，完成对代表性画像标签的高效归纳与高效提炼，最终建立具有普适性的在线学生画像标签体系。该管理系统全方面、更加精准地刻画了学生画像，支撑面向学生群体与个体层级能力的科学评定与展现，进而有效地指导学生培养方案与教学内容计划的优化与提升。

【具体实施方式】

本申请提供了一种基于深度学习的在线教育学生综合画像标签管理系统，

该系统包括数据采集单元、数据预处理单元、画像标签提炼单元，以及成果输出与展现单元；其中：

所述数据采集单元用于从多个数据源进行学生数据的采集获取与存储，其中包括：

埋点采集将利用网页埋点技术预先对网页进行植入 JSSDK 代码等处理，从而使得学生针对每一个网页的浏览行为和点击行为都得以被记录，记录的内容可以完整反映学生在线上平台的完整浏览路径，锁定其查看的网页内容；

脑波采集将利用头戴式脑波采集仪器，通过对大脑皮层电压变化的探测，并进行差分、数模转换等处理，实现对学生在整个学习过程中的脑电波的变化情况的留存记录，进而实现对大脑即时活动状态的勘测与记录；

视点轨迹采集将利用眼动仪等头戴设备，通过对眼球浏览过程中眼球焦点的位置与状态，采集学生在整个学习过程中的对于浏览内容的目光焦点位置变化等信息，进而实现对学生即时关注位置的勘测与记录。

所述数据预处理单元用于将采集获取到的数据进行数据整合、数据审核与清洗，其中包括：

数据预处理将基于学生身份证号或学籍号类统一标识，将以上采集到的多源异构数据进行横向融合，即进行字段级的融合，而非记录级的融合。在融合之后，进一步对新数据集进行完整性和有效性审核，识别出其中的无效值，如并表后的 Null 值，字符型空白等，以及包括不符合常理，如日均学习时长超过 24 小时，以及不符合领域内业务认知，如单次文档浏览时长超过 5 小时异常值，针对这部分数据进行剔除或调整，如针对空值的填充操作，以及针对离群值的阈值限定操作。

所述画像标签提炼单元用于从基础数据中筛选重要维度信息，提炼代表性画像标签，并形成自上而下的完整标签体系，其中包括：

深度学习处理将利用深度学习技术，在上述预处理后的数据基础之上，从学生线上行为内容与行为轨迹等信息中提炼包括学生的内容偏好、行为模式、学习风格、学习态度、学习表现在内的线上学习模式标签，如学习活跃度、学习投入度、自我效能感、交互参与度、快速学习能力等；

图像识别处理将利用图像识别技术，对学生在学习过程中的目光焦点位置与对应的具体浏览内容进行匹配，识别获得学生在每个时刻的浏览内容和完整的浏览内容链条，并基于对页面浏览内容的划分与判定，锁定学生学习过程中的重点关注内容，以及其特有的浏览行为模式，提炼包括学生内容形式偏好、学生视觉色彩偏好、视点稳定性在内的学习状态标签；

文本挖掘处理将利用文本挖掘技术针对学生线上线下评论进行一系列的处理，包括基于隐马尔可夫链进行中文文本分词、针对分词结果进行互信息计算、基于狄利克雷分布进行内容的主题分类判定，进而提炼获得学生评论内容的实体对，拆解获得学生评论的目标对象、针对对象的情感倾向与内容要点，形成学生的主观态度标签。

画像标签体系构建将利用层次聚类、主成分分析等降维挖掘技术对各类标签进行分类，并基于领域内业务认知在建模结果的基础上进行上层的归纳提炼，形成一个自上而下的完整标签体系。

所述成果输出与展现单元用于将画像标签以恰当的逻辑和可视化方式进行展现和场景应用，具体包括：

系统输出与展现将利用数据可视化技术，结合折线图、饼图、条形图、地理热图、仪表盘等各种图形以及文字、表格等形式，以系统的方式，将画像标签的成果进行输出，一方面通过群体级分析报告、可视化大屏对学生综合画像进行宏观层面的描绘刻画，另一方面通过详细的个人级报告，对学生微观特征进行解读与展现。

通过本申请，在线教育的学生可以实现其线上线下全面资料的采集，并形成具有代表性的完整画像标签，从宏观和微观两个层面实现对学生特征的全面细致刻画，有效支撑对于学生的定向引导和对于教学的定向优化。

【权利要求】

一种基于深度学习在线教育学生综合画像标签管理系统，包括数据采集单元、数据预处理单元、画像标签提炼单元，以及成果输出与展现单元；其特征在于，

所述数据采集单元用于从多个数据源进行学生数据的采集获取与存储，其中包括：

a1. 利用埋点技术采集学生线上平台行为路径与行为内容的信息并存储；

a2. 利用脑波采集技术采集学生在线下学习过程中的大脑活动状态的信息并存储；

a3. 利用视点追踪技术采集学生在线下学习过程中的目光焦点位置的信息并存储。

所述数据预处理单元用于将采集获取到的数据进行数据整合、数据审核与清洗，其中包括：

b1. 数据整合，基于身份证号或学籍号统一标识，将以上采集多源异构数据进行横向融合；

b2. 数据清洗，针对以上采集数据进行完整性和有效性审核，剔除或调整其中的无效值与异常值。

所述画像标签提炼单元用于从基础数据中筛选重要维度信息，提炼代表性画像标签，并形成自上而下的完整标签体系，其中包括：

c1. 利用深度学习技术，从学生线上行为内容与行为轨迹的信息中提炼包括学生的内容偏好、行为模式、学习风格、学习态度、学习表现在内的线上学习模式标签并存储；

c2. 利用图像识别技术将学生在线下学习过程中的目光焦点位置与浏览内容进行匹配，锁定学生学习的重点关注内容与浏览行为模式，结合对脑波状态的解读，提炼包括学生注意力水平、学生视点稳定性在内的线下学习状态标签并存储；

c3. 利用文本挖掘技术针对学生线上线下评论进行中文分词、互信息计算、主题内容提炼，提炼学生评论的目标对象、情感倾向与内容要点，形成学生主观态度标签并存储；

c4. 利用数据挖掘技术对各类标签进行分类与上层归纳提炼，形成自上而下的完整标签体系。

所述成果输出与展现单元用于将画像标签以恰当的逻辑和可视化方式进行展现和场景应用。

【案例分析】

本申请属于在线教育领域。权利要求请求保护一种基于深度学习在线教育学生综合画像标签管理系统，该方案从多个数据源进行了数据采集获取，包括学生线上学习的行为、学生学习过程中大脑活动状态以及学生学习过程中目光聚焦位置等数据，并在刻画用户画像时，融合线上平台行为路径与行为内容、代表大脑活动状态的脑波数据、代表注意力情况的视点聚焦数据等多源、异构的数据，并且结合深度学习技术，更准确地为学生多维度地设置了标签，这种对多源、异构数据的处理属于技术手段，据此解决了在刻画在线教育学生画像时丰富对学生画像刻画和评估的数据维度的技术问题，获得了相应的技术效果。因此，本申请属于《专利法》第2条第2款规定的技术方案。

● **案例 3-2-3 电力行业用户画像构建方法**

【背景技术】

随着我国市场经济体制的完善，电力企业需要根据用户的不同特点来发掘用户的需求，进而提供差异化增值服务。因此，在电力行业的增值服务体系中，准确、全面地理解"用户行为"是很必要的。

目前，电力行业中更多的是构建用户价值细分体系，得到不同价值的用电客户后，再根据某些定量的指标提供增值服务。然而，这样的方法存在以下缺点：没有将定性数据和定量数据相结合，得到的结论可解释性不高，从而不能清楚、全面地描述用户行为的具体特征。

【问题及效果】

为了解决现有技术中的上述问题，本申请提供了一种电力行业的用户画像构建方法，将电力行业的用户行为的频度、程度、近期预测相结合，能够多方位多维度地描述用电客户的行为特征，从而使对用户的刻画更为准确全面，也有效辅助电力公司的业务人员根据用电客户的情况提供差异化增值服务。

【权利要求】

一种电力行业的用户画像构建方法，其特征在于，包括：

根据数据库中的字段生成用户的基本属性标签，其中所述用户的基本属性包括地区、电压等级、行业、用电类别、入网时长、是否为高耗能、是否为三方用户；

基于用电行为、缴费行为和交互行为分别生成用户的基本行为标签，包括：

基于所述用电行为生成用户的基本行为标签包括：基于安全用电行为、异常用电行为、变更用电行为、正常用电行为分别构建用户的二级行为标签体系；

基于所述缴费行为生成用户的基本行为标签包括：生成用以描述所述缴费时长的二级行为标签，其中，用以描述所述缴费时长的二级行为标签包括：缴费及时和缴费拖延；和/或，生成用以描述所述缴费渠道偏好的二级行为标签，其中，用以描述所述缴费渠道偏好的二级行为标签包括：智能电表、预付、金融机构代收和电力机构坐收；

基于所述交互行为生成用户的基本行为标签包括：生成用以描述用户资

料完整度的二级行为标签，其中，所述用以描述所述用户资料完整度的二级行为标签包括：资料完整和资料不全；和/或，生成用以描述交互频率的二级行为标签，其中，所述用以描述所述交互频率的二级行为标签包括：无交互行为和交互频繁。

【案例分析】

本申请权利要求请求保护一种电力行业的用户画像构建方法，该方案是根据电力行业用户的用电行为、缴费行为和交互行为来描述用户的特征，构建电力行业的用户画像。该方案在用户画像的构建过程中，仅仅是依赖人为规定的标签设置规则来对用户的三种行为特征数据进行分类并设置标签，即，人为设定用户的基本属性标签、基本行为标签以及二级行为标签等的具体内容，上述画像构建的过程未体现任何自然规律，因此，该方案所采用的手段并非是遵循自然规律的技术手段；基于这些手段而解决的问题是根据用户特征辅助电力公司对用户进行标签分类，也不构成技术问题；该方案产生的效果是辅助电力公司的业务人员根据用电客户的情况提供差异化增值服务，这也并非技术效果。因此，本申请的方案不属于《专利法》第 2 条第 2 款规定的技术方案，不属于专利保护的客体。

◉ **案例 3-2-4 一种用户信用评估方法**

【背景技术】

近年来，随着互联网技术的飞速发展，人们越来越多地通过互联网进行各种数据业务，而用户的信用评估也成了一个互联网技术领域的焦点问题。

现有技术中对用户的信用评估方式通常是通过收集用户的个人信息，然后通过统计模型或机器学习的一些预测算法，对用户违约风险进行预测，例如常用的 FICO 信用评分系统以及 ZestFinance 信用评价系统。

【问题及效果】

现有的信用评分机制中采用的个人信息（大数据）通常都是按照预设更新周期进行更新，更新周期一般为一个月或更长，用户发生的状况要在下次更新时才能被参考，造成信息滞后，对用户信用的评估准确性带来非常大的影响，需要避免信息更新周期带来的用户信息滞后，提高用户信用的评估准确性。

本申请提供了一种用户信用评估方法，通过获取用户的离线特征信息和实时特征信息，分别计算用户的离线信用评分和实时信用评分，从而计算用户的综合信用评分，实现了结合用户的长期特征数据和实时特征数据准确预测用户的信用状况，解决了现有技术中因用户信息更新滞后造成的信用估计不准确的问题。

【具体实施方式】

本申请提供了一种用户信用评估方法，具体包括以下步骤：

S101：获取目标用户的离线特征信息，所述离线特征信息为按照预设更新周期进行更新的用户的特征信息。

所述获取目标用户的离线特征信息，包括：从第三方平台和/或业务平台采集目标用户的离线用户数据；通过对所述离线用户数据进行特征计算，将所述离线用户数据中的用户属性、用户行为或用户属性/行为的变化转换为统一格式的离线特征信息。

由于大数据涉及庞大的用户基数，离线特征信息中可以包括用户所有的历史特征信息，数据量庞大，因此该预设的更新周期一般较长，通常至少为一周至一个月。在可选实施方式中，所述离线特征信息可以为用户较为稳定的特征信息，如性别、年龄、籍贯、职业、收入情况等属性，还可以包括所有的历史契约信用记录，对于此类通常较为稳定的用户特征信息，只需要按照预设更新周期进行更新即可，因此将这些特征类别的信息作为离线特征信息。

S102：根据目标用户的离线特征信息以及预设的离线预测模型，计算目标用户的离线信用评分。

所述离线预测模型，可以是经过训练的逻辑回归分类模型，也可以是经过训练的集成学习模型、深度学习模型、随机森林模型等。用户信用评估装置将目标用户的离线特征信息代入所述预设的离线预测模型中，即可计算得到目标用户的离线信用评分。所述离线信用评分用于表示目标用户签订契约后的违约风险。

S103：获取目标用户的实时特征信息，所述实时特征信息为距离当前预设时间范围内采集到的用户的特征信息，所述预设时间范围小于所述预设更新周期。

对得到的用户数据进行特征计算，将用户数据中的用户属性、用户行为或用户属性/行为的变化转换为统一格式的实时特征信息，如数字化的特征信息。所述预设时间范围小于所述预设更新周期，例如最近一天、两天或一周内采集到的用户的特征信息。在可选实施方式中，用户信用评估装置可以预先设定一些特征类别作为高风险特征，对于这些需要实时关注的高风险特征，用户信用评估装置可以将对应的特征信息作为用户的实时特征信息进行实时收集并录入，对于其他的特征信息作为离线特征信息进行预设更新周期的更新。

S104：根据目标用户的实时特征信息以及预设的实时预测模型，计算目标用户的实时信用评分。

所述实时预测模型可以是用户信用评估装置根据预设的训练样本数据训练得到的，所述训练样本数据可以包括多个用户的信用评分结果样本和各个用户的离线特征信息；所述实时预测模型还可以是用户信用评估装置从外部获取的经过训练的实时预测模型。

S105：根据得到的目标用户的离线信用评分和实时信用评分结合预设的综合预测模型，计算目标用户的综合信用评分。

所述综合预测模型可以是用户信用评估装置根据预设的训练样本数据训练得到的，所述训练样本数据可以包括多个用户的信用评分结果样本和各个用户的离线特征信息和实时特征信息，用户信用评估装置在使用离线预测模型根据用户的离线特征信息得到各个用户的离线信用评分，以及使用实时预测模型根据用户的实时特征信息得到各个用户的实时信用评分后，根据所述多个用户的信用评分结果以及各个用户的离线信用评分和实时信用评分对所述综合预测模型进行训练。所述实时预测模型还可以是用户信用评估装置从外部获取的经过训练的实时预测模型。

【权利要求】

一种用户信用评估方法，其特征在于，应用于提供用户信用评估的服务器中，所述方法包括：

获取目标用户的离线特征信息，所述离线特征信息为按照预设更新周期进行更新的用户的特征信息；

根据目标用户的离线特征信息以及预设的离线预测模型，计算目标用户的离线信用评分，所述离线信用评分是利用所述离线预测模型对所述离线特征信息进行计算得到的，所述离线信用评分用于表示目标用户签订契约后的违约风险；

获取目标用户的实时特征信息，所述实时特征信息为距离当前预设时间范围内采集到的用户的特征信息，所述预设时间范围小于所述预设更新周期；

根据目标用户的实时特征信息以及预设的实时预测模型，计算目标用户的实时信用评分；

根据得到的目标用户的离线信用评分和实时信用评分结合预设的综合预测模型，计算目标用户的综合信用评分。

其中，所述获取目标用户的离线特征信息，包括：

从第三方平台和/或业务平台采集目标用户的离线用户数据；

通过对所述离线用户数据进行特征计算，将所述离线用户数据中的用户属性、用户行为或用户属性/行为的变化转换为统一格式的离线特征信息；

其中，所述离线预测模型是根据用户的离线特征信息结合特定的模型参数计算用户的信用评分的一个预测算式，所述离线预测模型是利用训练样本数据进行训练得到的，所述训练样本数据包括多个用户的信用评分结果样本和各个用户的离线特征信息，训练过程为：通过所述多个用户的信用评分结果样本和各个用户的离线特征信息对所述预测算式中的模型参数进行训练迭代，以确定最接近信用评分结果样本的预测算式的模型参数，从而获得经过训练的离线预测模型。

【案例分析】

对于上述权利要求的解决方案，是不是属于《专利法》第 2 条第 2 款规定的技术方案，存在以下两种不同的观点。

观点 1：该解决方案不构成技术方案。本申请请求保护的是用户信用评估方法，涉及经济领域。要解决的问题是提高信用评估准确性以规避经济风险，并非技术问题，所采用的手段是根据人为构建的预测模型进行信用评分的计算，遵循的是经济规律，并非遵循自然规律的技术手段，由此获得的节约评估过程占用资源的效果并不是技术效果。

观点 2：该解决方案不构成技术方案。本申请虽然涉及信用评估领域，涉及经济管理的内容，但是该方案在进行信用评估时，首先获取包括离线和实时的信息；然后结合不同信息的不同特点、属性，分别以不同周期进行数据更新、以不同算法模型进行信用评分，进而解决了如何更加及时、准确地对用户信用进行评估的技术问题，获得了相应的技术效果。

对于以上两种观点，笔者认为：

本申请依据对用户信用评分产生影响的风险特征在时间方面的特点，将风险特征分为离线特征信息和实时特征信息两种。例如，出生年月、籍贯、职业等特征信息，有着相对于时间而言较为稳定的特性，因此将其作为离线特征信息；而办理借贷业务、发生特定大额消费、消费地点等特征，有着随时间变化较多、较快的特性，因此这部分特征需要以更高的频率进行更新。这种根据信息的变化频率将用户的特征信息进行分离并及时对变化频率较高的特征信息进行更新的处理手段克服了现有技术中只能定期更新用户全部信息所导致的信息更新滞后问题，采用的上述手段与所解决的问题之间受自然规律约束，并获得了用户信用评价更新更加及时、准确的技术效果。因此，该解决方案属于《专利法》第2条第2款规定的技术方案，属于专利保护的客体。

涉及用户画像的发明专利申请，在进行客体判断时，要从方案整体出发，判断其是否采用了遵循自然规律的技术手段，并解决相应的技术问题、获得相应的技术效果。如果方案在获取用户特征、构建用户画像等步骤时，采用了例如语义解析、文本分析、异构数据融合等手段，能够解决技术问题并获得了相应的技术效果，则方案属于技术方案。

如果涉及用户画像的解决方案仅规定了各种标签类型及设置规则，并笼统地限定以这种预先设定的标签去标定用户的行为从而获得某一领域或群体的用户画像，则这样的解决方案仍没有采用遵循自然规律的技术手段，没有解决技术问题，无法获得技术效果，不构成技术方案。

第三节　智慧医疗

许多应用领域的发展都随着人工智能、大数据技术的引入和运用而被推动，从而发生了巨大的改变。医疗卫生行业也是如此。医疗卫生行业的管理手段、服务模式、服务质量都随着引入人工智能、大数据技术而发生了根本性的变化，许多医疗检查设备、手术机器、治疗仪器等医疗设备更加智能。将引入了人工智能、大数据技术等新一代信息技术的医疗称之为智慧医疗，智慧医疗也逐渐改变着人们的日常生活。从人们日常就诊之前之后根据自身症状在网上进行搜索获取信息，到医院中智能、系统管理患者病历、档案；再到医院中大型的"达芬奇"手术机器人等，无处不体现着智慧医疗对我们生活的影响。这些创新也导致智慧医疗方面的专利申请量大量增长。

然而，一方面，由于专利法因人道主义需要和基于实用性的考虑，从可授权客体中明确排除了疾病的诊断和治疗方法以及某些无法产业化的医疗手段；另一方面，某些与智慧医疗相关的专利申请会涉及经济规律、管理规则等，这导致判断智慧医疗方面的发明专利申请是否属于专利保护的客体时必须考虑以下几个问题：

1）智慧医疗的发明专利申请，是否会因方案属于《专利法》第 25 条第 1 款第（三）项规定的疾病诊断和治疗方法，而不能得到保护？

2）智慧医疗的发明专利申请，是否会因方案包含经济数据、管理规则、算法特征等，从而不属于《专利法》第 2 条第 2 款规定的技术方案而不能得到保护？

◉ **案例 3-3-1　基于深度神经网络的 MRI 脑肿瘤自动识别方法**

【背景技术】

从脑部核磁共振图像中精确分割出肿瘤区域，对治疗方案规划和病情发展分析意义重大；然而，由于脑肿瘤形态各异、大小不一，而且病变广泛弥漫，没有特征性，因此，脑肿瘤区域的自动精确分割一直以来都面临挑战。

随着近些年深度学习的迅猛发展，基于深度学习的分割方法逐渐被研究人员所关注，由于其具有自主学习的特点，成为当前脑肿瘤分割中普遍应用的方法；一些基于深度卷积神经网络的脑肿瘤分割方法已经被提出，在这些方法中，包括深度特征融合的方法、基于图像块的识别方法、基于语义的识别方法和基于级联结构的识别方法。

在脑肿瘤的分割中，由于肿瘤水肿区域边界弥散，是分割任务中的难点，肿瘤边界的精准分割在临床诊断中也具有不言而喻的重要性，因为在分割过程中更多地关注肿瘤的边界能在一定程度上提高分割的准确性。

但以上分割方法存在一些缺陷，如基于图像块的方法只对有限的空间上下文特征进行了探索，包含许多冗余卷积计算；多任务肿瘤分割网络中，都没有考虑到每项分割任务的重要性的差异，训练阶段也没有考虑各个任务之间的联系。

【问题及效果】

如何对肿瘤水肿区域边界进行更加准确的分割，本申请提出了一种基于深度神经网络的 MRI 脑肿瘤自动识别方法，能够对原始图像中的特征进行有效利用，使肿瘤区域分割更加准确。

【权利要求】

一种基于深度神经网络的 MRI 脑肿瘤图像自动识别方法，其特征在于，所述方法包括：

神经网络对脑部核磁共振图像进行处理后，输出新的脑部核磁共振图像，新的脑部核磁共振图像上标示有边界优化后的脑肿瘤区域；

所述深度神经网络包括四个卷积模块、四个反卷积模块、联合反卷积模块、第一融合模块和第二融合模块；

神经网络对脑部核磁共振图像进行处理时，初始图像数据通过第一卷积模块的输入端进入神经网络；第一卷积模块处理后，将处理结果分别输出至第一反卷积模块和第一融合模块；第一反卷积模块处理后，将处理结果输出至第二卷积模块；第二卷积模块处理后，将处理结果分别输出至第二反卷积模块和第一融合模块；第二反卷积模块处理后，将处理结果输出至第三卷积模块；第三卷积模块处理后，将处理结果分别输出至第三反卷积模块和第一融合模块；第三反卷积模块处理后，将处理结果输出至第四卷积模块；第四卷积模块处理后，将处理结果分别输出至第四反卷积模块和第一融合模块；第四反卷积模块处理后，将处理结果输出至第二融合模块；

第一融合模块能对四个卷积模块输出的数据进行特征融合，得到中间图像数据，然后将中间图像数据输出至联合反卷积模块；联合反卷积模块处理后，将处理结果输出至第二融合模块；第二融合模块能对第四反卷积模块和第一融合模块输出的数据进行特征融合，得到新的脑部核磁共振图像；

所述脑部核磁共振图像中的多个像素点分属于五类图像标签，这五类图像标签分别为背景标签 BG、水肿组织标签 ED、增强组织标签 EC、非增强组织标签 NE、坏疽组织标签 NC；

所述四个卷积模块的卷积层数相同，所述四个反卷积模块的反卷积层数相同；所述反卷积层数与卷积层数的数量相同；

第一卷积模块和第一反卷积模块的分割目标是将 BG 对应的像素点分割出来，第二卷积模块和第二反卷积模块的分割目标是将 BG 和 ED 各自对应的像素点分割出来，第三卷积模块和第三反卷积模块的分割目标是将 BG、ED 和 NE 各自对应的像素点分割出来，第四卷积模块和第四反卷积模块的分割目标是将 BG、ED、NE、NC 和 EC 各自对应的像素点全部分割开来；联合反卷积模块的分割目标是将 BG、ED、NE、NC 和 EC 各自对应的像素点全部分割开来。

【案例分析】

《指南》第二部分第一章第 4.3 节关于"属于诊断方法的发明"规定："一项与疾病诊断有关的方法如果同时满足以下两个条件，则属于疾病的诊断方法，不能被授予专利权：

（1）以有生命的人体或动物体为对象；

（2）以获得疾病诊断结果或健康状况为直接目的。"

《指南》该节关于"不属于诊断方法的发明"中列举了不属于诊断方法的例子，包括"直接目的不是获得诊断结果或健康状况，而只是从活的人体或动物体获取作为中间结果的信息的方法，或处理该信息（形体参数、生理参数或其他参数）的方法"。

现在越来越多的计算机技术被用于医疗领域，极大地促进了诊断的准确性，提高了医疗的效率。计算机提供的结果，往往是利用大数据、人工智能或图像处理技术进行处理、分析和比较，获得的结果目的在于为医生更准确地诊断疾病和制定治疗方案提供参考。对于具体病人或对象来说，如果没有医生的专业分析和确认，一般情况下，不能仅仅依据计算机提供的结果直接得出疾病的诊断结论或确定其健康状况。

就本案而言，该权利要求请求保护一种基于深度神经网络的 MRI 脑肿瘤图像自动识别方法，在其特征部分明确限定了处理对象为"脑部核磁共振图像"，经神经网络对其进行图像处理，处理的输出结果为"新的脑部核磁共振图像，新的脑部核磁共振图像上标示有边界优化后的脑肿瘤区域"。

首先，从该方法的内容可以看出，其步骤由计算机实施，实质上是一种信息处理方法，通过神经网络算法对脑部核磁共振图像进行图像处理，整个过程并没有也不需要医生的参与；其次，该方法的处理结果"新的脑部核磁共振图像上标示有边界优化后的脑肿瘤区域"只能为医生更准确地从核磁图像中分割出肿瘤区域以对病情分析提供参考，并不能据此直接得出具体病人或对象疾病的诊断结果。在实际医疗活动中，需要医生汇总各种检查数据，才能给出确定的诊断结果。因此，可以认为该方法是一种图像处理方法，是通过计算机对核磁图像进行处理以辅助医生诊断脑部肿瘤，其直接目的不是获得诊断结果或健康状况，而是为了获得处理信息参数的"中间结果"，不属于《专利法》第25条第1款第（三）项规定的疾病诊断方法。

对于与疾病诊断有关的方法，如果其步骤由计算机或相关设备实施，且该方法的直接目的不是获得疾病的诊断结果或健康状况，而是为了获得处理信息参数的"中间结果"，该方法得到专利法的保护并不影响医生自由选择诊疗方法的选择权，则该方法不属于《专利法》第25条第1款第（三）项规定的疾病诊断方法。

● 案例 3-3-2　住院病人医疗管理质量评估方法

【背景技术】

近年来，由于 IT 技术的迅猛发展，医院已经积累了大量的病人和疾病的原始数据，然而并没有将这些数据有效地提炼成为指导医院管理的决策依据，致使绝大部分数据只能储存在医院的数据仓库中，浪费了资源。

随着我国人口老龄化问题严重和医疗技术的不断进步，住院费用也随之快速增长，"看病难、看病贵"已成为我国卫生政策改革的重点和难点。而很多疾病，尤其是肿瘤，临床常见但由于发病原因不明确、病程长、易复发等特点，导致其医疗费用较高。目前对住院费用的研究方法大多采用统计学。

为了有效解决临床数据不平的困境，医院通常采用的评估模式之一有：以资源使用为标准的疾病群组归纳方法，如各类疾病诊断相关分组 DRG 和疾病类目分组 DCG，然后将治疗中使用的医疗成本，经过分析，获得疾病群组的案例复杂性指数。通过医疗资源使用情况倒推出住院疾病群组的病情程度，从而实现医院和科室在同一个体系内的评估。

以疾病群组的案例复杂性指数计算的方法在评估住院费用、评价医疗质量以及合理性用药等方面有其先天性不足，首先，这种模式并未考虑到疾病本身的特性和其他临床相关性影响因素，不符合医疗规律；其次，过度检查和治疗而导致的虚高成本治疗本身也会增加模型的不稳定性，从而导致判断结果的偏差。

【问题及效果】

为了解决现有技术中的上述问题，本申请提供了一种住院病人医疗管理质量评估方法，该方法基于医院全样本医疗大数据分析，能够充分考虑疾病风险等影响程度，实现了对病人住院费用及医疗管理质量的综合评估，可全面综合地提升医院医疗质量管理水平。

【权利要求】

一种住院病人医疗管理质量评估方法，其特征在于：

步骤 1：历史性数据筛选与住院费用预测评估建模步骤，其中包括：

S11. 从医院数据库中导入历史性出院病人数据，并对数据进行预处理；

S12. 将每个病人的诊断进行疾病诊断相关分组 DRG，依据 DRG，将相关联的 DRG 进行归类，每个 DRG 都被编入一个模型号，通过模型号实现相关性 DRG 的归类和评估；

S13. 根据入院时疾病和有关健康问题的国际统计分类 ICD 合并发症及其他变量进行归类集合，实现对入院病人合并症和并发症及其他变量的归类；所述其他变量包括年龄、性别、社会经济环境、入院状况和来源信息；

S14. 根据不同的 DRG 群组，利用历史性出院病人数据中的上述入院时疾病、合并症及其他变量、住院费用等数据对神经网络进行训练，得到住院费用预测评估模型。

步骤 2：当前数据筛选与预值计算步骤，包括以下步骤：

S21. 从医院数据库中导入当前入院病人数据，并进行数据预处理；

S22. 将每个入院病人的诊断进行疾病诊断相关分组 DRG，依据 DRG，将相关联的 DRG 进行归类，每个 DRG 都被编入一个模型号，通过模型号实现相关性 DRG 的归类和评估；

S23. 依据入院时疾病和有关健康问题的国际统计分类 ICD 合并发症及其他变量的归类集合，实现对入院病人合并症和并发症及其他变量的归类；所述其他变量包括年龄、性别、社会经济环境、入院状况和来源信息；

S24. 利用步骤 1 中得到的住院费用预测评估模型计算入院病人的住院费用预测值。

步骤 3：用实际发生的住院费用和步骤 2 计算得到的住院费用预测值进行对比，并据此对医院的住院病人医疗管理质量进行评估。

【案例分析】

日前，神经网络、深度学习等技术炙手可热，利用神经网络对住院病人的住院费用进行预测，进而对医院的住院病人医疗管理质量进行评估的方案，是否属于专利法意义上的技术方案？

本申请权利要求请求保护一种住院病人医疗管理质量评估方法，其利用历史住院病人的入院诊断、合并症、住院费用等数据训练得到住院费用预测评估模型，并利用该模型对新入院病人的住院费用进行预测，进而比较实际发生费用和预期住院费用，从而对医院的住院病人医疗管理质量进行评估。该方案解决的是医疗管理质量评估问题，并非技术问题。为解决上述问题，该申请采用的手段为：疾病诊断相关分组 DRG 和模型的归类，令每个病人有一个疾病诊断相关分组 DRG，通过 DRG 实现相关性诊断的归类和评估，对同一疾病诊断相关分组 DRG 中病人的 ICD 诊断或手术编码进行群组集合，形成合并发症类别等变量，进行神经网络模型训练，得到住院费用预测评估模型；利用该模型预测当前有同类疾病程度和相似特征的入院病人的住院费用预测发生值，最终采用实际发生值和预期值进行对比，从而对住院病人医疗管理质量进行评估。虽然本申请采用的手段涉及预测模型的构建及训练等，但是上述手段本身并不能直接构成技术手段，本申请通过神经网络模型训练对住院费用进行预测以解决医疗管理质量评估的非技术问题，并非遵循自然规律的技术手段，获得的效果也仅仅是提升医院医疗质量管理水平，并非技术效果。因此，该权利要求不属于《专利法》第 2 条第 2 款规定的技术方案，不属于专利保护的客体。

● 案例 3-3-3　基于动态优化模糊模式算法的医疗数据不确定性分析方法

【背景技术】

大规模数据集中挖掘潜在有用但隐藏的信息是模式挖掘的主要目标。传统的模式挖掘方法主要包括 Apriori 和 FP-growth 等算法，并且这两种算法的特征和性质已经被广泛地应用到其他研究工作中。但是随着数据集的大规模增长，具有更高性能和满足多目标需求的算法不断被提出。其中，连续频繁模式挖掘近期的研究考虑了事件与项目之间关联的不确定性，采用概率数据库对事物、事物之间的关联性进行建模并采用枚举树的方式对所有期望进行序列有效性的考查。Top-K 频繁模式携带真实的支持度计数，采用深度优先、广度优先、格子粒度深度搜索等技术来提高模式挖掘的有效性。加权频繁模式增加了事物与事物、项、项集之间的权重考量以提高模式挖掘的准确性。高维模式则通过对事物的属性、多样性、多元性等分析，对事物特征所体现的高维度性进行研究并提出剪枝算法来提高算法的有效性。

但是大多数数据挖掘方法均基于传统的频繁模式的先验性质：频繁项集的所有非空子集也一定是频繁的，并且要挖掘的模式均依据条件出现频度需要大于指定阈值的频繁项目集。然而，根据实践经验，具有实践意义的模式通常是相对频繁的项目和出现频率相对较低的项目的组合。例如，针对一个患病的病人的诊断项目，疾病项目通常跨越多个不同的科室，并且患病集合一般由常见病和该病人"个性化"的疾病组成。由于在医疗领域各个科室和专项之间的信息和知识是相对封闭的，通常本科室的专家只是对专业相关的疾病非常熟悉，但是病人所得的疾病项目通常跨越了几个科室，这就导致了病人需要在不同的科室之间进行往返。因此，为了阐述大规模数据集所隐含的模式的复杂性，出现频繁的项目和出现相对不频繁的项目应该综合分析。

【问题及效果】

在高级模式挖掘的理论和应用中，隐藏于数据集中的有用信息的高效挖掘和使用适当结构进行嵌入式信息表达都非常重要。最主要的挑战是如何缓解挖掘组合爆炸问题和确保挖掘模式结果的有效性。然而，由于存在大量的候选模式和只考虑确定值的项的权重限制，大多数现有的算法并不能完全解决这些问题。

本申请提出了一种基于动态优化模糊模式算法的医疗数据不确定性分析方法，能够解决缓解挖掘组合爆炸问题和确保挖掘模式结果有效的问题。

【权利要求】

一种基于动态优化模糊模式算法的医疗数据不确定性分析方法，其特征在于，所述方法采用二阶效应的模式结构和新的剪枝策略，包括模式感知的动态基本模式搜索策略和 FSFP-Tree 阵列技术；在一个完整的数据集和一个事物中，通过模糊权重的约束和属性来反映其每个项的不确定性的重要性；提出的最大 FSFPs 挖掘算法扫描数据集一次；

采用模糊模式结构：核心项和相应的牵引项的组合，并且采用模糊支持度以及基于模糊支持度的剪枝策略来分析和挖掘隐藏在项目集当中的有用信息；

基于动态优化模糊模式算法的参数有：核心项最小出现的频度，牵引项最小出现的频度，核心项最小的模糊支持度，牵引项出现的最小模糊度，全局权重以及本地权重；

基于动态优化模糊模式算法具体包括以下步骤：

删除不能满足最小支持度和最小权重的项目；每一条路径的核心项集将会被确定；

在当前路径当中有唯一的核心项，那么该核心项便是本条路径的核心；如果部分核心项在路径当中出现，那么则需要判断核心项当中没有出现的项目是否具备吸附能力；条件满足，那么含有"┐"的核心项便是本条路径的核心项；否则，对于其他情况，选取该条路径当中权重最大的便是该条路径的核心项集；

核心项集选择完之后，在 FSFP-Tree 插入算法中，如果剩余项目集当中的某一项和其他分支有交集，那么在同一条路径上的项目的支持度、模糊支持度需要重新计算；否则，生成一个节点，并且设置相应的出现频度以及模糊度值，连接该节点的父节点，并且通过节点链来连接该节点；如果当前节点属于核心项集中的元素，那么在当前路径中包含该节点的核心模式应当被筛选出来；

同时，如果目前所选择的核心模式能够同时作为其他分支的核心模式，那么则需要更新该核心模式的出现频度以及相应的模糊度值，设置当前的核心模式为其他节点的父节点，并且连接其他核心节点通过核心节点链；如果当前核心模式和其他分支没有连接，那么则设置该核心模式为当前路径上其他节点的父节点；最终，反复递归调用 FSFP-Tree 算法直到完成建立事物数据集 T 中的所有事物项；

根据核心项和牵引项之间的关系，挖掘的模糊模式的结构主要包含两类：1）所有特定的核心项目和全部或者部分牵引项一起出现；核心项目具有很高的模糊权重，具备较强吸附能力来吸附具有较低模糊权重的牵引项；2）部分特定的核心项和全部或者部分牵引项一起出现。

【案例分析】

该权利要求请求保护一种基于动态优化模糊模式算法的医疗数据不确定性分析方法，该方法采用二阶效应的模式结构和新的剪枝策略，包括模式感知的动态基本模式搜索策略和 FSFP-Tree 阵列技术，在一个完整的数据集和一个事物中，通过模糊权重的约束和属性来反映其每个项的不确定性的重要性，提出的最大 FSFPs 挖掘算法扫描数据集一次，采用的模糊模式结构包括核心项和相应的牵引项的组合，基于动态优化模糊模式算法的参数有：核心项最小出现的频度、牵引项最小出现的频度、核心项最小的模糊支持度、牵引项出现的最小模糊度、全局权重以及本地权重。此外，该权利要求的方案还记载了基于动态优化模糊模式算法的具体步骤。

由上述权利要求记载的内容来看，虽然该权利要求的主题限定为对医疗数据的不确定性进行分析，但是该权利要求中的核心项和相应牵引项并没有体现出具体为何种医疗数据，基于动态优化模糊模式算法的各个参数也均未体现出具有确切的技术含义，因此该权利要求中各算法步骤所处理的数据也都是抽象的不具备确切技术含义的数据。整体来看，该权利要求的各算法步骤与医疗数据分析领域的结合不紧密，并未体现出如何将所述算法应用于医疗数据分析的具体过程，也未体现该方案能够解决该领域中的何种技术问题。实际上，该权利要求的方案解决的问题是如何通过数据组合和相应算法来提高数据分析效率的问题，并非技术问题；采用的手段是利用动态优化模糊模式算法进行数据分析和处理，不是遵循自然规律的技术手段；据此获得的效果不属于技术效果。综上，该解决方案没有采用技术手段解决技术问题以获得技术效果，因而不属于《专利法》第 2 条第 2 款规定的技术方案。

● **案例 3-3-4 一种药品推荐方法**

【背景技术】

药品是与每个人的生活息息相关的一种重要产品，随着物联网、大数据、云计算等技术快速发展，用户越来越多地通过在线的方式购买药品。用户在面对海量药品信息时，如何快速有效寻找感兴趣的药品，这个问题使用户感到困扰。推荐系统是一种有效缓解信息过载的工具，它能够进行信息过滤，用个性化的方式引导用户从大量可能的药品选项中发现他们可能需要或者感兴趣的产品或者服务。将推荐系统用于在线购药应用，能够降低用户因对药品信息了解的不足而带来的选择困难、体验不佳的问题。

【问题及效果】

在推荐系统的技术发展中，基于内容、协同过滤推荐和混合推荐等算法应用在推荐系统都比较成熟，但是稀疏性和冷启动问题限制了这些算法的表现，很难再进一步提高推荐结果的质量。随着深度学习在图像分析、语音处理和自然语言处理方面都有了巨大的成功，深度学习被应用于推荐系统。基于深度学习的推荐系统通过改变传统推荐模型架构获得了关注，但一般的特征提取方法无法获得准确的特征，从而影响推荐系统结果的准确性。

本申请提供一种药品推荐的方法，旨在解决现有技术中一般的特征提取方法无法获得准确的特征，从而影响推荐系统结果的准确性的问题。本申请根据隐式特征信息和操作行为信息获取目标函数，并利用目标函数处理隐式特征信息，根据处理后的隐式特征信息和预设的神经网络得到待推荐药品，由于利用目标函数获得的隐式特征信息更准确地反映了用户对药品的操作行为特征，得到的对应的待推荐药品的结果准确性更高。

【具体实施方式】

本申请提供一种药品推荐的方法，所述方法包括：

步骤 S10：获取隐式特征信息和用户对药品的操作行为信息，所述隐式特征信息包括用户隐式特征和药品隐式特征。

用户对药品的操作行为信息为一个二维数值矩阵，以用户对药品的浏览行为信息为例，用户对药品有浏览行为时数值置 1，用户对药品无浏览行为时数值为空或 0。

获取隐式特征信息，隐式特征信息是指经函数转换处理后的特征信息。在本实施方式中，隐式特征信息包括用户隐式特征信息和药品隐式特征信息，并且在本步骤中根据预设维度进行随机初始化得到隐式特征信息。

所述操作行为信息包括浏览行为信息、收藏行为信息和购买行为信息。

步骤 S20：根据所述隐式特征信息和所述操作行为信息获取目标函数，并利用所述目标函数处理所述隐式特征信息。

为了得到最优的隐式特征信息，根据隐式特征信息和操作行为信息设计一个目标函数，通过优化该目标函数得到最优的隐式特征信息。在设计目标函数时，需要确定需优化的目标，根据需优化的目标来设计目标函数，其中，优化的目标可以为使隐式特征信息与操作行为信息之间的关联度最大，隐式特征信息与操作行为信息在向量空间中的距离最小，或者与特征信息和操作行为关联的条件概率最大。

根据所述隐式特征信息和所述操作行为信息获取目标函数，并利用所述目标函数处理所述隐式特征信息的步骤包括：

根据所述浏览行为信息获取第一隐式特征信息，并根据所述第一隐式特征信息和所述浏览行为信息获取第一目标函数，以及利用所述第一目标函数处理所述第一隐式特征信息；

根据所述收藏行为信息获取第二隐式特征信息，并根据所述第二隐式特征信息和所述浏览行为信息获取第二目标函数，以及利用所述第二目标函数处理所述第二隐式特征信息；

根据所述购买行为信息获取第三隐式特征信息，并根据所述第三隐式特征信息和所述浏览行为信息获取第三目标函数，以及利用所述第三目标函数处理所述第三隐式特征信息。

具体地，在确定优化的目标为与特征信息和操作行为关联的条件概率最大时，先根据隐式特征信息和操作行为信息得到概率函数，再根据该概率函数获得目标函数，其中，概率函数表征用户对药品的操作行为发生的概率。

在本实施方式中，可以根据隐式特征信息和操作行为信息以及预设的激活函数，得到用户对药品的操作行为发生的概率，并根据多个用户对药品的操作行为发生的概率得到概率函数。

例如，可以根据下述公式（1）获取用户 i 对药品 j 的操作行为发生的概率：

$$p(\gamma_{ij} \in O) = f(P_{uk} * Q_{ki}) = sigmoid(P_{ki} * Q_{kj}) \tag{1}$$

其中，k 为用户 i 的隐式特征向量 P_{ki} 和药品 j 的隐式特征向量 Q_{kj} 的维度；O 为所有用户对药品的操作行为的事件集合；γ_{ij} 为用户 i 对药品 j 的操作行为事件。

由公式（1）可以进一步得到所有用户和药品的似然估计函数，即根据多个用户对药品的操作行为发生的概率得到概率函数，如下述公式（2）所示：

$$p(\gamma_{ij} \in O \,|\, \boldsymbol{P}_u, \boldsymbol{Q}_c) = \prod_{\gamma_{ij} \in O} f(\boldsymbol{P}_{ki} * \boldsymbol{Q}_{kj}) \tag{2}$$

其中，$\boldsymbol{P}_u$ 为所有用户的隐式特征矩阵；$\boldsymbol{Q}_c$ 为所有药品的隐式特征矩阵。

公式（2）所求解的是在确定了所有用户的隐式特征矩阵 $\boldsymbol{P}_u$ 和所有药品的隐式特征矩阵 $\boldsymbol{Q}_c$ 时，所有用户对药品的操作行为发生的条件概率。

在根据概率函数获取目标函数时，可以获取概率函数的对数似然函数，将对数似然函数作为目标函数，如下述公式（3）所示：

$$E = \ln \boldsymbol{P}(\gamma_{ij} \in O \,|\, \boldsymbol{P}_u, \boldsymbol{Q}_c) = \sum_{\gamma_{ij} \in O} \ln f(\boldsymbol{P}_{ki} * \boldsymbol{Q}_{kj}) \tag{3}$$

为了获得目标函数的最大值，可以使用梯度上升方法、牛顿法、拟牛顿法、共轭梯度法或拉格朗日乘数法。

在本实施方式中，使用梯度上升法对目标函数进行迭代处理，其中，在每次迭代处理中对目标函数进行求导以得到求导值，并利用所述求导值对所述隐式特征信息进行处理。

具体地，可以按照下述公式（4）对目标函数 E 进行迭代处理。在每次迭代处理中，分别用 $\boldsymbol{P}_u$ 和 $\boldsymbol{Q}_c$ 对目标函数 E 进行求导，用得到的求导值 $\dfrac{\partial E}{\partial \boldsymbol{P}_u}$ 和 $\dfrac{\partial E}{\partial \boldsymbol{Q}_c}$ 分别对应更新 $\boldsymbol{P}_u$ 和 $\boldsymbol{Q}_c$，其中 α 为学习速率。

argmax$\boldsymbol{P}_u, \boldsymbol{Q}_c, E$：

$$\begin{cases} \boldsymbol{P}_u \leftarrow \boldsymbol{P}_u + \alpha * \dfrac{\partial E}{\partial \boldsymbol{P}_u} = \boldsymbol{P}_u + \alpha * \sum_{\gamma_{ij} \in O}(1 - f(\boldsymbol{P}_{ki} * \boldsymbol{Q}_{kj})) * \boldsymbol{P}_{ki} \\ \boldsymbol{Q}_c \leftarrow \boldsymbol{Q}_c + \alpha * \dfrac{\partial E}{\partial \boldsymbol{Q}_c} = \boldsymbol{Q}_c + \alpha * \sum_{\gamma_{ij} \in O}(1 - f(\boldsymbol{P}_{ki} * \boldsymbol{Q}_{kj})) * \boldsymbol{Q}_{kj} \end{cases} \tag{4}$$

需要说明的是，在每次迭代过程中，获得求导值 $\dfrac{\partial E}{\partial \boldsymbol{P}_u}$ 和 $\dfrac{\partial E}{\partial \boldsymbol{Q}_c}$ 时，需要分别判断这两个求导值是否大于预设阈值，当两个求导值均大于预设阈值时，结束迭代。其中，预设阈值要小于学习速率 α 的 1%。

步骤 S30：根据处理后的隐式特征信息和预设的神经网络，得到待推荐药品。

在获得了用户隐式特征和药品隐式特征后，将用户隐式特征和药品隐式特征输入预设的神经网络进行处理。具体地，如下述公式（5）所示：

$$x_0 = combine(\boldsymbol{P}_{ki}, \boldsymbol{Q}_{kj}) \tag{5}$$

其中，x_0 为预设神经网络的输入数据；$combine$ 为合并各个特征。

在本实施方式中，预设神经网络包含四层隐藏网络层，每一层由 x_0 里面的特征个数决定神经元数目，可以使用的激活函数有 $sigmoid$，$tanh$ 和 $ReLU$。优选 $ReLU$ 为激活函数，如下述公式（6）所示：

$$x_l = ReLU(W_l * x_{l-1} + b_l) \tag{6}$$

其中，l 为第 l 层；W_l 为第 $l-1$ 层神经元输出到第 l 层的权重值；x_{l-1} 为第 $l-1$ 层神经元的输出值；b_l 为第 l 层神经元的偏置值。

预设神经网络是经由训练数据通过训练而得，预设神经网络的训练目标和预测目标是相同的，对于本申请要实现的推荐药品的目的而言，训练目标和预测目标可以设置为药品的评分、药品的等级或者药品的关键词。

在本实施方式中，将预设神经网络的训练目标和预测目标设置为药品的评分，即根据处理后的隐式特征信息和预设的神经网络，得到药品的评分，获取评分超过预设阈值的药品，将评分超过预设阈值的药品作为所述待推荐药品。

进一步地，预设神经网络可以根据下述公式（7）和公式（8）训练得到。具体地，当预设神经网络的输出层输出用户 i 对药品 j 的预测分数为 $\hat{R}_{ij}$ 时，使用 One-Hot 编码方法对该评分值进行处理得到 y，其中，$y = OneHot(\hat{R}_{ij})$，同时在输出层采用 $soft_{\max}$ 方法，得到可以将预测值对应相应的 $\hat{y}$，如公式（7）：

$$\hat{y} = soft_{\max}(W_{out} * x_l + b_{out}) \tag{7}$$

其中，W_{out} 为输出层的权值；b_{out} 为输出层的偏移值。

预设神经网络使用交叉熵代价函数来衡量预测值与实际值的误差，在训练预设神经网络时，如果预测值跟实际值误差越大，那么在反向传播训练的过程中，各种参数调整的幅度就要更大，从而使训练更快收敛。交叉熵代价函数如下述公式（8）所示：

$$C = -\sum_1^d [y_i \ln \hat{y}_i + (1 - y_i) \ln(1 - \hat{y}_i)] \tag{8}$$

其中，d 为 y_i 的维度，也就是药品评分的个数，进一步得到用户 i 对药品 j 的预测分数如公式（9）：

$$\hat{R}_{ij} = \operatorname{argmax}_k(\hat{y}_k) \tag{9}$$

步骤 S40：输出所述待推荐药品的推荐信息。

在医药电子系统中，通过网页列表或者应用程序界面展示待推荐药品的推荐信息，或者通过消息推送待推荐药品的推荐信息。

【权利要求】

1. 一种药品推荐的方法，其特征在于，所述药品推荐的方法包括以下步骤：

获取隐式特征信息和用户对药品的操作行为信息，所述隐式特征信息包括用户隐式特征和药品隐式特征；

根据所述隐式特征信息和所述操作行为信息获取目标函数，并利用所述目标函数处理所述隐式特征信息；

根据处理后的隐式特征信息和预设的神经网络，得到待推荐药品；

输出所述待推荐药品的推荐信息。

2. 如权利要求 1 所述的药品推荐的方法，其特征在于，所述操作行为信息包括浏览行为信息、收藏行为信息和购买行为信息，根据所述隐式特征信息和所述操作行为信息获取目标函数，并利用所述目标函数处理所述隐式特征信息的步骤包括：

根据所述浏览行为信息获取第一隐式特征信息，并根据所述第一隐式特征信息和所述浏览行为信息获取第一目标函数，以及利用所述第一目标函数处理所述第一隐式特征信息；

根据所述收藏行为信息获取第二隐式特征信息，并根据所述第二隐式特征信息和所述浏览行为信息获取第二目标函数，以及利用所述第二目标函数处理所述第二隐式特征信息；

根据所述购买行为信息获取第三隐式特征信息，并根据所述第三隐式特征信息和所述浏览行为信息获取第三目标函数，以及利用所述第三目标函数处理所述第三隐式特征信息。

【案例分析】

该解决方案涉及一种药品推荐的方法，该方法处理的对象是用户在线选购药品时对药品的操作行为的大数据，通过获取用户对药品的操作行为数据并对其进行归类、确定行为特征及相应的目标函数，挖掘出用户操作行为特征与用户对药品需求倾向之间的内在关联关系，浏览时间长、收藏与否以及购买次数、频率等行为特征表示用户对相应药品的需求倾向度高，这种用户在线操作行为数据与用户对药品需求倾向之间的内在关联关系遵循自然规律，据此解决了如何提升分析用户对药品需求倾向的精确性的技术问题，并且获得了相应的技术效果。因此，该申请的解决方案属于《专利法》第 2 条第 2 款规定的技术方案，属于专利保护的客体。

综上所述，如果一个解决方案通过采用算法进行大数据挖掘，挖掘出一类数据与另一类数据之间的内在关联，而这两类数据之间的内在关联如果遵循自然规律，那么该解决方案采用了利用自然规律的技术手段；利用上述内在关联关系解决相应的问题属于技术问题，获得的相应效果也属于技术效果，则该权利要求限定的解决方案属于《专利法》第 2 条第 2 款所述的技术方案。

第四节　智慧城市

从技术发展的视角，智慧城市依托移动技术为代表的物联网、云计算等新一代信息技术应用，实现全面感知、泛在互联、普适计算与融合应用。支撑现代化城市正常运行的各种基础设施的信息化是构建智慧城市的基本前提，追求人与自然的和谐相处与人类社会的可持续发展是推动智慧城市建设的驱动力，因此，智慧城市的概念经常与生态城市、低碳城市等区域发展概念以及电子政务、智能交通等行业信息化概念存在交叉。

然而，智慧城市不仅仅是信息技术的智能化应用，还包括人的智慧参与、以人为本、可持续发展等内涵。智慧城市需要技术发展和经济社会发展两个层面的创新，技术发展成果一般是专利法保护的对象，而经济社会发展方面的创新则离不开管理规则、社会治理手段的革新，它们能否构成专利保护的客体则需要仔细分析其整体上是否满足技术三要素的要求，即在创新过程中是否采用技术手段解决了技术问题并产生技术效果。

● 案例 3-4-1　基于公路换乘的航班计划优化方法

【背景技术】

当进行长距离旅行时，乘坐飞机到目前为止仍是最便捷迅速的交通方式。然而，与公路、铁路等地面交通方式相比，飞机面临复杂的运行环境，安全起降更容易受天气等因素影响，逐年增长的交通流量、复杂多变的天气以及频繁的空域管制都可能影响到某些机场和航线的运行功能，航班延误或者被取消的情况时有发生。

在我国，随着大规模高质量基础设施建设的不断推进完善，公路、铁路、水运等各种交通方式快速发展，各种交通方式各自的特点使得它们之间既有竞争又有互补。因此，以航空出行为例，当制订对时间较为敏感的出行计划时，为应对可能发生的恶劣天气造成的航班延误导致旅行时长不可控时，自然会考虑到将飞行与地面交通相结合的出行方式，因此存在对航班计划进行优化的普遍需求。

【问题及效果】

虽然不难想到可以将飞行与地面交通方式相结合以降低航班延误的影响的构思，但是将这样的构思转化为可在交通运输行业中具体实施的方案仍需要解决一些具体的实际问题：首先，为保障实施效率，这样的解决方案不能是人工执行的，其应该被实施为一种可由计算机自动执行的方案。其次，由于航班数量、公路换乘的选项众多，必须设计出计算复杂度低、优化效果好的方案，而且，要能够根据实际的情况对方案进行调整。最终获得的方案应该能够在恶劣天气条件下，通过引入受天气影响较小的公路运输，最大程度缓解因飞机无法完成起飞、降落导致的旅行延误。

本申请基于这样的需求提出了一种基于公路换乘的航班计划优化方法，其能够通过将受恶劣天气影响较小的公路运输和航空交通相结合，可有效解决正处于恶劣天气下的乘客无法出发和到达的问题，最终缓解航空公司一日内所有航班造成的延误，为旅客节省大量的时间。

【权利要求】

一种基于公路换乘的航班计划优化方法，其特征在于，包括以下步骤：

步骤一，将每天划分为 24 个时间段，统计某机场在每个时间段内的起飞航班。

步骤二，针对每个时间段，统计该时间段内的每个航班是否允许在恶劣天气选择安排公路换乘计划。

针对航班 f，设定决策变量 d_f 表示该航班在恶劣天气是否允许安排公路换乘计划；如果是，d_f 取值为 1；否则，d_f 取值为 0；

步骤三，针对某时间段，将该时间段内的所有延误航班以及原有航班进行优先级排序。

优先级排序包括两个层次，第一个是外层次，从高到低优先级依次为：计划公路换乘航班、前一个时间段内的延误航班、原计划本时段内起飞航班；

第二个是内层次，计划公路换乘航班内的所有航班优先级顺序，前一个时间段内的延误航班内的所有航班优先级顺序以及原计划本时段内起飞航班内的所有航班优先级顺序，初始都是人为规定，按照初始给定的航班起降优先级序列进行先后安排；

步骤四，针对每个时间段，首先选择外层优先级最高的计划公路换乘航班，按照内层的优先级顺序对该类待起飞各航班依次进行起飞机场条件、降落机场条件和执行任务飞机条件三个方面的检测。

针对计划公路换乘航班内的内层最高优先级航班 f，三方面检测具体过程如下：

首先，针对航班 f 的起飞机场 A，检测在时间段 t 内该机场的最大起飞数量 dep_A^t 是否不小于 1，即 $dep_A^t \geq 1$；

然后，检测当航班 f 在时间段 t 内起飞，航班 f 经过时间 Δt 到达机场 C 时能否降落，即是否满足 $arr_C^{t+\Delta t} \geq 1$；$arr_C^t$ 为机场 C 在时间段 t 内的最大降落航班数量；

同时，如果航班 f 通过前两个检测时，检测执行航班 f 的飞机，该飞机执行的前一航班 f_{bef} 的降落时间 $arrt_{f_{bef}}$ 与时间 t 的时间间隔是否不小于最小过站时长 LSC，即 $t - arrt_{f_{bef}} \geq LSC$；

步骤五，判断航班 f 是否通过以上三个方面的检测，如果是，则安排航班 f 在时间段 t 内起飞，并且更新本时段内机场状态信息；否则，进入步骤六；

步骤六，当计划公路换乘航班中的航班 f 不满足三方面检测时，将该航班 f 划分到原计划本时段内起飞航班内；继续选择计划公路换乘航班中的下一个级别航班，进行三方面检测；直至计划公路换乘航班中所有航班都检测完。

步骤七，选择外层次中的前一个时间段内的延误航班，按照内层优先级顺序，逐个选择航班进行三方面检测，当某航班不满足三方面检测时，将该航班列入下一时间段内进行安排。

步骤八，继续选择外层次中，包括计划公路换乘航班的原计划本时段内起飞航班内，按照内层优先级顺序逐个选择航班，进行三方面检测，某航班不满足时，将各航班列入下一时间段内进行安排。

步骤九，针对每个时间段，将经过内外层优先级排序后的所有航班都确定了各自的起飞降落时间，从而得到一日内 24 个时间段的所有航班新的计划到达时间。

步骤十，利用一日内所有航班新的计划到达时间和航班正常预计到达时间，计算当日内所有航班的预计总延误时长 $delayT$。

步骤十一，利用遗传算法对每个时间段中决策变量 d_f 以及各类航班内层次的优先级顺序进行迭代优化，当预计总延误时长 *delayT* 最小时，对应的决策变量 d_f 中各航班以及内层次的优先级顺序即为基于公路换乘的优化后的各航班计划。

【案例分析】

根据权利要求记载的步骤可以判断出，该解决方案实际上并非如某些旅行 App 所提供的接续换乘预定功能那样，针对特定旅客在城市之间的旅行计划，提供可供旅客选择的"公路+飞机"组合出行方式选项，而是从航班管理者的角度出发，在存在公路换乘选项的前提条件下，统筹安排特定机场所有的航班执行计划，其制订计划的目标是所有航班的总延误时长 *delayT* 最小。因此，该权利要求的解决方案应被理解为一个调整航班执行计划的方案。在该方案中，步骤三到步骤十是解决航班计划调整问题的主要步骤，其核心构思是将时间段内航班进行优先级排序，按照内层次、外层次分别判断航班是否满足起飞条件，若满足则起飞，若不满足则重新回到原计划本时段航班内，继续判断下一层级的航班，如此循环判断，利用一日内所有航班新的计划到达时间和航班正常预计到达时间，计算当日内所有航班的预计总延误时长 *delayT*。根据权利要求的方案可知，航班计划的调整结果必然与内外两个层次优先级的顺序有关，不同的优先级次序将会导致对应于总延误时长 *delayT* 最小的航班计划有所不同。

由于优先级次序的排列是一种规定，因此对于该权利要求的方案是否构成技术方案存在两种不同的观点。

一种观点认为：权利要求解决的问题是如何管理航班计划，是管理问题而非技术问题；其采用的手段是依据人为规定的优先级顺序对航班计划的各种可能情况进行组合，并利用遗传算法对每个时间段中决策变量 d_f 以及各类航班内层次的优先级顺序进行迭代优化，找出预计总延误时长 *delayT* 最小的方案作为航班计划，所述手段与解决的问题之间不受自然规律的约束，不是技术手段，该方案不构成技术方案。

相反观点则认为：本申请是把一种资源调度的算法具体应用到交通工具的调度领域，有明确的技术领域，算法特征的每一步骤都与该领域紧密联系，明确体现了其解决的是恶劣天气条件下利用多种可获取的交通方式使航班运行被影响最小的问题，是技术问题；该方法基于原有航班优先级排序、当前航班运营状态、根据起降机场条件等因素，利用遗传算法对航班计划进行优化，使得飞机和公路交通工具更好地协同配合，优化了在恶劣天气条件下用户的出行，产生了技术效果，因而构成《专利法》第 2 条第 2 款规定的技术方案。

比较来说，第二种观点对本申请发明实质的认定更为合理。具体而言，虽然本申请中对优先级的排序次序的确是人为规定，但其获取的参数信息（参数信息可以是飞机的起飞、降落事件、飞机是否延误、是否可以换乘等）来源于客观的运力情况；对这些参数的计算也能够反映出在不同自然条件下，航班状态正常的可能性、飞机与公路交通工具之间协作的可能性，这些参数的选取和计算反映了旅客的旅行时间受天气状况、机场起降能力等条件的约束，因此其采用了遵循自然规律的技术手段，据此可以获得相应的技术效果。此外，根据权利要求方案的限定可知，在调整遗传算法的迭代次数的过程中，一开始根据人为规定设定的内层次的优先级次序实际上并非一成不变的，各种航班的优先级次序本身也属于遗传算法优化的对象，即人为规定仅仅被作为遗传算法寻找起飞机场条件、降落机场条件和执行任务飞机条件三个方面约束条件下最优解的起点。尽管最初由人为设定的优先级顺序可能影响遗传算法求解迭代的次数，但是最终选出的满足总延迟最小的航班计划并不会依赖于最初人为设定的优先级次序，也就是说，最终获得的航班计划并不受初始人为规定支配。

一项解决方案是否构成技术方案，不能仅因该方案利用了计算机来实施或因权利要求中记载有技术术语就片面地给出结论，孤立地判断一个词语或者一个技术术语是否属于技术手段往往无法得出可靠的结论。同时，亦不能看到权利要求记载有"人为规定"的"优先级排序"等字样就将整个方案归入"人为规则"的范畴。

● 案例 3-4-2 一种计算新增城市绿地对生态效能影响的方法

【背景技术】

近年来，我国城市化速度不断加快，带来了日益突出的环境问题，影响到城市的可持续发展。城市绿地及绿色基础设施可为城市居民提供休闲游憩场所和通勤绿道，有助于优化城市空间格局，发挥改善空气质量、缓解热岛效应、调节微气候和水文过程等生态功能，促进居民身心健康。因此，合理规划城市绿地、高效建设绿色基础设施，已成为国际上不同国家和地区提升城市宜居性、改善居民福祉的重要途径。

目前，城市绿地来源包括山体、水体和废弃地的修复绿地以及老旧城区的"留白增绿"空间等。具体的绿地规划包括拆除违法建筑、控制老旧城区开发强度和建筑密度，新建城市广场与公园绿地等公共空间；保护与利用乡土植物、推行生态绿化方式，重建山体植物群落、增强水体自净功能和高效再利用废弃地等方式。

【问题及效果】

如何定量评估城市绿地规划方案的实施效果，对城市绿地规划可能造成的影响进行分析、预测是城市管理者、规划设计师和环评工程师无法回避的问题。目前，在城市绿地规划评价领域中，对于绿地质量和功能等综合评价，较为常用的指标包括乡土树种比例、热岛效应强度、水环境及空气质量达标率等，这些指标往往缺少对于绿地格局和生态过程的综合考虑，所得到的评价指数未能形成一个反映绿地规划成效（或者说规划前后的效果变化）的综合指数。本申请将绿地可达性、连通性及生态质量和功能评价相结合，从景观结构与功能角度定量评估了绿地规划方案的景观生态效能优化，为城市绿地规划方案的论证与选择提供定量评估方法，提高城市绿地规划方案的科学性和有效性。

【具体实施方式】

本申请具体实施方式给出一种城市绿地规划的景观生态效能评价方法。

为了对城市绿地规划的景观生态效能做出评价，首先，需要收集基础数据并做预处理。基础数据包括城市绿地规划图、建设用地及绿地现状类型图及规划区边界数据。对收集的图件数据进行矢量化处理和空间配准后，生成城市新增绿地斑块分布图、现状绿地斑块分布图及建设用地斑块分布图。

其次，利用卫星影像数据提取城市植被覆盖度，并获得植被覆盖度与地表温度之间的相关系数。然后，通过城市绿地网络及其连接性能来评估绿地规划结构方面的优化效果。城市绿地网络包括绿地节点和绿道，需要评估城市绿地网络中新增绿地斑块在形成绿地节点—绿道闭合回路中的效果、新增绿地斑块在改善绿地节点连接绿道能力中的效果，以及城市绿地网络中增绿绿道在改进绿道串联绿地节点能力中的效果。

最后，还需要考虑城市新增绿地斑块与绿道在各种生态系统服务中发挥的效果，主要考虑其对碳固存、污染物净化、地表降温产生的优化作用。碳固存优化是指城市绿地规划后导致的绿地碳固存量的增长，污染物净化优化是指城市绿地规划后绿地消纳大气污染物量的增长，地表降温优化是指城市绿地规划后绿地总降温值的增长。在产生评估值时，需要赋予各个不同因素不同的权重，可通过专家打分法确定相应权重。例如，请相关领域研究者、从业者进行重要性评分以确定权重。

【权利要求】

一种计算新增城市绿地对生态效能影响的方法，包括如下步骤：

步骤1：基础数据收集与预处理。

步骤2：计算新增城市绿地的景观格局优化指数。

步骤3：计算新增城市绿地的生态过程优化指数。

步骤4：计算新增城市绿地的生态效能综合提升指数。

步骤5：定量计算新增城市绿地的生态效能综合优化效果。

其中，所述步骤2中新增城市绿地的景观格局优化指数是指通过城市绿地网络及其连接性能来评估绿地在结构方面的优化效果，具体计算公式为：

$$Pa = w_a a + w_b b + w_c c \tag{1}$$

其中，Pa 为景观格局优化指数；a 为绿网闭合度优化指数，w_a 为 a 指数的权重；b 为绿网通达度优化指数，w_b 为 b 指数的权重；c 为绿网连接度优化指数，w_c 为 c 指数的权重；城市绿地网络包括绿地节点和绿道；绿地节点对应绿地现状与新增绿地斑块，规划前绿地节点数量即现状绿地斑块数为 n_0，规划后绿地节点数量即现状和绿地斑块数之和为 n_i；绿道通过节点采用耗费距离模型 CDM 求得，规划前绿道数量为 m_0，规划后绿道数量为 m_i，其中 i 代表第 i 种绿地规划方案。

所述步骤3中城市绿地的生态过程优化指数是指城市绿地斑块与绿道在提供各种生态效益方面的优化效果，具体计算公式为：

$$Pr = w_d d + w_e e + w_g g \tag{2}$$

其中，Pr 为生态过程优化指数；d 为碳固存优化指数，w_d 为 d 指数的权重；e 为污染物净化优化指数，w_e 为 e 指数的权重；g 为地表降温优化指数，w_g 为 g 指数的权重。

所述步骤4中新增城市绿地的生态效能综合提升指数通过景观格局优化指数 Pa、生态过程优化指数 Pr 及其对应权重 w_{Pa} 和 w_{Pr} 计算获取，具体计算公式为：

$$LP = w_{Pa} Pa + w_{Pr} Pr \tag{3}$$

其中，LP 为新增城市绿地的生态效能综合提升指数。

【案例分析】

对于权利要求的方案是否属于保护客体，争议焦点在于依据碳固存、绿地斑块总面积、平均植被覆盖度、大气污染物消纳量、绿地斑块平均降温值等参数分别计算碳固存优化指数、污染物净化优化指数、地表降温优化指数，进而给出计算生态过程优化指数的计算公式是否构成技术手段。

本申请要解决的问题是将绿地可达性、连通性及生态质量和功能评价相结合，从景观结构与功能角度定量评估绿地规划方案的景观生态效能优化，为城市绿地规划方案的论证与选择提供定量评估方法，上述问题并非技术问题。为解决上述问题，本申请采用的手段是选择新增城市绿地的景观格局优化指数、生态过程优化指数、生态效能综合提升指数作为评价指标，并通过以上三个指数的计算获得新增城市绿地的生态效能综合优化效果。虽然对上述指数进行计算的过程中采用的碳固存、绿地斑块总面积、植被覆盖度、污染物消纳量、降温值等参数都是具有物理含义的参数，但是，上述参数的选择遵循的是城市生态环境评估所需的指标体系，方案中基于各指数的计算公式都是人为限定的计算规则，并非遵循自然规律的技术手段，获得的效果也仅仅是提高评估的科学性和有效性，并非技术效果。因此，该权利要求不属于《专利法》第 2 条第 2 款规定的技术方案，不属于专利保护的客体。

总的来说，在判断包含指标参数来进行评估、预测等的方案是否属于专利保护的客体时，并不能因为其中存在部分社会性指标或经济性指标就一概否定其可专利性，也不能因其中存在有具有物理含义的参数就必然得出该方案属于保护客体的结论。有关客体判断的原则仍然是整体判断，判断方案在整体上是否解决了技术问题，是否采用了技术手段来解决该技术问题并获得了相应的技术效果。

◉ 案例 3-4-3　一种城市汽车碳交易系统

【背景技术】

随着人民生活水平的逐渐提高，汽车的数量猛增，而根据 IEA（国际能源署）数据显示，道路运输是交通行业碳排放的"大头"，而其中包括乘用车在内的轻型车的碳排放所占比例最大，占交通行业碳排放量的 45%。因此，减少城市内汽车的碳排放数量有助于降低城市的总体碳排放水平。有多种降低汽车碳排放的途径，例如用电动车或者氢能源汽车代替传统燃油汽车能够显著降低车辆使用阶段的碳排放水平。除此之外，通过经济手段鼓励人们绿色环保出行，从而降低汽车排放也是一种可行途径。

【问题及效果】

为了鼓励交通参与者降低碳排放，如选择公共交通出行，或者以碳排放较低的新能源车辆代替传统燃油车辆，需要对交通参与者的碳排放进行记录，并通过经济手段对参与交通的行为进行调控。

通过本申请提供的城市汽车碳交易系统，根据城市的交通碳排放承受能力设定碳排放总量，并将所述碳排放总量转换成相应的碳币发放给车主，车主的碳币不够时，必须从碳币交易市场购买碳币并纳税，从而通过经济手段鼓励人们绿色环保出行，解决交通拥堵，降低汽车尾气排放，还可以进一步构建城市的碳排放地图，以便于车主合理规划出行路线。

【具体实施方式】

本申请具体实施方式公开了一种城市汽车碳交易系统。政府管理部门在每个统计时段（日、周、月）开始时，根据允许的交通出行碳排放总量目标核定并分配给私家车主交通碳运量，交通碳运量以对应的虚拟碳币的形式发放，储存于车主的碳币账户中，碳币具有时效性，超过政府设定的统计时段，碳币自动清零。政府管理部门还可根据碳币交易市场成熟度预留一部分碳币，适时投放到碳币交易市场来调节碳币的供求关系，防止供需失衡，调控交易价格的波动。居民交通出行时除支付车辆本身的交通应用成本外，还需从碳账户中支付碳币。账户中的碳币不足时，不得出行，否则将处以高额的罚款或者驾驶证扣分等处罚。

所述城市汽车碳交易系统包括碳币发放平台、碳币交易平台和碳币结算平台以及与所述碳币发放平台、所述碳币交易平台和所述碳币结算平台保持通信连接的汽车。所述汽车内置信息装置；所述碳币发放平台用于给城市内每个汽车关联的碳币账户发放碳币，所述碳币用于支付汽车尾气碳排放费用；所述碳币结算平台用于实时计算每个汽车的碳币账户里支付的碳币数量和剩余的碳币数量；所述碳币交易平台用于多个汽车的碳币账户之间进行碳币的交易结算；所述内置信息装置用于所述汽车在发动时实时向所述碳币结算平台发送其定位数据和行驶时长数据。

所述碳币结算平台用于根据所述汽车发送的定位数据和行驶时长数据计算所述汽车的碳币账户里支付的碳币数量和剩余的碳币数量。所述碳币结算平台中，碳币的结算方式是：

支付的碳币＝行驶时长×汽车排量×行驶时段费用系数×行驶区域费用系数×碳币支付系数

其中，行驶时长和汽车排量都与汽车碳排放正相关，行驶时段费用系数是根据不同的时段对碳币收取不同的碳排放费用系数，比如交通高峰期时，行驶时段系数比交通低峰期的值要高，行驶区域费用系数也是根据不同的区域设定的不同的碳排放费用系数，在中心区、交通繁忙区域的碳排放费用系数高，在郊区或者交通好的交通空闲区域碳排放费用系数低。碳币支付系数是综合碳排放指标与发放的碳币总量得出的一个固定数值。

交通信息平台实时读取城市的交通信息数据，并根据城市的车辆的定位信息和碳币的支付信息来实时构建城市的碳排放地图。交通信息平台可将碳排放地图呈现给车主，以便于车主合理规划出行路线。还可以根据碳排放地图实时划定碳排放区域，根据碳排放区域的不同，实时调整行驶区域费用系数，从而鼓励人们绕开行驶区域费用系数高的区域。

【权利要求】

一种城市汽车碳交易系统，其特征在于，包括碳币发放平台、碳币交易平台和碳币结算平台以及与所述碳币发放平台、所述碳币交易平台和所述碳币结算平台保持通信连接的汽车，所述汽车内置信息装置；

所述碳币发放平台，用于给城市内每个汽车的碳币账户发放碳币，所述碳币用于在设定的使用期限内支付汽车尾气碳排放费用；

所述碳币结算平台，用于根据汽车的定位数据和行驶时长数据实时计算每个汽车的碳币账户里支付的碳币数量和剩余的碳币数量；

所述碳币交易平台，用于多个碳币账户之间进行碳币的交易结算；

所述信息装置，用于在所述汽车发动时实时向所述碳币结算平台发送其定位数据和行驶时长数据。

【案例分析】

碳交易是一种运用市场经济手段来促进环境保护的机制。《京都议定书》第17主题规定，碳排放交易是一个可交易的配额制度。碳币则是一种用于碳排放贸易的虚拟币。目前在现有技术中实际上并无关于"碳币"的明确定义，例如，其可以是某个碳排放交易平台发行的虚拟币。具体到本申请，根据具体实施方式的记载，"政府管理部门在每个统计时段（日、周、月）开始时，根据允许的交通出行碳排放总量目标核定并分配给私家车主交通碳运量，交通碳运量以对应的虚拟碳币的形式发放，储存于车主的碳币账户中，碳币具有时效性，超过政府设定的统计时段，碳币自动清零"。由此可见，在本申请的语境中，碳币是由政府机构发放和管理，用于在一定行政区域内衡量汽车碳排放权的凭证。因此，本申请涉及的"碳币"不是如比特币、莱特币那样的可在全球范围内使用且无法监管的虚拟币，也不具有碳排放权以外的其他交易功能，因此本申请并无违反《专利法》第 5 条的风险。

本申请的发明构思是：通过碳交易这种经济调节方式，对出行车辆的数量进行限制，从而降低尾气排放。尽管本申请的基本构思与碳交易利用市场经济手段促进环境保护的原理一致，但是不能仅因本申请试图利用人的经济学理性实现对汽车碳排放的调控就将本申请的解决方案排除出专利保护客体的范畴。

本申请的碳交易系统，其包括碳币发放平台、碳币交易平台和碳币结算平台以及与这些平台通信连接的汽车和车载信息装置。车载信息装置用于收集和反馈车辆行驶状况，因而能够向系统提供车辆的碳排放情况；碳币结算平台根据车载信息装置反馈的碳排放情况计算相应的碳币使用收支状况；碳币交易平台则实现了不同碳币账户之间的碳币交易。因此，本申请的碳交易系统利用通信技术和信息技术手段，解决了碳排放总量一定的前提下如何动态监测众多车辆碳排放权使用情况的技术问题，产生了有效监管碳排放的技术效果，因而符合《专利法》第 2 条第 2 款的规定。

尽管碳排放交易本身是一种经济活动，但这并不意味着与碳排放交易有关的发明创造都不符合《专利法》第 2 条第 2 款的规定，判断一个与碳交易有关的解决方案是否构成专利保护的客体时，仍应从整体上分析其解决的问题、采用的手段和产生的效果是否具有技术性。就本申请而言，尽管本申请为了达到抑制过度产生碳排放的目的是依赖于人的经济学理性，但其具体方案具有技术性，通过采用技术手段监测和获取系统中所有车辆的运行状态，并利用计算机平台建立和保存车辆行驶状况（即碳排放情况）与碳币之间的关联关系，因而能够解决实时向车辆用户提供其碳排放权消耗情况的技术问题，并获得相应的技术效果。

● **案例 3-4-4　土地监管抽样方法**

【背景技术】

为了确保国家土地政策和相关法规得到落实和执行，需要国土部门对建设用地实际情况进行巡查监管。然而，每个省每年都有大量的建设项目开工，面对这么多的项目，囿于有限的人力物力资源，省级监管部门不可能一一派人进行巡查监管，只能通过抽样方式，从需要监管的对象中抽取少部分进行调查监管。土地闲置是建设用地管理中较为普通的违规行为，目前现有技术中主要采取的还是人工随机抽样来进行调查。

【问题及效果】

如何抽中那些可能出现问题的项目是省级监管部门亟须解决的问题。最容易想到的抽样方法是随机抽样。然而随机抽样方法在监管中主要存在以下缺点：①抽样没有依据，随意性非常大，不同的人抽样结果差异很大；②由于待监管土地项目数量较多，随机抽样抽到发生问题的项目的可能性非常小。因此，为了达到通过抽样进行监管的目的，必须设计一种提高抽中待抽样土地中闲置土地的概率的抽样方法。

本申请提供的土地监管抽样方法，考虑了土地价格、面积大小、购买者以及土地所在行政区域、土地用途对土地闲置可能性的影响，给出了待抽样土地闲置可能性的计算公式，并采用聚类法对待抽样土地进行分析，达到了提高抽中待抽样土地中闲置土地概率的效果。

【权利要求】

一种土地监管抽样方法，其特征在于，所述方法包括：

获取闲置土地的土地特征，所述土地特征包括土地的面积、单价和购买者特征，所述购买者特征包括购买者购买的土地数量、购买者购买的土地中闲置的土地数量；

获取未闲置土地的土地特征；

获取待抽样土地的土地特征；

根据所述闲置土地的土地特征、未闲置土地的土地特征、所述待抽样土地的土地特征计算所述待抽样土地闲置的概率；

将所有抽样土地的闲置概率输入 SPSS 15.0 软件的 K-Means 聚类法计算模块中，对所述待抽样土地进行抽样。

【案例分析】

本申请要解决的是克服少量随机抽样结果不能尽可能多地发现问题地块的问题。因此，提高抽样结果中存在问题的土地的概率，实质上就是要设法从待抽样的地块中识别哪些地块有可能存在闲置情况，以便将无目的的随机抽样转换为有一定针对性的抽样，也可以理解为增加某些地块在抽样中的权重。

根据权利要求的方案可知，本申请的发明构思实际上基于这样一种假设，即土地管理部门已经发现的存在闲置问题的土地具有的某些特征会在待监管的其他地块上复现，并且闲置土地与非闲置土地之间存在足以将其彼此区分的特征。即权利要求的方案可以被概括为用已知闲置地块的特征与待监管土地特征进行匹配，找出可能存在闲置问题的地块。因此，判断权利要求是否构成技术方案的关键是判断通过对土地特征数据进行待抽样土地概率值计算的过程是否属于把数学模型与应用领域结合并利用了自然规律。更具体地说，问题的焦点在于，土地的特征（包括土地的面积、单价、购买者购买的土地数量、购买者购买的土地中闲置的土地数量）与该土地是否有可能被闲置之间是否存在符合自然规律的内在关联关系。

根据申请文件记载，由于待监管土地项目数量较多，随机抽样抽到发生问题的项目的可能性非常小，达不到监管的目的，因此，本申请要解决的是随机抽样导致不利于监管的问题。为解决上述问题，本申请采取的手段是：根据闲置土地的土地特征、未闲置土地的土地特征、待抽样土地的土地特征计算待抽样土地闲置的概率；根据所述待抽样土地闲置的概率，采用K-Means 聚类分析法对待抽样土地进行抽样。其中，将土地特征设置为包括土地面积、土地单价和购买者特征，将购买者特征设置为包括购买者购买的土地数量、购买者购买的土地中闲置的土地数量，由此计算闲置土地的概率。可见，本申请是通过将随机抽样改进为特定方式抽样来解决不利于监管的问题，选取土地价格、面积、购买者等因素作为土地特征，并由此设置抽样规则遵循的是土地开发和巡查监管的具体要求，而非对自然规律的利用，因此这些步骤不构成技术手段。尽管方案中记载了"将所有抽样土地的闲置概率输入 SPSS 15.0 软件的 K-Means 聚类法计算模块中"，但是对已有软件工具的利用并不必然构成技术手段。此外，实现本申请的解决方案所能获得的效果是改进随机抽样，提高土地抽样的针对性，以便对土地进行有效监管，并非技术效果。因此，权利要求请求保护的方案不属于技术方案。

● 案例 3-4-5 一种城市空间格局合理性诊断的技术方法

【背景技术】

城市发展格局是指基于国家资源环境格局、经济社会发展格局和生态安全格局而在国土空间上形成的城市空间配置形态及特定秩序，包括城市规模结构格局、城市空间结构格局和城市职能结构格局。

伴随城市化进程，城市空间格局是一个动态变化与不断发展的客观现象，相应地，优化的城市空间格局是在一定历史背景、经济社会基础和发展阶段下的产物。城市发展格局优化的前提和基础是要对城市发展格局的历史和现状进行科学的诊断，而进行科学的诊断就必然需要一定的技术方法，诊断技术方法成为进行城市发展格局优化的关键所在。

【问题及效果】

目前在国家和区域层面，综合考虑城市规模结构、空间结构和职能结构进行城市发展格局合理性评价的技术方法缺失。作为中国新型城镇化战略优化国土空间开发格局的重点内容，全面优化城市发展格局迫在眉睫。城市发展格局合理性评价方法的缺失制约了城市发展格局的进一步研究，不利于国土空间开发格局的开展进程。因此构建一套能全面、综合地对城市空间格局优化进行诊断的技术方法体系具有重要意义。

【具体实施方式】

本申请具体实施方式给出一种城市空间格局合理性诊断的技术方法，从城市体系的规模结构、空间结构和职能结构等方面对国家、地区、省域和城市群等层面的城市发展格局合理性进行综合诊断，为城市发展格局的综合评估提供全面、客观和科学的决策依据。

本申请通过将城市规模结构格局合理性 USR 诊断模型、城市空间结构格局合理性 UKR 诊断模型、城市职能结构格局合理性 UFR 诊断模型集成为城市发展格局合理性综合诊断 HL 模型，从而诊断中国城市发展格局合理性程度。具体步骤为：

第一步：构建城市发展格局合理性综合诊断指标体系。根据城市发展格局合理性的基本内涵和形成的动力机制，将城市发展格局合理性诊断指标体系分为城市规模结构格局合理性诊断、城市职能结构格局合理性诊断、城市空间结构格局合理性诊断三类，并由此构建包括总目标层、子目标层、因素层和因子层的指标体系。指标的标准化采用极差标准化和标准差标准化方法，采用 Delphi 法和 AHP 法，根据各个指标对评估目标的贡献率确定指标权系数。

第二步：建立城市发展格局合理性综合诊断 HL 模型。根据城市发展格局合理性综合诊断指标体系，城市发展格局合理性综合诊断模型由基于 Zipf 指数的城市规模结构格局合理性 USR 诊断模型、基于核密度指数的城市空间结构格局合理性 UKR 诊断模型、基于 Shannon-Wiener 指数的城市职能结构格局合理性 UFR 诊断模型三部分通过加权构成，计算公式为：

$$HL = y_1 \times USR + y_2 \times UKR + y_3 \times UFR \tag{1}$$

其中，HL 为城市发展格局合理性综合诊断指数；y_1 为城市规模结构格局合理性指数 USR 的权系数；y_2 为城市空间结构格局合理性指数 UKR 的权系数；y_3 为城市职能结构格局合理性指数 UFR 的权系数。

采用熵技术支持下的层次分析法计算得到 $y_1 = 0.3571$，$y_2 = 0.3286$，$y_3 = 0.3143$。

根据综合指数 *HL* 的大小将城市划分为高合理城市、较高合理城市、中等合理城市、低合理城市和不合理城市。

【权利要求】

一种城市空间格局合理性诊断的技术方法，其特征在于，包括以下步骤：

1）构建城市空间格局合理性诊断的指标体系，构建包括总目标层、子目标层、因素层和因子层的指标体系；

2）因子层的数据标准化处理及运用层次分析法和熵权法确定子目标层、因素层和因子层的指标权重；

3）构建城市发展格局合理性综合诊断 HL 模型，包括城市规模结构格局合理性 USR 诊断模型、城市空间结构格局合理性 UKR 诊断模型和城市职能结构格局合理性 UFR 诊断模型；

4）采用模糊隶属度函数法和线性加权求和法计算各子模型的合理性指数；

5）根据综合指数 *HL* 的大小将城市划分为高合理城市、较高合理城市、中等合理城市、低合理城市和不合理城市。

【案例分析】

权利要求的方案请求保护一种城市空间格局合理性诊断的技术方法。从该权利要求的方法步骤的表述来看，首先通过构建城市空间格局合理性诊断的指标体系，然后对因子层的数据进行标准化处理，确定各层的指标权重，接着构建综合诊断模型，计算各子模型的合理性指数，最后根据综合指数将城市进行划分。

权利要求 1 的方案虽然主题名称落在了"技术方法"上，但是，其所要判断的"城市空间格局是否合理"体现的是空间格局的一种人为规定标准，本身并不受自然规律约束，其要解决的问题不属于技术问题。该方案依赖于人们社会生活习惯和经济发展状况等多方面社会因素，借助于人为设置的各种考量参数，采用申请人提出的数学建模方法来进行计算，但数学建模方法本身的使用并不必然构成技术手段，只有在其应用于具体技术领域解决技术问题时才能构成技术手段。

该方案中所解决的判断城市空间格局是否合理的问题并非是技术问题，

数学建模方法本身的使用与其要解决的问题之间的关联不受自然规律的约束，不构成技术手段。该方案产生的效果仅在于判断一个城市空间格局是否合理，所获得的不是符合自然规律的技术效果。因此，该权利要求请求保护的方案不属于《专利法》第2条第2款规定的技术方案，不属于专利保护的客体。

第五节　数字货币

随着比特币等基于区块链技术的加密虚拟币走进公众视野，数字货币、电子货币、虚拟货币等概念也频频出现在各种媒体中，与之相关的发明专利申请也层出不穷，例如，有些申请提出构建新型货币体系，有些申请提出基于虚拟货币的支付或者融资方法。

在我国，根据《中国人民银行法》，中国人民银行负责发行人民币，管理人民币流通。因此，作为一个基本判断原则，任何涉及数字货币、电子货币或虚拟货币的发明专利申请不能包含任何试图取代或者影响人民币法定货币地位和正常流通的教导，否则将不符合《专利法》第5条的规定。

此外，由于利用虚拟货币融资的方案有可能扰乱金融秩序，进而妨害公共利益，因此包含这些内容的发明专利申请也可能违反《专利法》第5条的规定。由于现有技术中对于数字货币、电子货币、虚拟货币并无公认的通用定义，因此针对申请文件中出现的相关概念，应该根据申请文件上下文判断其确切含义，从而对整个申请是否违反《专利法》第5条做出准确合理的判断。

◉ 案例 3-5-1　基于数字货币实现筹资交易的方法

【背景技术】

随着互联网技术与金融业的发展，出现了P2P网络借贷（互联网金融点对点借贷）、网络众筹等募集资金的平台；其中，平台交易双方为出资人和筹资人，出资人和筹资人通过平台信息撮合达成交易意向，并签订网络合同，约定交易双方的权利义务。以P2P网络借贷为例，平台作为信息中介；筹资人作为借款人发布借款标的信息募集资金，出资人可以根据借款标的投标。在投标期间，出资人资金会先划拨到平台设立的存管账户。直到募集结束，如果募集成功，资金从存管账户划拨到筹资人账户。

【问题及效果】

由于资金募集具有一定的周期，并且平台上通常具有多个借款标的，因此存管账户中会沉淀大量在途资金，虽然该账户受到银行监管，但账户资金仍有被恶意挪用的风险。出资人将投标款交付筹资人后，对于资金的流向就失去了控制，无法分辨后续资金的使用用途，筹资人使用出资人的资金对于出资人、筹资平台以及其他参与方来说是不透明的，因此容易导致筹资人单方变更资金用途，产生资金使用风险。因此，如果能够实现资金直接转移而无须在存管账户中沉淀资金，防止筹集资金被挪用或单方面变更用途，从而使资金路径透明可控，那么对于繁荣和稳定金融市场无疑具有非常积极的作用。数字货币的出现使得这一需求有可能成为现实。

为解决上述问题，本申请提出一种基于数字货币实现筹资交易的方法，利用数字货币为筹资平台提供筹集资金划拨的支付和交易途径，实现数字货币直接转移，避免存管账户沉淀资金，引入多方联合签名机制，防止筹集资金被挪用或变更用途，使资金路径透明可控，增强了对资金的监管。

【具体实施方式】

本申请具体实施方式公开了一种基于数字货币实现筹资交易的方法，具体包括：

步骤 S101：出资人钱包应用装置根据交易智能合约向出资人银行钱包发送所述支付请求；其中，所述支付请求包括支付数字货币的金额、筹资人银行钱包标识、联合签名智能合约申请和授权使用智能合约申请。交易智能合约由原有电子合同转化而来，其内容主要包括投资筹资协议、筹资方平台签名、平台认证签名、平台手续费收取数额和扣收方式、筹资人信息、筹资人资信信息、筹资用途等。出资人钱包应用装置是出资人所使用的设备或客户端。所述数字货币是加密字串，所述加密字串的内容包括所述数字货币的金额、发行方标识和所有者标识，所有者标识限定了数字货币的所有权。

步骤 S102：出资人银行钱包在收到所述支付请求后，向数字货币系统发送所述支付请求。其中所述出资人银行钱包是商业银行面向出资人的设备或客户端，银行钱包管理和记录每笔交易的数字货币，对每个数字货币都进行区分。所述数字货币系统是由数字货币发行机构提供的，提供数字货币的发行、转移、验证、生产、作废、管理等运行操作。

步骤 S103：数字货币系统受理所述支付请求后，按照所述支付请求，将出资人的原有数字货币作废，重新生成带有联合签名标识的数字货币。其中，所述数字货币系统受理联合签名智能合约申请和授权使用智能合约申请，所述联合签名标识包括签名规则标识和使用规则标识，签名规则标识与联合签名智能合约相对应，使用规则智能合约与授权使用智能合约相对应。生成的新数字货币所述数字货币的所述所有者标识保持为原所有者标识不变，将所述使用规则标识变更为筹资人标识，使所述筹资人在不具有数字货币所有权的情况下具备该数字货币的使用权。使用规则是指，数字货币所有者可以授权指定用户，使其有权发起数字货币付款交易请求，数字货币系统通过授权使用智能合约验证付款交易请求发起方是否满足使用规则要求，例如检查发起方数字签名是否能够用授权用户证书的公钥进行验证。联合签名智能合约和授权使用智能合约的制定方式与内容参考交易智能合约。数字货币在数字货币系统通过确权登记中心进行登记，作废的一种实现方式就在确权登记中心中将该数字货币的状态设置为"作废"或"无效"。

步骤 S104：数字货币系统将带有联合签名标识的数字货币发送至筹资人银行钱包。

步骤 S105：数字货币系统将带有联合签名标识的数字货币发送至筹资人银行钱包后，筹资人钱包应用装置向所述筹资人银行钱包发起交易请求；其中，所述交易请求包括：数字货币的交易金额、交易对象收款标识、带有联合签名标识的数字货币、交易信息、联合签名智能合约和授权使用智能合约。

步骤 S106：筹资人银行钱包在收到所述交易请求后，向所述数字货币系统发送所述交易请求。

步骤 S107：所述数字货币系统验证所述交易请求。其中包括验证带有联合签名标识的数字货币对应的联合签名智能合约和授权使用智能合约，其中包括验证所述使用规则标识是所述筹资人标识，若是则说明所述筹资人具有所述数字货币的使用权，可以使用该数字货币发起交易请求。验证联合签名智能合约包括验证其所规定的签约方是否为出资人。

步骤 S108：数字货币系统对所述交易请求验证通过后，向所述出资人银行钱包发起签名请求，其中所述签名请求包括所述交易请求的内容。其中签名请求主要为请求对方向数字货币添加签名规则标识。其中，所述数字货币系统验证所述交易请求，包括验证带有联合签名标识的数字货币对应的联合签名智能合约和授权使用智能合约，若验证通过且所述使用规则标识为所述筹资人标识时，若所述带有联合签名标识的数字货币对应的联合签名智能合约中规定了不同的签名方，则所述数字货币系统还根据联合签名智能合约，向所述联合签名智能合约中规定的所有签名方逐一发送签名请求，其中所述签名请求包括所述交易请求的内容；所述数字货币系统接收到其发送的所述签名请求的回执之后，进入步骤 S112 根据所述联合签名智能合约中的所述验证规则，对所述回执中的所有签名信息进行验证，若验证通过，进入步骤 S113 根据所述交易请求，将原带联合签名标识的数字货币作废，生成所有者标识为交易对象的新数字货币，并将该数字货币发送给所述交易对象。其中所述验证规则可以是对所有的签名请求的回执，验证其签名规则标识是否与联合签名智能合约相匹配，如果匹配，则对按照预设的逻辑规则对这些联合签名的组合进行计算，比如预设的逻辑规则为对每个签名方的签名进行权重值或布尔值赋值，并设置计算结果的阈值，如果通过计算，这些联合签名的组合的最终结果超过阈值，则判断联合签名是有效的。

步骤 S109：出资人银行钱包在收到所述签名请求后向所述出资人钱包应用装置发送所述签名请求。

步骤 S110：出资人钱包应用装置在收到命令后向所述出资人银行钱包返回附带出资人签名信息的所述签名请求。其中所述签名信息主要指签名规则标识。

步骤 S111：出资人银行钱包收到附带所述出资人签名信息的所述签名请求后，向所述数字货币系统发送该签名请求。

步骤 S112：数字货币系统在收到附带所述出资人签名信息的所述签名请求后，根据所述联合签名智能合约中的验证规则对所述签名信息进行验证。所述数字货币系统在收到附带所述出资人签名信息的所述签名请求后，对该签名信息进行验证，如通过签名方的公钥进行验证。

步骤 S113：若所述签名信息验证通过，则所述数字货币系统根据所述交易请求，将原带联合签名标识的数字货币作废，生成所有者标识为交易对象的新数字货币。

步骤 S114：数字货币系统将步骤 S113 中生成的新数字货币发送给所述交易对象。

步骤 S115：数字货币系统在将所述数字货币发送给所述交易对象后，所述数字货币系统向所述筹资人银行钱包发送交易完成通知。

步骤 S116：筹资人银行钱包在收到所述交易完成通知后，向所述筹资人钱包应用装置发送所述交易完成通知。

步骤 S117：筹资人钱包应用装置在收到所述交易完成通知后，向交易智能合约系统发送所述交易完成通知。其中，所述交易智能合约系统是用于发布和执行所述智能合约的独立运行的系统。

步骤S118：交易智能合约系统在收到所述授权使用方交易完成通知或所述交易完成通知后，更新所述交易智能合约的状态，如将交易智能合约的状态更新为"筹资人已按约定使用筹得资金"。

【权利要求】

一种基于数字货币实现筹资交易的方法，其特征在于，包括：

出资人钱包应用装置根据交易智能合约向出资人银行钱包发送所述支付请求；其中，所述支付请求包括支付数字货币的金额、筹资人银行钱包标识、联合签名智能合约申请和授权使用智能合约申请；

所述出资人银行钱包在收到所述支付请求后，向数字货币系统发送所述支付请求；

所述数字货币系统受理所述支付请求后，按照所述支付请求，将出资人的原有数字货币作废，重新生成带有联合签名标识的数字货币，然后将该数字货币发送至筹资人银行钱包；

其中，所述联合签名标识包括签名规则标识和使用规则标识；所述签名规则标识对应联合签名智能合约，所述使用规则对应授权使用智能合约；所述数字货币是加密字串，所述加密字串包括所述数字货币的金额、发行方标识和所有者标识。

【案例分析】

本申请主题涉及基于数字货币实现筹资交易的方法，对于涉及数字货币及资金募集的发明专利申请，需要考虑其中与数字货币相关的部分是否有可能违反《中国人民银行法》第20条关于"任何单位和个人不得印制、发售代币票券，以代替人民币在市场上流通"的规定，与资金募集有关的部分是否涉及未批准的非法公开融资的行为，存在金融风险，使国家正常的金融秩序受到影响，妨害公共利益。

"数字货币"目前在金融领域、计算机领域中并没有通行的定义，由于比特币等基于区块链技术的虚拟币的流行，导致数字货币、虚拟货币、加密货币等术语往往被混淆使用，因此首先需要厘清本申请中"数字货币"的确切含义。本申请具体实施方式中明确限定"所述数字货币是加密字串，所述加密字串包括所述数字货币的金额、发行方标识和所有者标识"。还存在如下记载："所述数字货币系统是由数字货币发行机构提供的，提供数字货币的发行、转移、验证、生产、作废、管理运行操作。"根据以上记载可知，本申请中的"数字货币"具有明确的发行机构（中央银行，在我国即中国人民银行），这与没有集中的发行方或发行机构且采用去中心化的支付系统的比特币、以太币等虚拟货币或"代币发行融资"中使用的代币的情况不同。

本申请主要涉及的是在数字货币发行之后如何利用技术手段增强资金的监管以及提升数字货币验证的便利性和可靠性，并不涉及印刷、发售代币票券的行为并造成代替人民币在市场上流通的结果，因此不违反《中国人民银行法》的相关规定。而且，本申请所要解决的问题并非是如何进行融资，而是利用数字货币的可追踪性解决原有资金募集方案中对资金去向无法监管的问题，即，在利用互联网平台进行资金募集的行为本身合法的前提下，本申请产生的效果实际上有助于降低资金募集过程的挪用风险和资金交付筹资人后被改变用途的风险，因而不会给公众或社会造成伤害和使国家和社会的正常秩序受到影响。因此，本申请符合《专利法》第 5 条的规定。

● **案例 3-5-2　一种处理数字货币的方法**

【背景技术】

数字货币核心系统的登记中心，采用集中式数据库存储数字货币的信息，只能为银行或其他非银机构提供数字货币查询服务，且主要提供货币总量等统计信息的查询服务，由于个人数量众多，限于登记中心有限的硬件资源和处理能力，出于安全和性能的考虑，数字货币核心系统不能为公众提供即时的验钞确权服务，进而无法满足个人验证数字货币真伪的需求。

【问题及效果】

在现实生活中，公众对货币的验真需求是一种很普遍的个人行为，因此，如何存储并向个人用户提供数字货币的操作信息是亟待解决的问题。需要在不改变数字货币核心系统原有架构的前提下，使得一般个人用户有可能安全地访问到上述操作信息。

本申请的数字货币信息处理方法能够分布式存储数字货币的操作信息，并且保证数据在分布式环境中的一致性和可靠性，使得应用得以横向扩展，满足大规模负载场景下的使用需求。

【具体实施方式】

本申请的具体实施方式提供了一种处理数字货币的方法。数字货币是由一系列字符串表示的法定货币，其中数字货币的安全性通过密码学算法进行保护。目前，一般认为数字货币是由中央银行发行或中央银行授权发行的，以代表具体金额的加密数字串为表现形式的法定货币，包括数字货币的金额、发行方标识和所有者标识。数字货币构建在现今成熟的计算机技术和互联网技术的平台之上，现今由作为数字货币核心系统的中央银行发行并进入流通领域。数字货币核心系统为数字货币发行的机构，现今中央银行作为数字货币核心系统，通过消息队列将数字货币的操作信息发送到分布式账本平台以进行分布式存储。数字货币操作信息包括发行的数字货币、销毁数字货币的指令信息或数字货币图谱。发行的数字货币即有效的数字货币。销毁数字货币的指令信息可实现将存储的数字货币进行销毁，则用户在验证该数字货币的信息时，会提示数字货币无效。数字货币图谱包括数字货币的交易信息、数字货币的溯源以及生命周期等信息。

数字货币的操作信息被以报文数据的形式发送。解析报文数据，进而可通过分布式账本技术将解析的数字货币的操作信息存储在各个网络节点对应的数据库中。网络节点不具有唯一性，首先写入的网络节点将写入的信息同步到其他各个网络节点，实现各节点应用数据库的一致性。该同步过程通过分布式账本技术实现，通过分布式账本技术，将数字货币的发行、销毁等信息记录在分布式账本上，保证货币数据的不可篡改和可追溯性。并且，分布式账本能够避免单一节点不可用等问题，以及通过增加部署节点数量的方式分担验证确权应用的负载，保证全球范围内的服务可达和可靠。利用分布式账本技术，可以承载集中式系统难以负担的访问和计算压力，为公众个人提供数字货币的相关服务。

以用户通过 Web 应用随时随地进行数字货币的验证为例。用户在验证数字货币的真伪时，通过 Web 应用发送验证请求，即，将需要验证的数字货币输入到 Web 应用中，Web 应用则就近在网络节点的关系型数据库中检索相应信息，如果检索到，则进行对比验证，如果和数据库中的信息一致，返回数字货币为真的验证结果，否则返回为假或无效的验证结果。

【权利要求】

一种处理数字货币的方法，其特征在于，包括：

接收由数字货币核心系统发送的数字货币的操作信息；

解析所述操作信息，各解析后的操作信息存储在各个网络节点对应的数据库中；所述操作信息包括发行的数字货币、销毁数字货币的指令信息或数字货币图谱。

【案例分析】

本申请涉及数字货币的处理方法，其解决的问题是集中存储的数字货币信息不能被简单地向一般用户分享的缺陷，为解决所述问题，其采用的手段是通过分布式账本技术将数字货币的操作信息写入各个网络节点，通过分布式账本技术，将数字货币的发行、销毁等信息记录在分布式账本上，保证货币数据的不可篡改和可追溯性，并承载集中式系统难以负担的访问和计算压力，从而能够为个人提供例如验证等服务。具体地，本申请的一种实施方式采用分布式账本技术实现操作信息在多个网络节点的存储，似乎与比特币等基于区块链技术的虚拟货币有相同的技术渊源，那么其是否有违反《专利法》第 5 条的风险呢？

为判断其是否符合《专利法》第 5 条的规定，应首先确定"数字货币"在本申请中的具体含义。根据具体实施方式的记载："数字货币是由一系列字符串表示的法定货币，其中数字货币的安全性通过密码学算法进行保护。目前，一般认为数字货币是由中央银行发行或中央银行授权发行的，以代表具体金额的加密数字串为表现形式的法定货币，包括数字货币的金额、发行方标识和所有者标识。数字货币构建在现今成熟的计算机技术和互联网技术的平台之上，现今由作为数字货币核心系统的中央银行发行并进入流通领域。"由此可见，在本申请的上下文中，"数字货币"是由央行发行的数字化的法定货币，这与没有集中的发行方或发行机构且采用去中心化的支付系统的比特币、以太币等虚拟货币或"代币发行融资"中使用的代币情况不同，因而不能将其与比特币、以太币等形式的虚拟代币或代币混同。也就是说，在本申请中的数字货币的作用并非是取代人民币流通的某种代币，而是人民币的数字化形式，因而既不会取代正常的法定货币，也不会扰乱正常的金融秩序或者社会秩序，因而符合《专利法》第 5 条的规定。

区块链技术在本申请中的作用只是将数字货币的操作信息分散存储，以减轻可能大量存在的终端用户通过 Web 应用对其参与交易的数字货币进行验证确权时对数字货币核心系统的访问压力。本申请的方案并未改变数字货币仍由央行根据经济活动需求集中发行或授权发行的架构，因而客观上不具有比特币等去中心化虚拟货币与国家法定货币竞争并干扰正常金融秩序和社会秩序的风险。

此外，《专利法实施细则》第 10 条规定：《专利法》第 5 条所称违反法律的发明创造，不包括仅其实施为法律所禁止的发明创造。就本申请而言，即使实施时有可能被法律所禁止，也不属于《专利法》第 5 条限制的范围。

● **案例 3-5-3　使用数字票据凭证在流通域内进行商品交易的方法**

【背景技术】

区块链是分布式数据存储、点对点传输、共识机制、加密算法等计算机技术的新型应用模式。区块链采用共识机制作为区块链系统中实现不同节点之间建立信任、获取权益的数学算法。区块链是一种按照时间顺序将数据区块以顺序相连的方式组合成一种链式数据结构，并以密码学方式保证的不可篡改和不可伪造的分布式账本。广义来讲，区块链技术是利用块链式数据结构来验证与存储数据、利用分布式节点共识算法来生成和更新数据、利用密码学的方式保证数据传输和访问的安全、利用由自动化脚本代码组成的智能合约来编程和操作数据的一种全新的分布式基础架构与计算范式。

区块链的重要应用之一是比特币。比特币是一种点对点形式的数字货币，其中点对点形式的传输意味着一个去中心化的支付系统。与大多数货币不同，比特币不依靠特定货币机构发行，它依据特定算法，通过大量的计算产生，比特币经济使用整个点对点网络中众多节点构成的分布式数据库来确认并记录所有的交易行为，并使用密码学的设计来确保货币流通各个环节安全性。点对点的去中心化特性与算法本身可以确保无法通过大量制造比特币来人为操控币值。

【问题及效果】

目前并没有针对特定的流通领域的区块链设计，即如果用户希望以特定的商品流通作为基础来建立支付系统，那么这个支付系统仍然需要使用法定货币。但是这种依赖于法定货币的流通方式没有体现目前的先进支付系统的优势，仍然需要采用法定货币作为流通介质。为此，现有技术中存在对于在特定流通域内使用基于区块链的电子货币进行交易的需求。

【具体实施方式】

本申请具体实施方式提供了一种使用数字票据凭证在流通域内进行商品交易的方法，具体包括：

步骤 101：获取待交易商品的基础类别和扩展类别。其中基础类别用于表示所述待交易商品所属的基础商品分类。例如，基础类别可以是食品、药品、服装等表示所述待交易商品所属的基础商品分类。其中扩展类别用于表示所述待交易商品在基础商品分类内的并且与商品损耗率相关的扩展商品分类。

例如，扩展类别可以是生鲜食品和非生鲜食品。本申请基于基础类别确定所述待交易商品的流通域，为所述流通域建立用于支持数字票据凭证交易的局部区块链以记录商品流通信息。其中流通域中包括生产商（品牌商）、消费节点、初级交易节点和次级交易节点。例如，以可口可乐公司为品牌商为例。在以可口可乐公司为品牌商的商业环境（流通域）中，参与方是销售大数据公司、品牌商（可口可乐）、品牌代理商（经销商）、超市/门店以及消费者。其中局部区块链用于记录所述消费节点、初级交易节点、次级交易节点和生产商中任意一个与数字票据凭证相关联的交易项。初级交易节点可以是超市、商场、购物网站和零售店中的任意一个，次级交易节点可以是经销商、分销商和代理商中的任意一个。

在这些参与方之间流通数字票据凭证，并且数字票据凭证的流通流程如下：

a. 消费者从数字票据凭证发行方（销售大数据公司）购得数字票据凭证，并使用数字票据凭证在超市/门店使用数字票据凭证购买商品；

b. 超市/门店收到数字票据凭证并且交付商品，然后超市/门店可以使用数字票据凭证向品牌产品经销商（代理商）发出进货订单请求并支付数字票据凭证；

c. 品牌产品经销商（代理商）收到超市/门店的进货订单请求和数字票据凭证，将与所述进货订单请求相关的商品发送给超市/门店；

d. 品牌产品经销商（代理商）向品牌商发出进货订单请求并支付数字票据凭证；

e. 品牌商收到品牌产品经销商（代理商）进货订单请求和数字票据凭证；

f. 品牌商凭经销商（代理商）订单和所收到的数字票据凭证，向数字票据凭证发行方兑付等额法定货币或基础货币（例如，人民币或美元），此时相应数量的数字票据凭证发行方在凭证发行方处泯灭。

步骤102：获取预定时间段内所述待交易商品的生产量，基于所述扩展类别确定预定时间段内所述待交易商品的非盈利损耗量，并且基于所述生产量和非盈利损耗量确定所述待交易商品的流通量。

步骤103：基于所述待交易商品的流通量和价格确定商品价格总额，并且基于所述商品价格总额和所述流通域内单位货币的平均流通次数确定数字票据凭证的价值总量。基于所述商品价格总额和所述流通域内单位货币的平均流通次数确定数字票据凭证的价值总量包括：数字票据凭证的价值总量＝（所述商品价格总额／所述流通域内单位货币的平均流通次数）×调节系数。其中，调节系数可以是预先设置并且能够动态调整的系数。

步骤104：响应于消费节点发送的数字票据凭证交易请求，根据消费节点支付的基础货币向所述消费节点发送相应价值的数字票据凭证。当消费节点希望获取所述待交易商品时，发送数字票据凭证交易请求并且支付与所需要的数字票据凭证的额度相对应金额的基础货币，根据所述金额的基础货币向所述消费节点发送相应价值的数字票据凭证，在局部区块链中为所述消费节点增加所述相应价值的数字票据凭证。

步骤105：响应于所述待交易商品的生产商发送的数字票据凭证交易请求，根据所述生产商支付的数字票据凭证向所述生产商支付相应价值的基础货币。当所述待交易商品的生产商获取到预定金额的数字票据凭证时，发送数字票据凭证交易请求，根据所述生产商支付的数字票据凭证向所述生产商支付相应价值的基础货币，在局部区块链中为所述生产商减少与相应价值的基础货币相对应的数字票据凭证。

优选地，在获取到相应价值的数字票据凭证之后，所述消费节点发起与初级交易节点的商品交易请求，在所述消费节点向所述初级交易节点支付了第一金额的数字票据凭证后，所述初级交易节点将与所述第一金额的数字票据凭证相对应的商品转移给所述消费节点，在获取到相应价值的数字票据凭证之后，所述初级交易节点发起与次级交易节点的商品交易请求，在所述初级交易节点向所述次级交易节点支付了第二金额的数字票据凭证后，所述次级交易节点将与所述第二金额的数字票据凭证相对应的商品转移给所述初级交易节点。在获取到相应价值的数字票据凭证之后，所述次级交易节点发起与生产商的商品交易请求，在所述次级交易节点向所述生产商支付了第三金额的数字票据凭证后，所述生产商将与所述第三金额的数字票据凭证相对应的商品转移给所述次级交易节点。

生产商、消费节点、初级交易节点和次级交易节点在局部区块链中的数字票据凭证的总和小于所述数字票据凭证的价值总量。即，进行交易的数字票据凭证不能超过数字票据凭证的价值总量。其中针对所述待交易商品，消费节点、初级交易节点和次级交易节点通过数字票据凭证进行交易而不通过基础货币或法定货币进行交易。

【权利要求】

一种使用数字票据凭证在流通域内进行商品交易的方法，所述方法包括：

获取待交易商品的基础类别和扩展类别，基于所述基础类别确定所述待交易商品的流通域，为所述流通域建立用于支持数字票据凭证交易的局部区块链以记录商品流通信息，其中所述流通域中包括生产商、消费节点、初级交易节点和次级交易节点，所述局部区块链用于记录所述消费节点、初级交易节点、次级交易节点和生产商中任意一个与数字票据凭证相关联的交易项，所述初级交易节点是超市、商场、购物网站和零售店中的任意一个，所述次级交易节点是经销商、分销商和代理商中的任意一个；

获取预定时间段内所述待交易商品的生产量，基于所述扩展类别确定预定时间段内所述待交易商品的非盈利损耗量，并且基于所述生产量和非盈利损耗量确定所述待交易商品的流通量；

基于所述待交易商品的流通量和价格确定商品价格总额，并且基于所述商品价格总额和所述流通域内单位货币的平均流通次数确定数字票据凭证的价值总量；

响应于消费节点发送的数字票据凭证交易请求，根据消费节点支付的基础货币向所述消费节点发送相应价值的数字票据凭证；以及

响应于所述待交易商品的生产商发送的数字票据凭证交易请求，根据所述生产商支付的数字票据凭证向所述生产商支付相应价值的基础货币；

其中针对所述待交易商品，消费节点、初级交易节点和次级交易节点通过数字票据凭证进行交易而不通过基础货币进行交易；

所述数字票据凭证是由中国政府批准流通且受国家监管的数字货币。

【案例分析】

本申请背景技术提及比特币不依靠特定货币机构发行，比特币经济使用整个点对点网络中众多节点构成的分布式数据库来确认并记录所有的交易行为，并使用密码学的设计来确保货币流通各个环节安全性，并声称本申请要解决的问题是现有技术中存在对于在特定流通域内使用基于区块链的电子货币进行交易的需求。此外，背景技术部分还记载了目前在我国，比特币等虚拟币的融资、交易和挖矿活动对国民经济发展、社会和金融秩序稳定以及自然资源和环境保护会带来负面影响，并且有可能违反相关法律已成为各级政府、监管机构和广大社会公众的共识。因此，面对这样的解决方案，首先需要考虑其是否符合《专利法》第5条的规定，是否存在违反法律或者妨害公共利益的情形。

具体来说，由于申请方案涉及构造一种具有一定支付功能的交易体系，

因此，有必要研究本申请是否属于教导发行取代国家法定货币的代币的情况，或者属于教导如何在商品交易中躲避有关金融机构正常监管的情况。

《中国人民银行法》第 20 条规定："任何单位和个人不得印制、发售代币票券，以代替人民币在市场上流通。"代币是能够代替人民币在市场上流通的代币票券。常见的代金券、提货券、购物卡、游戏币等，虽然在用人民币购买后，也在一定范围内代替人民币使用，但在所限定的流通范围外，并不能像人民币一样购买任何商品。此类代金券、提货券、购物卡，虽然具有发行方，也需要使用人民币进行购买，在交易完成后回收，未使用的情况下也可以再兑换回人民币。但是，此类代金券、提货券都不属于《中国人民银行法》上述条款所限制的代币范围。

在本申请中，消费者从第三方销售数据公司处用人民币等法定货币购买第三方发行的数字票据凭证，使用购买的数字票据凭证在特定商业环境下进行商品买卖流通，在数据票据凭证流通到交易的最后节点（即，生产商节点）时，生产商凭借收到的数据票据凭证向第三方销售数据公司兑付成等额的人民币等法定货币，兑付成法定货币后数字票据凭证在本次流通中"泯灭"，即终止流通。可见，本申请中的"数字票据凭证"在交易中的作用，类似于生活中常见的只能在特定商业零售场所中针对特定商品使用的"提货券"，而非具有代替法定货币功能的代币。同时，从另一个角度来看，本申请中的"数字票据凭证"发行数量是根据特定领域下待交易商品的生产量、流通量、价格确定的商品价格总额确定的，待交易商品的基础类别确定后，该数字票据凭证仅对应于该特定类别的商品，在各交易节点，该数字票据凭证仅能兑换或对等于该特定类别商品的价值进行交易。由于上述发行数量的限制，不宜将权利要求中"待交易商品"无限制扩大理解为可以等效于所有社会商品总和，进而由此认为该数字票据凭证会在整个市场范围内流通。综上，本申请中的"数字票据凭证"不可能具有代替人民币在市场上流通的能力，因而不属于代币。

本申请的数字票据的使用不会扰乱金融秩序。根据申请文件记载，本申请采用区块链对数字票据凭证流通和商品交易过程进行记录的目的不是为了躲避法定监管，而是利用区块链的特性提高流通过程的安全性。因此，尽管申请人自述其数字票据凭证代替人民币流通，采用了区块链技术，但从权利要求记载的方案和说明书具体实施方式的记载可知，本申请采用区块链是为了记录数字票据凭证在商品交易环节的流通全过程，其作用与将区块链应用于食品溯源中发挥其防篡改的特性是相同的，本申请数字票据凭证的使用不会导致扰乱金融秩序的结果，不同于《指南》第二部分第一章第 3.1.1 节中列举的、例如吸毒的器具等，无论由我国境内何种主体实施均必然违反相关法律的发明创造的情况。综上所述，本申请符合《专利法》第 5 条的规定。

此外，尽管以比特币为代表的基于区块链技术的去中心化虚拟货币的使用导致金融机构对资金跨境流动监管困难，增加了打击洗钱等经济犯罪活动的难度，但是我国对区块链技术本身的研究和应用仍采取积极鼓励的态度。因此，针对涉及区块链在支付领域中应用的专利申请，应准确判断其方案是否试图构建代替现有法定货币的支付体系，或者构建具有逃避有关机构对资金流动监管能力的交易或者融资体系。前者直接违反相关法律规定，后者则会产生扰乱金融秩序的后果，因而这两种情形均可适用《专利法》第 5 条。

第六节　智慧电力

电力市场交易是在包含"发-输-配-用"等环节的电力系统之上，把电能当作一种特殊的商品，其生产者和使用者通过协商、竞价等方式就电能及其相关产品进行交易，通过市场竞争确定价格和数量的一种机制。电能具有同质性，不同来源、不同发电机组产生的电能都将无差异地汇总至统一的电网中，用户无法对其所使用的电能来源进行溯源和跟踪。

电能最特殊之处在于其难以大规模存储，它的生产和使用又都有不确定性，最终的供应量和需求量都是发生之后才会确定，这导致电力市场中必须追求生产和消费的平衡。因此，通过各种措施对电力生产和消费进行合理预测，提高电力生产和销售的智能化程度，以及对电能合理定价是涉及电力市场交易的发明专利申请中常见的主题，辨别支配这种预测及交易的方案究竟受自然规律还是经济规律约束是判断这类申请是否构成专利保护客体的关键。

● 案例 3-6-1　基于成本和纳什均衡的电力市场交易效率提升方法

【背景技术】

我国的电力市场目前已经逐步进入了市场化阶段。电力对国民经济发展有着非常重要的作用，它作为一种无形的商品，在目前的储能技术发展水平之下还不能进行大规模的存储，因此电力市场的特点是电力的生产和电力的消费基本上同时完成。由于电力不能以实体的形式随时随地进行储存，只能是以现货的形式及时地进行交易。

【问题及效果】

由于电力市场化是一个比较新的事物，市场参与方，包括买方和卖方，其在参与电力交易时由于均缺少经验，往往难以制定最优交易策略参与市场交易，从而导致电力交易效率较低。因此，需要一种能够实现所有参与方的收益都较为合理，所有参与方的收益整体上均衡的交易方法，从而实现市场均衡以及市场中社会福利最大化，提高电力市场交易效率。

本申请提供的一种基于成本和纳什均衡的电力市场交易效率提升方法，能够基于成本和纳什均衡，指导电力市场参与方进行报价，采用该种报价方法，能够实现所有参与方的收益都是最合理的，所有参与方的收益整体上是均衡的。

【具体实施方式】

通常来说，市场公开发布的发电企业运行数据都是以半年或一年为单位的，数据的时间跨度较大，不利于及时、准确地了解市场情况。本申请主要考虑了变动成本对发电成本的影响，淡化了企业固定成本的影响，在其他发电成本及发电利用小时数不变的情况下，得出发电企业的发电成本与入炉煤价（燃料成本）呈一次线性关系：$y = 0.1841411 + 3.1976 \times 10^{-4} \cdot x$，其中 y 为发电企业发电成本，x 为平均入炉煤炭价格，再根据所对应省份的入炉煤价格，即可得出火力发电企业单位发电成本。在实际计算中，可以根据市场中公开的数据（燃煤机组发电量、总发电成本、燃料费成本、平均煤耗等），计算出火力发电企业单位发电成本、耗煤量、燃料费占比、平均入炉煤价等相关参数。将上一报告期内的这些历史参数代入一次线性方程后，即可得出单位发电成本与入炉煤价之间的一次线性方程。然后再根据上一报告期的平均入炉煤价、上一报告期内的电煤价格指数及最近一期的电煤价格指数，可以计算出最近一期的平均入炉煤价。将该数据代入一次线性方程后，即可计算出最近一期发电企业的平均单位发电成本。

在纳什均衡分析中，假设条件是至关重要的，不同的假设条件将有可能得出不同的结果。假设条件中最重要的一个环节就是对买卖双方报价策略的模拟。本申请将买卖双方的报价策略通过历史数据抽象出来，并简化成几种策略组合。主要方法包括平均报价法和历史报价分布法。

以历史报价分布法为例,对于卖方的报价可以根据发电成本和发电企业标杆上网电价进行假设,即卖方的报价在发电成本和发电企业标杆上网电价之间按一定规律分布,该规律可以参考交易市场中以往的交易情况。例如,可以将卖方报价在发电成本和发电企业标杆上网电价区间之内分为5个均匀的报价段,每个报价段的申报量比例参考历史的报价分析。对于买方的报价,也可以采用同样的方法,或者根据分析者的需求进行适当的调整。最终,将买卖双方的报价策略进行排列组合,形成若干个报价策略组。

本申请采用相对优势策略法确定是否达到均衡。该方法是通过对每一个参与人,并且对该参与人的每一个可选策略,确定另一个参与人相应的最优策略,从而找到相应的策略组合,来寻求纳什均衡的方法。在实际的应用中,需要对所有的策略组合进行遍历,并对每一种策略组合的各种变化情况(某个参与方单独改变自己的策略)进行遍历,对比各个变化后改变策略的参与方的收益情况与原始的策略组合中该参与方的收益。如果每一种策略变化都无法使该参与方获得更多的收益,那么此时就是纳什均衡。也就是说,当市场中的买卖双方均采用了此时的报价策略时,市场达到了纳什均衡。

【权利要求】

一种基于成本和纳什均衡的电力市场交易效率提升方法,其特征在于,包括以下步骤:

步骤1:建立公式(1)所示的发电企业单位发电成本与平均入炉煤炭价格之间的一次线性方程:

$$y = b + a \cdot x \tag{1}$$

其中,y 为发电企业单位发电成本;x 为平均入炉煤炭价格;b 为除燃料费外的单位固定成本;a 为发电企业单位发电成本与平均入炉煤炭价格的线性系数。

步骤2:预建立下列式(2)~式(6):

$$y = \frac{C}{W} \tag{2}$$

$$R_b = 1 - \frac{C_c}{C} \tag{3}$$

$$U_c = W \times \eta \tag{4}$$

$$x = \frac{C_c}{U_c} \tag{5}$$

$$b = R_b \times y \tag{6}$$

其中，C 为总发电成本；W 为燃煤机组发电量；C_c 为燃料费成本；R_b 为固定成本占比；U_c 为总耗煤量；η 为平均煤耗。

步骤 3：输入上一报告期的下列历史数据：总发电成本、燃煤机组发电量、燃料费成本、总耗煤量和平均煤耗。

将发电厂的历史已知数据代入式（2）~式（6），并将计算结果代入一次线性方程（1）后，得出常数 a 和常数 b 的值，从而得出上一报告期的发电企业单位发电成本与平均入炉煤炭价格之间的一次线性方程；上一报告期的发电企业单位发电成本与平均入炉煤炭价格之间的一次线性方程近似为最近一期的发电企业单位发电成本与入炉煤炭价格之间的一次线性方程。

步骤 4：根据公式（5）得到上一报告期的平均入炉煤炭价格，获得上一报告期内平均电煤价格指数，再获得最近一期的电煤价格指数，根据下式计算出最近一期的入炉煤炭价格：

最近一期的入炉煤炭价格 = 上一报告期的平均入炉煤炭价格 ×

$$\frac{上一报告期内平均电煤价格指数}{最近一期的电煤价格指数}$$

步骤 5：将步骤 4 确定的最近一期的入炉煤炭价格代入步骤 3 确定的最近一期的发电企业单位发电成本与入炉煤炭价格之间的一次线性方程，得到最近一期的发电企业单位发电成本。

步骤 6：确定卖方报价策略假设和买方报价策略假设，从而确定各个卖方报价和各个买方报价，卖方和买方统称为参与方；对所有参与方的各种报价进行排列组合，生成包含所有排列组合的报价策略组合矩阵表。

步骤 7：假设市场中的撮合规则，对报价策略组合矩阵表中的每种报价策略组合中的报价进行撮合，获得各个参与方的成交价；然后，对买卖双方的收益进行计算，其中，卖方的收益为：卖方成交价与步骤 5 确定的最近一期的发电企业单位发电成本之间的差额；买方的收益为：买方成交价与发电企业标杆上网电价 P_b 之间的差额；其中，发电企业标杆上网电价 P_b 为已知值。

将确定的买卖双方的收益对应到报价策略组合矩阵表中的对应报价策略组合中，得到报价策略组合收益矩阵。

步骤 8：对报价策略组合收益矩阵中的所有报价策略组合进行遍历，并对每一种报价策略组合的每个参与方单独改变自己的策略的情况进行遍历，对比参与方单独改变自己的策略后所得到的新报价策略组合的收益与原收益的大小，如果原收益高于新收益，则删除新报价策略组合；如果原收益低于新收益，则保留新报价策略组合，并对其他参与方单独改变自己的策略的情况进行遍历，如此循环，判断最后是否能够达到纳什均衡，如果能够达到，得到最终的纳什均衡策略组合，再执行步骤10；如果不能够达到，执行步骤9。

步骤9：改变步骤6的卖方报价策略假设和买方报价策略假设，以及改变步骤7的撮合规则，然后重复执行步骤6~8，如此循环，直到得到最终的纳什均衡策略组合，再执行步骤10。

步骤10：输出最终的纳什均衡策略组合，所输出的纳什均衡策略组合指导电力市场参与方制定报价，提高电力市场交易效率。

其中，步骤6中，卖方报价策略假设为：假设卖方采用平均成本报价法或历史分布报价法；买方报价策略假设为：假设买方采用历史分布报价法。

【案例分析】

纳什均衡，又称为非合作博弈均衡，是一种策略组合，它使得同一时间内每个参与人的策略是对其他参与人策略的最优反应。如果在一次竞价博弈中，所有参与方的报价策略都是针对其他所有参与方的策略而形成的，如果任何一个参与者试图通过单独改变自己的报价策略都不会使其收益增加，那么此时就达到了纳什均衡。也就是说，此时的策略组合使竞价博弈中的所有参与方，都获得了最大利益。换句话说，当所有其他人都不改变策略时，没有人会改变自己的策略，则这样的策略组合就是一个纳什均衡。纳什均衡是对一个博弈中博弈参与者行为的预测，之所以均衡，是因为它稳定，在该均衡状态下，没有博弈参与者会单方面偏离，因为偏离将无法提高博弈参与者的效用。由此可见，纳什均衡是各参与方多方博弈的结果，在任何竞价交易中，是否能达到纳什均衡，取决于各参与方所采取的策略。

具体到权利要求的方案，步骤1~3根据历史发电数据确定假设的线性模型具体参数，用于建立发电企业单位发电成本与平均入炉煤炭价格之间关系的模型，所述模型最大限度地简化了较为复杂的成本与价格之间的关系。当发电设备已经存在时，决定发电成本与煤炭价格之间关系的主要是企业运营水平，并非自然规律，因此步骤1~3不构成技术手段。步骤4~5与步骤1~3类似，也是通过基于经济规律的简化模型预测煤炭价格与发电成本，因而也不构成技术手段。

步骤6~10则是对应于如何在电力市场报价这一具体场景中达成纳什均衡的具体步骤，其最核心的手段是通过对报价策略组合的所有可能进行遍历以获取满足纳什均衡的结果。因此，步骤6~10本质上是以纳什均衡的概念作为原则实现的，将步骤1~5获取的发电成本用来作为衡量卖方收益的基准，因而也不构成技术手段。

权利要求的方案是将纳什均衡的概念具体应用于电力市场的竞价场景，方案中只包括依据简化经济模型确定发电成本价格和利用遍历算法确定符合纳什均衡的报价策略的内容，因而，上述方案仅应用了经济学规律。因此，从整体上看，本申请要解决的问题是电力市场参与方难于制定最优交易策略，从而导致电力交易效率较低的问题，并非技术问题；基于成本和纳什均衡，对卖方和买方进行撮合，指导电力市场参与方进行报价的手段，体现的是经济学规律，其采取的并非遵循自然规律的技术手段；所实现的效果是所有参与方的收益都是最合理的，所有参与方的收益整体上是均衡的，从而实现市场均衡以及市场中社会福利最大化，并非技术效果；因此权利要求不构成技术方案。

另外需要注意，为寻求符合纳什均衡的报价策略所采用的"遍历"手段不应直接简单理解为"计算机遍历"。根据本申请的上下文，其显然也可以理解为依次计算的数学运算方法。而且，即使限定用计算机算法实现上述遍历，也不能改变其计算机算法仅仅是将寻找纳什均衡状态的步骤代码化和自动化，计算机仅作为程序执行的载体。

一般而言，采用数学算法或数学工具作为问题的解决手段并不必然构成技术手段，需结合要解决的问题和获得效果关联判断。如果算法特征涉及的步骤与要解决的技术问题密切相关，算法的执行能直接体现出利用自然规律解决某技术问题的过程并且获得技术效果，则该算法特征可以构成技术手段，该解决方案构成技术方案。

● 案例 3-6-2　基于改进粒子群算法的供电套餐的优化方法

【背景技术】

电力作为最关键的基础设施之一，我国电网主要由国家投资建设和运营，电力用户的选择权很小。随着我国售电侧市场开放程度和范围的深入和扩大，电力用户对售电商的自主选择权将逐渐放开。售电商更趋向于菜单电价、目录电价以及套餐电价等电价制定方式。在零售市场开放的初期，售电商数量较少，根据市场变化合理调整经营战略，优化供电套餐的价格，对其扩大收益有着非常重要的影响。目前，国内外对电力零售套餐制定的研究相对较少，可供借鉴的经验主要来自市场竞争相对充分的电信领域。电信资费套餐大都根据成本、需求以及客户感知等因素对产品资费的影响程度，建立目标函数，选择合适的算法在满足约束条件的情况下，搜索最优目标函数下对应的产品资费。

【问题及效果】

随着电力零售侧放开竞争，面对保底用户或者拥有自主选择权的电力用户，售电商需要设计提供具有竞争力的零售套餐，进而提升公司效益。

本申请提供了一种基于改进粒子群算法的供电套餐的优化方法，能够为售电商的零售供电套餐的设计提供价格参考；该方法还为电力用户选择适合自己的供电套餐提供价格参考，用户可以据此得到反映用户差异性的参考价格，从而选择出适合自己用电习惯的电力零售套餐。

【具体实施方式】

本申请具体实施方式从电力商品的特殊性以及能源依赖性出发，提出电力用户黏性的概念，将一定时域内某一电力用户对某一售电商的自主依赖程度定义为电力用户的用户黏性，该黏性是基于用户参考价格决策的，而非转移收益与转移成本的比较决策。然后，将用户黏性的概念量化为某个用户在某一时段内，所选择的某个售电商零售套餐对应的合同期限来进行分析。用户产生消费依赖的前提是购买意愿，购买意愿主要受到价格感知和信任感知两个方面的直接影响，其主要影响因素包含电能价格、品牌效应、服务水平、电能质量、转换成本以及用户偏好等。消费者的价格感知来自售电商所提供的电能价格；信任感知来自售电商的品牌效应和口碑。在与某一供应商完成消费经历之后，消费者根据经验会选择性地对该供应商或具体某个产品产生购买意愿，即此用户产生了用户偏好。

电力用户与网上的消费特征不同，下次消费更换售电商会产生一定的转换成本，在转换成本较高或者用户偏好强烈的情况下，在一定程度上会促使用户不再进行价格和满意度等方面的决策前的认知和判断，而直接继续上一个合同时限售电套餐，或者持续对某个售电商的套餐保持偏好的行为，将其定义为惰性行为，用户惰性行为最终将以用户黏性行为的消费特征表现。

此外，本申请从三个方面改进了传统的粒子群算法：

1）将种群中的个体参数单一数组单一区域的搜索改进为以元胞数组为单位的多维数组多个区域的搜索区域内的全局最优个体，具体地说，对于一个拥有 n 个供电套餐的套餐体系，个体结构表示为 $n \times 2$ 大小的元胞数组，再根据所选择的种群数量组成整个种群。

2）在初始化时，选择从已有的套餐价格入手，因为在之前套餐制定的过程中一定考虑了成本因素的影响，这样可以将成本的因素考虑在其中，避免优化后套餐的价格脱离成本的约束，提高优化后套餐的合理性和可行性。在价格搜索的过程中，由于成本约束的不同，将 n 个套餐对应不同的搜索域进行同时的搜索。

3）引入了交叉池，模仿小鸟觅食过程中信息的交流，使得种群中的个体不仅受到最优个体的影响还会受到其他普通个体的影响，提高搜索到全局最优的概率。

【权利要求】

一种基于改进粒子群算法的供电套餐的优化方法，其特征在于，包括：

步骤1：分析电力市场环境下的影响用户黏性的因素，以将供电套餐的价格作为优化对象，其中，所述因素包括所述供电套餐的价格。

步骤2：利用黏性函数，对单个用户的用户黏性进行量化，以及根据多个黏性函数，确定用户群的决策矩阵。

步骤3：根据所述黏性函数和所述决策矩阵，建立反映售电商综合效益的总效用函数。

步骤4：利用预定义的同化系数，量化所述供电套餐的价格对不同用户的决策的影响程度，以及根据所述同化系数，建立用户的决策模型。

步骤5：根据所述总效用函数、所述决策模型和所述改进粒子群算法寻优，确定最优套餐价格。

【案例分析】

上述权利要求的方案最终产生的输出为经过优化的供电套餐价格，因此其必然涉及产品定价的问题，这看上去像是一个非技术问题，然而并不能仅仅据此即否定其可专利性，因为判断一项解决方案是否构成专利保护客体时，必须从整体上综合判断技术问题、技术手段和技术效果这三个要素，缺一不可。

回到权利要求的方案，其共包括五个步骤。步骤1~2建立了用户群的决策矩阵，将以往的用户购电历史数据在数学上进行量化描述，这是一个数学建模的过程。步骤3是基于上述量化结果给出的对售电商市场影响力的度量结果即总效用函数，其反映的是售电商综合效益。该函数是由发明人定义的，其含义是该售电商服务区域内所有用户的平均购电时长。步骤4中引入同化系数的概念，同化系数是根据特定用户的电力消费总量、能源消费总量、收入增长率和居民电力商品消费价格指数定义的用于量化供电套餐的价格对不同用户的决策的影响程度的一个变量。最后，步骤 5 是根据总效用函数、所述决策模型和改进粒子群算法寻优，确定最优套餐价格。

粒子群优化算法（Particle Swarm Optimization，PSO）是一种现代启发式算法，它是模拟简单的鸟类觅食行为提出的。PSO 中，每个优化问题的解都是搜索空间中的一只鸟，称之为"粒子"。所有的粒子都有一个由被优化的函数决定的适应值，每个粒子还有一个速度决定他们飞翔的方向和距离。然后粒子们就追随当前的最优粒子在解空间中搜索。PSO 初始化为一群随机粒子（随机解），然后通过迭代找到最优解，在每一次迭代中，粒子通过跟踪两个"极值"来更新自己。第一个就是粒子本身所找到的最优解，这个解叫作个体极值，另一个极值是整个种群目前找到的最优解，这个极值是全局极值。另外，也可以不用整个种群而只是用其中一部分最优粒子的邻居，那么在所有邻居中的极值就是局部极值。和早期的基于群体行为的优化算法相比，粒子群优化算法在计算速度和消耗内存上有较大优势。

根据上述解释可知，粒子群算法是一种快速搜索最优解的纯数学算法，尽管其相对于其他的优化算法具有内存消耗少、收敛速度快的优点，但是这些优点是算法内在特性导致的直接结果，应用粒子群算法求解不会导致计算机系统内部性能的提升。因此，当将粒子群算法看作一种普通的求取最优值的算法时，回顾该权利要求方案的所有步骤，本申请是采用粒子群算法还是其他的优化算法都能解决套餐合理定价的问题，采用粒子群算法所产生的有益效果源自该算法本身在数学上的特性。

本申请解决的是电力零售套餐制定的问题，并非技术问题。采用的是基于粒子群优化算法的供电套餐优化，其针对供电套餐的价格对不同用户的决策的影响程度，建立决策模型，方案整体体现的是用户黏性与供电套餐价格或者售电商综合效益之间的关系，采用的是符合经济规律的供电套餐优化方法，并非遵循自然规律的技术手段。获得的是为售电商提供具有竞争力的零售套餐和为电力用户选择适合自己的供电套餐的效果，并非技术效果。因此，本申请不属于《专利法》第 2 条第 2 款规定的技术方案。

数学处理方法并不一定构成符合自然规律的技术手段，需要结合问题和效果整体评判。本申请虽然利用改进的粒子群的算法特性，根据黏性函数来优化套餐价格，但是，利用上述算法和函数解决的并非是技术问题，也无法使方案获得技术效果。

◉ **案例 3-6-3　一种基于奇异谱分析和局部敏感哈希的多步风能预测方法**

【背景技术】

作为一种清洁的可再生能源，风能的开发利用越来越受重视。但由于其很强的随机性及间歇性，给风能预测带来很大的难题，直接限制了风能在大电网中的应用，进行风能预测具有很大的意义。

首先，对于风电场而言，对风能进行评估和预测是评定大型风电项目是否可行的重要工作内容。其次，对于整个电力系统而言，一旦较为准确地预测出风电场风能及发电机组的出力，一方面可以更好地进行频率控制，并且根据风电发电量的变化规律提高系统的可靠性、安全性及可控性；另一方面可以根据风电场预测的功率曲线对机组的功率进行优化，达到降低电网运行成本、实现经济调度的目的。最后，对于电力市场而言，风电场对风电发电量进行更为精准的预测，有利于风电参与电力市场竞价、电力市场清算和监管行动；电网公司对风电发电量进行预测，有助于电力调度部门及时正确地制订电能交换计划，调整运行方式和计划分配，有效减轻风电对整个电网的影响，保证电网系统安全经济运行。

【问题及效果】

当前有关风能的预测机制存在以下不足：

1）现有预测模型的预测精度较大程度上依赖于使用者的先验知识，预测的局限性较大；

2）未充分发掘风能变化的内在规律和数据所体现出的物理意义或特征；

3）预测精度不高，预测时间较长，稳定性有待加强。

针对传统风能预测方法中存在的上述不足，利用奇异谱分析和局部敏感哈希算法，从大量数据中发掘当地风能变化的固有规律，从而提高对风能的短期预报精度。本申请提出的方法能够达到预测时间短，预测结果准确、稳定的效果；还能够避免分别预测两个分量带来的误差累计和只预测一个分量带来的固定误差，使预测更加精准。

【具体实施方式】

本申请具体实施方式公开了一种基于奇异谱分析和局部敏感哈希的多步风能预测方法，包括以下步骤：

步骤一，获取来自加拿大亚伯达地区的风电场历史风能数据，其数据长

度为 $N = 8495$，采样间隔为 10 分钟。

步骤二，通过奇异谱分析对风电场历史风能数据 $y = [\, y_1 y_2 \cdots y_{8495}\,]$ 进行嵌入、奇异值分解、分组和重构，得到多个特征值及其相应的贡献率和相应的特征向量代表的信号，根据贡献率的大小将风电场历史风能数据分解成两个独立的分量：反映风能总体变化趋势的低频的平均趋势分量 $y^{(1)} = [\, y_1^{(1)} y_2^{(1)} \cdots$ $y_{8495}^{(1)}\,]$ 和体现风的间歇性和波动性的高频的波动分量 $y^{(2)} = [\, y_1^{(2)} y_2^{(2)} \cdots y_{8495}^{(2)}\,]$。

步骤三，根据步骤二通过选定嵌入维 $s = 7$ 和延时参数 $\tau = 1$，将平均趋势分量 $y^{(1)}$ 和波动分量 $y^{(2)}$ 根据原则 $y_i^{(1)} = [\, y_i^{(1)} y_{i+1}^{(1)} \cdots y_{i+6}^{(1)}\,]$ 重构在高维相空间中获得平均趋势段 $y_i^{(1)}$ 和波动分量段 $y_i^{(2)}$，其中 $i = 1, 2, \cdots, 8489$。

步骤四，根据步骤三利用局部敏感哈希对平均趋势段建立索引获得多个数据集，随后通过计算待预测平均趋势段与其所在数据集中的数据段的欧氏距离，根据得到的欧氏距离从小到大排序，返回前 $L = 300$ 条相似平均趋势段。

步骤五，根据步骤四提取出与 $L = 300$ 条相似平均趋势段 $y_{ij}^{(1)}$ 和相对应的波动分量段 $y_{ij}^{(2)}$ 并将这两者的综合 $[\, y_{ij}^{(1)} y_{ij}^{(2)}\,]$ 作为支持向量回归模型训练输入，训练输出为 $y_{ij+(s-1)\,\tau+p}$，其中 $p = 1, 2, \cdots, 20$ 为提前步数，$ij \in [\, 1 \sim 8488\,]$，$j = 1, 2, \cdots, 300$，预报结果即为风电输出功率。

【权利要求】

一种基于奇异谱分析和局部敏感哈希的多步风能预测方法，其特征在于，包括以下步骤：

1）获取风电场历史风能数据；

2）利用奇异谱分析将风电场历史风能数据分解成两个分量：低频的平均趋势分量和高频的波动分量；

3）在相空间中将步骤 2）获得的平均趋势分量和波动分量重构成平均趋势段和波动分量段；

4）利用局部敏感哈希选取待预测平均趋势段的相似平均趋势段；

5）将获得的相似平均趋势段和对应的波动分量段的综合作为支持向量回归模型的训练输入，预报结果即为风电输出功率。

【案例分析】

权利要求的解决方案处理的对象是风力发电领域中的风电场历史风能数据。其利用奇异谱分析将历史风能数据分解为低频趋势分量和高频波动分量，并进一步构造成平均趋势段和波动分量段。接着，利用局部敏感哈希选取待预测平均趋势段的相似平均趋势段，最后利用获得的相似平均趋势段和对应的波动分量段作为回归模型的训练输入产生预测输出。由此可见，奇异谱分析和局部敏感哈希是该解决方案中最为关键的两个步骤，理解这两个步骤的实质和其可能具有的物理含义对确定权利要求是否构成技术方案至关重要。

奇异谱分析是一种研究非线性时间序列数据的方法。它根据所观测到的时间序列构造出轨迹矩阵，并对轨迹矩阵进行分解、重构，从而提取出代表原时间序列不同成分的信号，如长期趋势信号、周期信号、噪声信号等，从而对时间序列的结构进行分析，并可进一步预测。奇异谱分析适于研究周期振荡行为，可以从有限尺度时间序列中提取信息。

局部敏感哈希是一种快速地从海量的高维数据集合中找到与某个数据最相似（距离最近）的一个数据或多个数据的方法，其基本思想是将原始数据空间中的两个相邻数据点通过相同的映射或投影变换后，这两个数据点在新的数据空间中仍然相邻的概率很大，而不相邻的数据点被映射到同一个空间的概率则很小。通过哈希函数映射变换操作，将原始数据集合分成了多个子集合，而每个子集合中的数据间是相邻的且该子集合中的元素个数较小，因此将一个在超大集合内查找相邻元素的问题转化为了在一个很小的集合内查找相邻元素的问题，计算量显著下降。

尽管风能受天气、气候、地形和海陆等影响很大，但风能在空间和时间分布上有非常明显的地域性和时间性。通常来说，风电功率之和能够反映一定区域内气象变化的总体规律。即对于给定的风电场，其风能随时间的变化有一定的波动，但是这种变化并非完全没有规律地在随机变化，风能变化的长期趋势受自然规律约束并可被预测。在这样的前提下，本申请要解决的现有预测模型的预测精度较大程度上依赖于使用者先验知识而预测不够准技术问题构成技术问题，为解决上述技术问题，本申请采用奇异谱分析从看似杂乱无章的历史风能时序数据中把反映风电场长期趋势的数据与波动数据分离开并采用局部敏感哈希从奇异谱分析的结果中找出与待预测平均趋势段最为相似的已有平均趋势段并随之确定与其对应的波动分量段作为预测模型的输入，是遵循自然规律的技术手段；该方案整体上产生了提高预测精度、缩短预测耗时的技术效果；因而，本申请整体上构成《专利法》第 2 条第 2 款的技术方案，属于专利保护的客体。

● 案例 3-6-4 电力日前市场出清计算方法

【背景技术】

近年来，随着我国可再生能源装机容量不断增长，由于缺乏灵活的调峰资源，我国面临严重的弃风、弃光困局。为了应对调峰资源严重不足的问题，已经有以市场方式挖掘系统调峰潜力、缓解风电消纳困境的有益尝试。

【问题及效果】

在电力日前市场建设中，我国仍然会面临系统调峰资源严重不足的问题，客观上需要在日前市场中统一考虑日前机组组合、机组日前计划出力曲线、深度调峰、可再生能源出力和价格出清等要素，实现不同能源之间的协调互置。本申请提出一种考虑深度调峰的电力日前市场出清计算方法，使得日前机组组合、机组日前计划出力曲线、深度调峰、可再生能源出力和价格出清等可以在日前市场中统一考虑，从而产生不同能源之间能够动态协调互置、相互补充的效果。

【权利要求】

一种电力日前市场出清计算方法，其特征在于，包括：

利用火电机组能量报价、可再生能源避免弃电报价、火电机组深度调峰报价，建立以火电机组能量成本、启动成本、可再生能源机组避免弃电价格、火电机组深度调峰成本最小为目标的第一目标函数；

建立与所述第一目标函数对应的包括系统约束、第一火电机组约束和可再生能源约束的第一约束条件；

利用所述第一目标函数和所述第一约束条件得到第一出清结果；

利用可再生能源机组避免弃电报价二次曲线和所述第一目标函数中的火电机组能量报价，建立以火电机组发电成本和可再生能源机组避免弃电价格最小为目标的第二目标函数；

利用所述第一出清结果中的火电机组中标出力和火电机组深度调峰量，建立与所述第二目标函数对应的包括所述系统约束、第二火电机组约束和所述可再生能源约束的第二约束条件；

利用所述第二目标函数和所述第二约束条件得到第二出清结果；

利用第二出清结果中的可再生能源机组未考虑深度调峰的弃电量和所述第一出清结果中的可再生能源机组的弃电量，得到可再生能源机组中标的避免弃电量；

利用所述第一出清结果中的可再生能源机组的避免弃电报价进行边际结算，得到可再生能源机组中标的避免弃电报价；

利用所述第一出清结果、所述第二出清结果、所述可再生能源机组中标的避免弃电量和所述可再生能源机组中标的避免弃电报价，得到综合出清结果。

【案例分析】

电力市场与传统的商品市场不同，电能不易大规模存储的特性决定了电力生产具有"即产即销"的特点，即发电、输电、配电和售电都是瞬间完成的，电力市场的流通和销售渠道是电网，电能产品的销售很大程度上依赖于用电设备和电器的使用。为了确保电力系统的经济、稳定，要求随时做到供需平衡。出清价格是指市场中实现供给与需求双方平衡的价格，也就是均衡价格。电力市场出清，就是使发出的电量与用户需求的电量平衡，发出的电都能销售出去。

电力生产独有的"即产即销"的特点导致电力市场中的电价不仅仅以经济学为指导，其电价的制定还需要综合考虑电力系统的供电侧系统备用容量、发电辅助设备、输电安全约束，以及需求侧的用电设备、电器使用等客观因素。

具体到本申请，由于在整个电力系统中既存在火电机组，也存在可再生能源来源，因此为了保障不同能源之间的发电平衡，需要结合电力系统的火电机组、可再生能源的发电容量以及用电需求综合考虑各种能源的输出配比。

电力市场出清以供需平衡为条件的目的虽然是有效的生产电能，提升电能商品的有效使用，提升资源优化配置，从而在经济上获益，但是电力市场出清的计算本质上是为了预测合理的发电量，而反映电力系统供电能力的电气参数是进行发电量预测的重要约束条件（例如功率、备用机组数量等），该方案中的火电机组能量报价、可再生能源机组避免弃电报价、火电机组深度调峰报价等需要结合电力系统的火电机组、可再生能源机组的发电容量，通过调整不同能源之间的发电组合来实现能源之间的协调互置，该方案需要遵循火电机组、可再生能源机组的发电设备自身固有的电气指标参数条件和性能的约束，即受到自然规律约束，整体上采用了遵循自然规律的技术手段，解决了不同能源之间协调互置的技术问题，并能获得相应的技术效果，因此，该解决方案构成《专利法》第2条第2款规定的技术方案，属于专利保护的客体。